普通高等职业教育·计算机系列规划教材

信息技术基础技能训练教程（第6版）

褚建立　路俊维　主　编

钱孟杰　王　沛　刘彦舫　胡利平　副主编

电子工业出版社

Publishing House of Electronics Industry

北京·BEIJING

内 容 简 介

本教材以 Windows7 和 Office2010 为蓝本，针对大学计算机文化基础课的教学要求，并参照河北省计算机一级和全国计算机等级考试一级的大纲，从现代办公应用中遇到的实际问题出发，采用"任务描述→任务目的→任务要求→实施步骤"的案例式教学编写方式，全面介绍了 Word2010、Excel2010、PowerPoint2010、Internet 的基本应用。本书选择的案例均与实际生活密切结合，案例的组织遵循由浅入深、循序渐进、可操作性强的原则。

本教材适合学习大学计算机基础课程的学生、职称考试应试者、各类培训班学员、计算机初学者使用。

图书在版编目（CIP）数据

信息技术基础技能训练教程 / 褚建立，路俊维主编. —6 版. —北京：电子工业出版社，2017.10
ISBN 978-7-121-32273-0

Ⅰ．①信…　Ⅱ．①褚…　②路…　Ⅲ．①电子计算机－高等学校－教材　Ⅳ．①TP3

中国版本图书馆 CIP 数据核字（2017）第 173697 号

策划编辑：左　雅
责任编辑：左　雅
印　　刷：三河市良远印务有限公司
装　　订：三河市良远印务有限公司
出版发行：电子工业出版社
　　　　　北京市海淀区万寿路 173 信箱　邮编　100036
开　　本：787×1092　1/16　印张：15　字数：432 千字
版　　次：2003 年 7 月第 1 版
　　　　　2017 年 10 月第 6 版
印　　次：2018 年 7 月第 2 次印刷
定　　价：36.00 元

凡所购买电子工业出版社图书有缺损问题，请向购买书店调换。若书店售缺，请与本社发行部联系，联系及邮购电话：(010) 88254888，88258888。

质量投诉请发邮件至 zlts@phei.com.cn，盗版侵权举报请发邮件至 dbqq@phei.com.cn。

本书咨询联系方式：(010) 88254580　zuoya@phei.com.cn。

前　言

随着计算机的发明，人类步入了信息时代。计算机技术与现代通信技术、信息处理技术的结合，加快了人类的生活节奏，从而使人类传统的生活和工作方式发生巨大变化。"计算机应用基础"是各级各类高校普遍开设、授众、受益面最广的公共基础课之一，它在人才信息素质培养和可持续信息化生存能力获取中起着不可替代和不可或缺的作用。培养学生熟练掌握计算机的基本操作技能，使学生具有使用计算机获取信息、加工信息、传播信息和应用信息的能力是大学计算机基础教学的目标。大学计算机应用基础作为一门大学生必修的信息类公共基础课程，对于培养适应信息时代的新型应用型人才尤为重要。

学习计算机文化的最终目的在于应用，经验证明，在掌握必要理论的基础上，上机实际操作才是应用的基础和捷径，只有通过实际的上机实验才能深入理解和牢固掌握所学的理论知识。为了配合各种版本的《计算机文化基础》教材及各种形式的计算机等级考试（一级），我们编写了这本专门用于强化学生实际动手能力的《信息技术基础技能训练教程》一书。本书系高等教育公共课类教材，符合教育部提出的对非计算机专业人员进行计算机教学的基本要求，由长期从事计算机培训辅导的教学人员编写，主要用于对计算机文化基础技能的强化训练。

在国家示范性高职院校建设项目——工学结合优质核心课程开发（《计算机文化基础》）的成果指导下，我们对本教材的目标定位和内容选取做了大胆的改革和尝试。

首先，通过对各类职业岗位的工作需求、各专业的学习需求、中小学信息技术课程标准和实施情况以及专家的调研分析，我们得出结论：《计算机文化基础》不应再作为一门纯粹入门课或信息技术、知识的普及课而存在，而应以工作和今后专业学习所需的信息技术、知识与经验为着眼点，力求通过本门课程的学习为学生今后的职业工作和专业学习提供计算机应用知识、技能、方法和经验的直接铺垫和积累，应将其定位为基础性技能课。

其次，在上述思想指导下，我们采用工作过程分析法，提炼和选取在工作、学习和生活中具有典型性、普遍性的案例（如毕业论文的排版、制作邀请函等）作为教学内容和目标实现的载体，再根据学习者已有的知识、技能和经验对教材内容进行合理序化，利于教与学的开展和拓展。本教材提供了"学生成绩表数据的管理与分析"、"毕业论文的排版"等多个学习性工作任务载体。为更有效地培养和提高学生的职业信息能力与专业续航能力，本教材采用以学习情境为单元的模式组织和展开教学内容，便于描述和创设工作性或职业化的学习场景，根据实际情况和目标需求设置了7个学习情境。

再次，本书采用任务引领、行动导向的教材结构设计，引导读者目标明确、轻松愉快地学习，在真实性、职业性、工作性、实用性、趣味性和启发性中提升自己分析问题、解决问题的能力，同时体验和积累工作经验与社会经验。

本教材由邢台职业技术学院褚建立、路俊维任主编，钱孟杰、王沛、刘彦舫、胡利平任副主编，褚建立、路俊维负责本书的总体规划和内容组织。其中，王沛、王彤、王冬梅、李静编写了学习情境一，刘彦舫、刘霞、陈步英、丁莉编写了学习情境二，褚建立、张小志、乔丽平、佟欢、王党利编写了学习情境三，路俊维、王月青、辛景波、柴旭光编写了学习情境四，胡利平、霍艳玲、赵胜、曹新鸿、董会国编写了学习情境五，钱孟杰、高欢、赵美枝、李国娟、陈晔桦编写了学习情境六，杨平、王海宾、游凯何、曾凡晋编写了学习情境七。

由于成书时间和编者的水平所限，疏漏和不当之处敬请专家和读者不吝指正。

编　者

目　录

学习情境一 计算机基础

计算机的产生和迅速发展是当代科学技术最伟大的成就之一，伴随着计算机网络的飞速发展和微型计算机的普及，计算机及其应用已深入人们生活的方方面面。随着 Internet 的出现，人类开始进入信息化时代。在这样的信息化世界中，掌握计算机应用技术也成为人才素质和知识结构中不可或缺的重要组成部分。

本章通过以下 4 个任务的学习，来了解计算机的组成以及汉字的输入。

任务 1：认识计算机及其外部连接。

任务 2：键盘及指法练习。

任务 3：中文输入法的使用。

1.1 任务 1：认识计算机及其外部连接

1.1.1 任务描述

很多同学在中学阶段甚至更早就接触过或使用过计算机，应用最多的应该是玩游戏、QQ 聊天、看电影等，那么计算机由哪些部件组成呢？计算机外部设备与主机如何连接呢？

鼠标是计算机必备的输入工具，鼠标在计算机中有哪几种操作呢？计算机开机、关机时有哪些需要注意的事项呢？应遵循怎样的操作步骤呢？

1.1.2 任务目的

- 认识计算机的组成。
- 认识计算机内部各功能部件。
- 了解计算机外部设备与主机的连接。
- 熟练掌握鼠标的使用方法。
- 熟练掌握计算机开/关机、注销、复位的方法。

1.1.3 相关知识——初识计算机

自世界上第一台计算机 ENIAC 于 1946 年在美国问世以来，大约每隔 5 年计算机的运算速度就会提高 10 倍，可靠性提高 10 倍，而成本降低 10 倍，体积缩小 10 倍。

1. 台式计算机

台式计算机，顾名思义是指放置在桌子上的微型计算机，这就是最常见的计算机。本教材中主要讨论的就是台式计算机。

1974 年 12 月，美国 MITS 公司发布了世界上第一台商用个人计算机 Altair8800，该计算机使用 8080 处理器，外形像一台打字机，如图 1.1 所示。1981 年，美国 IBM 公司首次将 8088 微处理器用于 IBM PC 中，如图 1.2 所示，从此开创了微机时代。

图 1.1　MITS 公司 Altair8800 计算机　　　　图 1.2　IBM PC 计算机

　　微型计算机（Micro Computer）简称微机，也称为个人计算机（Personal Computer）、PC 或电脑，是电子计算机技术发展到第 4 代的产物。微机的诞生引起了电子计算机领域的一场革命，大大扩展了计算机的应用领域。微机的出现，揭开了计算机的神秘感，打破了计算机只能由少数专业人员使用的局面，使得每个普通人都能方便地使用，从而使计算机成为人们日常生活的工具。

　　最早的微型计算机诞生于 20 世纪 70 年代，我国的 Apple II（苹果 2）机和中华学习机都是其中的典型代表。但目前国内市场上的主流产品是 PC 系列微型计算机，它起源于 IBM 公司于 1981年推出的 IBM PC 以及随后相继推出的 IBM PC/XT 和 IBM PC/AT。同时 IBM 公司生产的 PC 采用开放式体系结构，并且技术资料是公开的，因此，其他公司先后为 IBM 系列 PC 推出了不同版本的系统软件和丰富多样的应用软件，以及种类繁多的硬件配套产品。有些公司又竞相推出了与 IBM系列 PC 相兼容的各种兼容机，从而促进 IBM 系列 PC 迅速发展，并成为当今微型计算机中的主流产品。直到今天，PC 系列微型计算机仍保持了最初 IBM PC 的雏形，所不同的是，从 286 微机以后，市场发生了一些变化。Compaq、HP、Dell 等公司相继推出自己的兼容机，与 IBM 公司形成抗衡。

　　计算机的应用在中国越来越普遍，中国计算机用户的数量不断攀升，应用水平不断提高，特别是互联网、通信、多媒体等领域的应用取得了不错的成绩。

　　目前，在中国生产销售台式计算机的厂家品牌主要有：联想（Lenovo）、戴尔（Dell）、清华同方（THTF）、海尔（Haier）、苹果（Apple）、惠普（HP）、华硕（ASUS）、神舟（HASEE）、宏基（ACER）等。如图 1.3 所示为一款 Dell 台式计算机，图 1.4 为一款联想台式计算机。

图 1.3　Dell 台式计算机　　　　　　　图 1.4　联想台式计算机

2. 电脑一体机

电脑一体机是目前台式机和笔记本电脑之间的一个新型的市场产物，它是将主机部分、显示器部分整合到一起的新形态电脑，该产品的创新在于内部元件的高度集成。随着无线技术的发展，电脑一体机的键盘、鼠标与显示器可实现无线连接，机器只有一根电源线。

对于电脑一体机，不同的厂商有不同的叫法，分别有 All In One、AIO 电脑或是屏式电脑。而在参与调查的用户中，多数用户更倾向于"电脑一体机"这个叫法。如图 1.5 所示为一款苹果一体机，图 1.6 所示为一款联想一体机。

目前，市场上电脑一体机有苹果、惠普、索尼、神舟、三星、联想、戴尔、方正、华硕、明基等。产品和品牌的丰富让用户有了更多的选择余地。

| 图 1.5　苹果一体机 | 图 1.6　联想一体机 |

3. 笔记本电脑

笔记本电脑又称便携式微机，它把主机、键盘、显示器等部件组装在一起，体积只有手提包大小，并能用蓄电池供电，可以随身携带，如图 1.7 所示。

图 1.7　笔记本电脑

笔记本电脑目前只有原装机，用户无法自己组装，相对而言，价格较高，硬件的扩充和维修都比较困难。上网本（Netbook）就是轻便和低配置的笔记本电脑，具备上网、收发邮件以及即时信息（IM）等功能，并可以流畅播放流媒体和音乐。上网本更强调便携性，多用于在出差、旅游甚至公共交通上的移动上网。

4. 服务器

服务器是一种高档次、高质量的计算机，主要用于网络服务，它的配置要比一般电脑高得多，价格也比普通电脑贵得多。根据存放位置不同，服务器可分为塔式、机架式和刀片式 3 种，如图 1.8、图 1.9 和图 1.10 所示。

图 1.8　塔式服务器　　　　图 1.9　机架式服务器　　　　图 1.10　刀片式服务器

1.1.4　操作步骤

子任务 1：对计算机的整体认识

一台完整的计算机，如图 1.11 所示，主要由主机、显示器、键盘、鼠标和一些其他的外部设备组成。

图 1.11　从外部看到的台式计算机

1. 微型计算机的主体——主机

主机是微型计算机的运算和指挥中心，从外观上看，也就是计算机的主机箱。在主机箱内主要由电源、主板、CPU、内部存储器及各种电源线和信号线组成，这些部件都封装在主机箱内部。从结构上看，主机箱内部还安装有硬盘、光盘驱动器等外部存储设备，以及显示卡、声卡、网卡、内置调制解调器等数据通信设备和外部输出设备卡等。

主机箱一般由特殊的金属材料和塑料面板制成，通常分为立式和卧式两种，颜色、形状各异，有防尘、防静电、抗干扰等作用。

主机箱前面板（如图 1.12 所示）上一般有光盘驱动器的光盘托盘伸缩口，从此处可以放入和取出光盘片；有表示主机工作状态的指示灯和控制开关，分别用于开、关主机和显示其工作状态，如电源开关、Reset 复位开关、电源指示灯、硬盘工作状态指示灯等；还有机箱前置 USB 接口和音频接口等。前置 USB 接口须要用机箱提供的 USB 线连接到主板上的前置 USB 接口上。

主机箱的后面板（如图 1.13 所示）上一般由一些插座、接口组成，它们分别用于主机和外部设备的连接，主要有电源插口、散热风扇排风口、键盘接口、用来连接视频设备的视频接口、用于连接打印机的并行端口、用于连接鼠标或调制解调器等设备的串行接口，以及其他多媒体功能板卡的接口等。

2. 键盘和鼠标

键盘和鼠标是微机中最主要的输入设备，计算机所需要处理的程序、数据和各种操作命令都是通过它们输入的。如图 1.14 所示为一套键盘和鼠标。

常见的鼠标一般有左右两个按键和中间一个滚轮。

- 左键：用于选择打开对象。
- 右键：单击鼠标右键可打开当前位置的快捷菜单。
- 滚轮：可滚动显示文档、网页，帮助用户阅读。

键盘的介绍详见任务 2。

图 1.12　主机箱前面板　　　　图 1.13　主机箱后面板　　　　图 1.14　键盘和鼠标

3. 显示器和打印机

显示器（如图 1.15 所示为一款液晶显示器）和打印机（如图 1.16 所示）是微型计算机常用的输出设备，它们的主要功能就是将计算机的计算结果（包括中间结果和最终结果）显示在显示器上或通过打印机打印在纸上，以便用户查看计算结果或长期保存结果。另外，显示器和打印机还可以显示或打印用户通过计算机编辑的程序文件、文本文件，以及各种图形信息等内容。

图 1.15　液晶显示器　　　　　　　　图 1.16　打印机

子任务 2：计算机各部件认识

打开计算机主机箱的侧面板，可以清楚地看到主机箱内计算机的各个部件，如图 1.17 所示。主机箱内部一般安装有电源盒、主机板（包含 CPU 和内存）、硬盘驱动器（简称硬盘）、光盘驱动器（简称光驱或 CD-ROM）、显示卡，以及其他数据通信、多媒体功能板卡（比如网卡、声卡、视频卡）等。

1．主板

主机板又称为系统主板，简称为主板，如图 1.18 所示，是一块多层印刷电路板，是计算机主机内的主要部件，CPU（中央处理器）、内存条、显卡、声卡等均要插接在主板上，光驱、硬盘则通过线缆与其相连，机箱背后的键盘接口、鼠标接口、打印机接口、显示器接口、网卡等也是大多由它引出的。

图 1.17　主机箱内部结构　　　　　　　　　　　图 1.18　主板

2．CPU

CPU（中央处理器）也叫微处理器，是整个微型计算机运算和控制的核心部件。CPU 在很大程度上决定了计算机的基本性能。现在市场上的 CPU 主要是以 Intel 和 AMD 公司生产的为主，平时所说的锐龙、酷睿 i7/5/3 等指的就是 CPU。如图 1.19 所示为 Intel 的 Intel 酷睿 i7-7700KCPU，图 1.20 所示为 AMD Ryzen 7 1700CPU。

3．内部存储器

内部存储器简称内存，是微型计算机的数据存储中心，主要用来存储程序及等待处理的数据，可与 CPU 直接交换数据。它由大规模半导体集成电路芯片组成，其特点是存储速度快，但容量有限，不能长期保存所有数据。内存条插在主板的内存插槽中，一个内存条上安装有多个 RAM 芯片。现在市场上内存的单条容量有 1GB、2GB、4GB、8GB 等规格，常见的计算机一般都配置了 8GB 以上的内存。如图 1.21 所示为常见的内存条。

图 1.19　Intel I7-7700K CPU　　　图 1.20　AMD Ryzen 7 1700 CPU　　　图 1.21　内存条

4. 光驱

光驱也是微机系统中重要的外存设备。从最早的只读型光盘驱动器（CD-ROM）发展到数字只读光盘驱动器（DVD-ROM）、光盘刻录机（CD-RW）、DVD 光盘刻录机（DVD-RW），以及集成 CD/DVD 读取与 CD-R/RW 刻录于一体的康宝（Combo）等类型。

（1）CD-ROM。CD-ROM（Compact Disk-Read Only Memory，只读光盘驱动器）是光驱的鼻祖。

（2）DVD-ROM。DVD-ROM（Digital Video Disc-Read Only Memory）是目前市场上主流的光驱，不仅能读所有格式 DVD 的光盘，而且还能读取 CD-ROM 光盘和 CD 光盘。

（3）CD-RW。CD-RW（CD-Rewritable）是刻录光驱，具有普通 CD 光盘数据刻录功能，能够完成数据刻录。其刻录的格式包括普通数据光盘、音乐 CD、VCD 等，并且与普通 CD-ROM 一样，具有 CD-ROM 的光盘读取功能。

（4）DVD-RW。DVD-RW 俗称 DVD 刻录光驱，它不仅提供了 DVD 光盘刻录功能，还可以读取普通 CD 数据光盘、DVD 光盘等。DVD-RW 是集现在所有光驱功能为一体的产品，如图 1.22 所示。

（5）Combo。Combo 光驱俗称康宝，是一个集 CD-ROM、CD-R/RW 和 DVD-ROM 为一体的多功能光盘驱动器，如图 1.23 所示。

图 1.22　DVD 刻录光驱　　　　　　　　　图 1.23　Combo 光驱

5. 硬盘

硬盘驱动器（Hard Disk），简称硬盘，是计算机中广泛使用的外部存储器，它具有比软盘大得多的容量，速度快，可靠性高，几乎不存在磨损等问题。

目前，硬盘有两大类：传统硬盘和固态硬盘。传统硬盘的存储介质是若干刚性磁盘片，硬盘由此得名。目前市场上的传统硬盘几乎都是 3.5 英寸产品，如图 1.24 所示为一款 4TB 希捷硬盘。传统硬盘作为主要的外部存储设备，随着其设计技术的不断更新，不断朝着容量更大、体积更小、速度更快、性能更可靠、价格更便宜的方向发展。目前主流硬盘大小有 1TB、2TB、3TB、4TB 等，常见品牌有希捷、西部数据、HGST（原日立）、东芝、三星等。

固态硬盘（Solid-State Disk，SSD）采用的是半导体存储技术。三星电子、TDK、Sandisk、PQI、A-data 等公司通过 Flash 芯片制造了 256GB、512GB、800GB 等容量，采用 SATA 接口的 SSD 固定硬盘，尺寸为 2.5 英寸，主要用在笔记本电脑、平板电脑（Tablet PC）等市场。如图 1.25 所示为一款 512GB 的三星固态硬盘。

6. 电源

电源也称电源供应器（Power Supply），它提供计算机中所有部件所需要的电能。电源功率的大小、电流和电压是否稳定直接影响着计算机的使用寿命，电源问题常造成系统不稳定、无法启动甚至烧毁计算机配件。计算机电源是安装在主机箱内的封闭式独立部件，它的作用是将交流电变换为±5V、±12V、±3.3V 等不同电压、稳定可靠的直流电，供给主机箱内的主板、各种适配器和扩展卡等系统部件和键盘鼠标等使用。目前市场上有 ATX 电源和 BTX 电源两个标准。如图 1.26 所示为一款 ATX

电源。

图 1.24　4T 希捷硬盘　　　图 1.25　三星 512GB 固态硬盘　　　图 1.26　ATX 电源

7. 显卡

显卡的作用是控制显示器上每一个点的亮度和颜色，使显示器呈现出我们想看到的图像。显卡是计算机中进行数/模信号转换的设备，也就是将计算机中的数字信号通过显卡转换成模拟信号让显示器显示出来。目前市场上高性能的显卡还具有图像处理能力，能够协同 CPU 进行部分图片的处理，提高整机的运行速度。

随着计算机技术和图像技术的发展，特别是目前广泛应用的 Windows 操作系统、Maya 大型 3D 图形图像处理软件以及 3D 游戏等，这些都需要高性能显卡的支持，保证计算机能提供更高质量、更高品质的图像。显卡的品牌很多，各个厂商的产品种类也很多，但其核心部分及显卡芯片组大部分采用 nVIDIA、ATi、SiS 公司的产品。如图 1.26 所示为一款七彩虹镭风 3870-GD4 显卡的外观。

8. 声卡

声卡的作用包括声音和音乐的回放、声音特效处理、网络电话、MIDI 的制作、语音识别和合成等。声卡已成为多媒体计算机不可缺少的部分。

声卡分为独立的单声卡和集成在主板上的板载声卡两种。而板载声卡一般又分为板载软声卡和板载硬声卡。一般板载软声卡没有主处理芯片，只有一个 CODEC 解码芯片，通过 CPU 的运算来代替声卡主处理芯片的作用。如图 1.27 所示为一款独立声卡的外观。

9. 网卡

网卡又称网络接口卡、网络适配器，安装在主板扩展槽中。随着网络技术的飞速发展，出现了许多种不同类型的网卡，目前主流的网卡主要有 10/100Mb/s 自适应网卡、100Mb/s 网卡、10/100/1000Mb/s 自适应网卡等几种。如图 1.28 所示为一款 10/100Mb/s 自适应网卡。

图 1.27　显卡　　　　　　图 1.28　声卡　　　　　　图 1.29　网卡

目前，计算机主板大都已经集成了显卡、声卡、网卡，这些集成的接卡口的性能一般，不能满足需要时可以另外再配置单独的显卡、声卡或网卡。

子任务 3：连接计算机外部设备

1. 连接显示器和电源

在连接显示器时要注意显示信号接口有两种类型：一种是 VGA 接口，另一种是 DVI 接口，如图 1.30 所示。

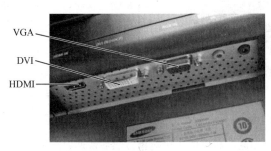

图 1.30　液晶显示器接口

准备好显示器的信号线，在计算机主机背面可以找到一个对应的接口，将插头插入接口即可，然后将显示器的电源线接入电源插座。

找到主机电源线，将电源线一端插入机箱背面的电源插座，另一端插入供电电源插座。

2. 连接键盘和鼠标

早先大多数键盘和鼠标采用 PS/2 接口，目前键盘和鼠标已大多采用 USB 接口。

3. 连接音箱与 USB 设备

音箱是基本的计算机多媒体设备。声音输出接口在机箱的背面。USB 接口用于扩展其他设备，如摄像头、闪存盘、移动硬盘、读卡器等，它们的连接都很简单。USB 接口通常位于机箱背面，为了使用方便，现在大多数机箱都在前面提供了 USB 接口。只要将 USB 设备插入 USB 接口，系统就能自动识别，但插入时要注意接口的方向。

子任务 4：学会开机和关机

计算机和普通电器不同，开机、关机要遵循一定的原则，如果在计算机运行程序时就把电源断掉，对计算机的负面影响是很大的，不但会破坏系统中的数据，也可能破坏计算机的硬件。

计算机在启动和关闭过程中要使用到鼠标，在这里介绍鼠标的使用。

1. 鼠标的操作

使用鼠标时，应将食指放在左键上，中指放在右键上，拇指放在鼠标左侧，无名指与小指自然握住鼠标，手腕自然垂放在桌面上，以方便舒服地移动鼠标，如图 1.31 所示。

鼠标的主要作用是控制鼠标指针。通常情况下鼠标指针呈箭头状，但它又经常随鼠标位置和操作的不同有所改变。图 1.32 列出了默认情况下，最常见的几种鼠标指针形状所代表的意义。

鼠标的基本操作有 5 种，可用来协助用户完成不同的动作，如显示一个菜单、选择一条命令或打开一个文件等。

（1）指向。指向就是移动鼠标，将鼠标指针放在某一对象上。将鼠标在桌面上移动，屏幕上代表鼠标的箭头也跟着移动。使用 Windows 操作系统时，如果对某个对象不很熟悉，指向它往往会得到相关的帮助。

（2）单击。在屏幕上把鼠标指针指向一个对象，然后快速地按下并释放鼠标的左键。通过单击，用户可以选择屏幕上的项目或执行菜单命令。

正常选择		不可用	
求助		垂直调整	
后台运行		水平调整	
忙		沿对角线1调整	
精确定位		沿对角线2调整	
选定文字		移动	
手写		候选	

图 1.31　握鼠标的正确方法　　　　图 1.32　鼠标指针常见形状

（3）双击。把鼠标指针指向屏幕上的一个对象，然后快速、连续按鼠标左键两次。通常用鼠标双击一个文件或快捷方式图标来运行程序或打开文档。

注意：双击鼠标时要迅速，不要让计算机误认为你执行了两次鼠标单击的操作。

（4）拖动。把鼠标指针指向屏幕上的一个对象，然后在保持按住鼠标左键的同时移动鼠标。用户可以使用"拖动"操作来选择数据块、移动并复制正文或对象等。

（5）右击。在屏幕上把鼠标指针指向一个对象，然后快速地按下并释放鼠标的右键。一般情况下，右击屏幕上的某块区域或某个对象时，会弹出快捷菜单。

2. 启动计算机

一般来讲，开机时要先打开外设（主机箱以外的其他部分）后打开主机，如果顺序颠倒，显示器打开时产生的瞬间高压会对主机内的各部件产生冲击。

正确的开机顺序为：打开显示器→按主机"Power"按钮→系统启动→进入桌面→选择用户→进入 Windows 系统。

3. 关闭计算机

关机时的顺序和开机正好相反，要先关闭主机后关闭外设。关机操作是在 Windows 界面中完成的，直接按"Power"按钮的做法是错误的。

关闭计算机请按如下方法操作。

（1）将鼠标移至 Windows 7 窗口"开始"菜单并单击，打开"开始"菜单。

（2）单击最下面的"关闭计算机"选项。

（3）打开"关闭计算机"对话框，如图 1.33 所示。单击"关闭"按钮，系统将自动关闭计算机。

（4）等主机关闭后，再关闭显示器及其他外设。

4. 重启和注销

在安装新硬件、软件后，有时需要重新启动计算机才能正常使用。系统有多个用户时，须要在多个用户间切换，这时可以使用注销功能。

（1）重启计算机。在图 1.33 中，单击"重新启动"按钮，系统将自动重新启动计算机。

（2）注销账户。单击"开始注销"按钮，打开"注销 Windows"对话框，如图 1.34 所示。单击"注销"按钮即可返回用户登录界面。

5. 复位启动

在计算机工作过程中，由于用户操作不当、软件故障或病毒感染等原因，造成计算机"死机"或"死锁"等故障时，可以使用系统复位方式来重新启动计算机，即按机箱面板上的"复位"按钮（"Reset"按钮）。

图 1.33　"关闭计算机"对话框　　　　图 1.34　"注销 Windows"对话

1.2　任务 2：键盘及指法练习

1.2.1　任务描述

大家在高中阶段甚至更早，在使用计算机键盘的时候大多使用 2 至 3 个手指，俗称"二指禅"，严重影响了计算机输入的速度，那么在使用计算机键盘时应保持什么样的姿势呢？人的十指在击键时是如何进行分工的呢？

1.2.2　任务目的

- 学会正确的打字姿势。
- 掌握键盘的基准键位。
- 掌握正确的指法分区。

1.2.3　相关知识

1．认识键盘

键盘分为主键盘区、功能键区、控制键区、数字键区和状态指示区 5 个区，如图 1.35 所示。

图 1.35　键盘的分区

（1）主键盘区是主要的数据输入区域，由字母键、数字键、符号键，以及其他一些特殊控制键组成，这些按键用于输入各种符号。

（2）数字键区位于键盘的右侧，又称为"小键盘区"，包括数字键和常用的运算符键，这些按键主要用于输入数字和运算符。

（3）控制键区位于主键盘区的右侧，包括所有对光标进行操作的按键以及一些页面操作功能键，这些按键用于在进行文字处理时控制光标的位置。

（4）功能键区位于键盘的最上方，包括"Esc"和"F1"～"F12"键，这些按键用于完成一些特定的功能。

（5）状态指示区位于数字键区的上方，包括3个状态指示灯，用于指示键盘的工作状态。

2. 打字的正确姿势

初学键盘输入时，首先必须注意的是击键姿势，如果初学时姿势不当，就不能做到准确快速地输入，也容易疲劳。打字的正确姿势如图1.36所示，打字的姿势要领包括：

（1）头正、颈直、身体挺直、保持笔直，两脚平踏在地；

（2）身体正对屏幕，调整屏幕，使眼睛舒服；

（3）眼睛平视屏幕，保持30～40厘米的距离，每隔10分钟视线从屏幕上离开一次；

（4）手肘高度和键盘平行，手腕不要靠在桌子上，双手要自然垂直放在键盘上。

3. 正确的指法

（1）基准键与手指的对应关系。基准键位于键盘的第3行，共有8个字键，如图1.37所示（除"G"、"H"键外）。

图1.36　打字姿势

图1.37　基准键位图

（2）键的击法。

① 手腕要平直，手臂要保持静止，全部动作仅限于手指部分（上身其他部位不得接触工作台或键盘），双手放在基准键位上。

② 手指要保持弯曲，稍微拱起，指尖后的第一关节微成弧形，分别轻轻地放在相应键的中央。

输入时，应轻击键而不是按键盘，击键要短促、轻快、有弹性。用手指点击而不是用指尖或把手伸直击键。

③ 除击键的手指外，其他手指都要轻放在基准键位上，不许乱动，小指不要上翘。

（3）空格键的击法。右手从基准键上迅速垂直上抬1～2厘米，大拇指横着向下击键并立即回归原位。

（4）换行键的击法。需要换行时，用右手小指击一次"Enter"键，击键后右手立即退回到基准键上，在手回归过程中小指弯曲，以免误击";"键。

前面所讲的8个基准键位与手指的对应关系必须牢牢记住，切不可有半点差错。在基准键的基础上，对于其他字母、数字和符号键都采用与8个基准键的键位相对应的位置（简称相对位置）来记忆，（例如，用原来击"D"键的左手中指击"E"键，用原来击"K"键的右手中指击"I"键等）。

键盘的指法分区如图1.38所示，凡两条斜线范围内的键，都必须由规定的手指管理，这样，既便于操作，又便于记忆。

图 1.38 指法分区

1.2.4 操作步骤

方法 1：用"记事本"程序进行指法练习

1. 基准键的练习

将左、右手轻放在基准键上，固定好位置后，眼睛不要看键盘，而是目视原稿。

注意：击键时手腕不动；用左手食指击"F"键、"G"键，用右手的食指击"J"键、"H"键。

（1）输入"f，j"。

jf jj fj ff jf jj ff jf ff jj jf jf jj ff jf jf jf jf fj fj jf jf jf
jj fj fj jf jf jf jj jf fj jf jj fj ff fj fj fj fj jf jf jf jf jj jf jf
jj fj

（2）输入"g，h"。

gh hg hh gg jg hf jg hf jf jg jf hg hg gj gj jf hg hg hjf hg
jg hf hg jf hg jf hg jf hj fh gj gh jf jg hf hg jg hf hg jf hh g
j hf hg hj gj hf hg hg hg   jg hg hh gh

（3）输入"d，k"。

dk kd dd kk dk kd kd kd kd kk kd dk dk dd dk kk dk dk kd
kd kd kd kd kk kd dd kd kd kd dd dd dd kk kk kk kd kd kd kd
dd kk dd kk kk kd kd kd kk kd kd kd kk dk dk dk dd kk dk kd
fk jk dj fk dj fd kd kj fdkkk dj kd df fk dk dk kf fd kd kk d
f jk dk kk dd kk d

（4）输入"l，s"。

ls ll ll ss sl ss ls sl ss ls ls ls sl sl ss ll ks dl sl js fl sl
ks kl ld sk ls js fl ls ss ll fl fk ls kd ls dl ks fl js ks ls fl d
l sl sl ks ll ss dl sk sl sl sl d

（5）输入"a，；"。

a； a； ；； aa ；s al ak ；d ；f ja ah ；g ；h ga fa ；j ；k ；l as aa aj
j； aj fj a； ad ka ；k da ；l a； la lj la ；a ；dsaj；g； da a； jk ；l kj ；a
j； jd ；l jl jl ；j ag fa jf gj gf aja

2. 上位键的练习

上位键在基准键的稍偏左上方。

注意：手指放在基准键上，注意"F"键与"R"键、"T"键及"J"键与"U"键、"Y"键之间的角度。

（1）输入"r, u"。

ru rr ur uu rr ur ur ru rru uu rr uu ru ru uu rr ur ur ur ur ur ur ur uu ru ru ru

（2）输入"t, y"。

yt yt ty tt yy tt yy yy tt yt yt yt yt yy tt yt yt yy ty ty ty yt yy tt yy yt tt yt yt ty ty ty tt yt ty ty ty yt yt yt yt y yt

（3）输入"e, i"。

eI Ie ee II II ee II eI ie It uu eI Ie II ee et yt Ie ty ur ue uI ty ee ut yr tu ey tu eI re Iu ee uu te uy yy ye ou Ie ru uI er rI eI tu ut II eI eI ir Ie ri

（4）输入"w, o"。

ow wo ou wt ow oy wi oe II wo wo Iw ow ow wo ww or yo yr oo to tw ow uo re wo uo rI wu ro Iw uo er Iw oo ww Io eo ou wu wo ro wu rw ow oo wo

（5）输入"q, p"。

qp oq wp qo qr pq qp pq po qI pp tq Iq uq yq yq yq qt qt qt rq rp qr pq up py py pp tp tq pr pq rp rI pepe qp ep eq pp qp qp qq pe pp qq pt qt pt Iu qq qy yq yq yq yq yp qp qp qp qp

3. 下位键的练习

下位键在基准键的下方稍偏右下方，击键时要注意它们与相应的基准键的角度。

（1）输入"n, b"。

nb nb nb nn nb bb bn bn nn bn nb nb nn bn nn bn bn nb nn bn bn nb nb nb nn bn bn bn bn bn nb nbnb nb bbbn bn nb n b nb nn bn bn nb bn

（2）输入"m, v"。

mv mv mv vv mm mv mm vm vm vm vv mv mv mv mm vm v m mv bm vb mv mb vn bv nb mm vn bm vn bm bv nn nm nm nb nm vm nb mv mb nv mn mv nb m

（3）输入"x"。

x. x. x. .x .x ... xx .x. x. x. xn .x .x .x .. v. v. b. b. n. n. m. .m .. ,, xm m. x. xn .x nx .n x. bx .b .bb. xx b. vx .v x. v. xv xv cc xc xc v. xb b. xn x.nx .m x. mm x. c, v. x, m. .x c. .x .. x. x. x... x. x. v. v.b b. v. bv .. vc ... c.

（4）输入"z, c, /"。

z/ z/ x/ c/ c/ ,/ /. /c c/ cb /v b/ nb /m nb vm /n b, ,b n/ /b

mm /z cv v/ zv z/ bv z/ bn z/ nb zb vn z/ vz nz nb z/ vb zv /z b
n vz bn z/ zb zv z/ bn zv /b zv zb z/ vz vn m/ b, mz b, z, /m zb ,
z /b zv bz / c vz /c v/ xz xc cz /x z/ cb nc vz /m n/ b/ bb zb

4. 数字键的练习

数字键在第一行，离基准键较远，击键时必须遵守以基本键为中心的原则。因为手指的跳跃距离不易掌握，所以要依靠人的敏锐和准确的键位感来衡量方向。数字键使用频繁，应按照击字母键方式加以练习。

（1）输入"4，7"。

74 47   74 74 77 47 47 77 47 47 47 77 47 74   47 74 74 74
47 74   47 74 74 74 47 47 74   47 77 47 47 47 47   47 47 47 74
47 74 74 77 47 47

（2）输入"5，6"。

56 56 56 66 65 67 56 65 75 46 67 64 76 57 45   64 76 56 6
5 56 56 65 65 66 56 56 56 56 45 64   6 6 65 67 56 76 45 67
5 6

（3）输入"8，3"。

83 83 83 83 87 43 75 75 67 58 35 63   75 63 46   56 75 38 3
8 38 38 38 56 75 37 65 38 38 88 83   83 88 48 58 56 88 68 48

（4）输入"2，9"。

92 94 57 29 22 72 95 72 79 94 95 92 39 39 62 62 27 27 49 5
9 95 82 39 92 52 69 29 29 99 24 97

（5）输入"1，0"。

01 01 11 50 10 91 01 80 10 10 10 09 17 04 10   81 07 05 1
7 17 07 03 10 17 41 07 18 07 31 83   14 04 18

5. 其他键的练习

其他键是指"~、!、@、$、%、^、&、*、(、)、_、+、|"，这些特殊键与"{、}、:、"、<、>、?"等符号键的输入须在按住"Shift"键后再按相应的符号键才可完成其功能。例如，"@"是数字键"2"与"Shift"键组合而成的（先按下"Shift"键再按数字键"2"）。

练习输入下列符号

~ ! ? 〈 〉""": ¯{ })〔?!{ })《)〕〔 〕   "" ~ | | | | ~ & # @ ^
^ \ @ & # + － + － $ @ # $ % % ^ & * * & (*)(_)_ + <>?
< ? ? "::: ::

注意：① ""键、"Tab"键、"Caps lock"键、左"Shift"键、左"Ctrl"键要使用左手小指击键；
② "-"、"="、"、""["、"]"、"'"、右"Shift"键、右"Ctrl"键、"Enter"键要使用右手小指击键。

方法2：金山打字通指法练习

"金山打字通2016"是金山公司发布的一款免费的计算机初学者打字练习软件，拥有新手入门、英文打字、拼音打字、五笔打字等多种练习模式，帮助用户48小时即成为打字高手。软件可以实时显示打字时间、速度、进度、正确率，支持打对与打错分音效提示，并附有通俗易懂的全新打字教程，助你更快学会打字。

就好像我们在入学的时候，要进行一次摸底考试一样，"金山打字通2016"在用户新建账户后，会建议用户进行一次学前测试。学前测试包括英文打字速度和中文打字速度两种，测试完成以后程序会根据用户的成绩有针对性地进行练习。进行测试的样文，都是一些短文和笑话，可以避免练习的时候让人感到枯燥。

除了英文练习以外，中文是大家最常输入的内容。但是常见的中文输入法，又分为拼音和编码两大类。由于拼音输入和英文输入非常相似，因此软件在"音节练习"中特别针对地方方言中容易混淆的地方，推出了"模糊音和地方发言"的针对性输入练习，这样在使用各种智能拼音输入法时就可以"运指如飞"。

步骤 1：下载并安装金山打字通。

（1）打开金山打字通官方网站：http://www.51dzt.com/。

（2）下载"金山打字通 2016"。

（3）安装"金山打字通 2016"。安装完毕后启动"金山打字通 2016"，如图 1.39 所示。

步骤 2：新手入门。

如果你还是一位计算机的初学者，连键盘上的按键位置都还不熟悉，那么就需要从英文输入练起。通过"金山打字通 2016"中的"新手入门"，不仅可以从最基本的手指放置，到开始每个手指所对应的键位练习，循序渐进地完成从单词输入到文章输入的过渡。

"金山打字通 2016"还会根据用户的练习过程及成绩总结出用户经常输入错误的地方，用户就可以根据这些出错点，进行有针对性的练习，最终让一个初学者仅用很短的时间，就可以熟练掌握文章的输入甚至是盲打。

"新手入门"含有"打字常识"、"字母键位"、"数字键位"、"符号键位"和"键位纠错"5 关，如图 1.40 所示，可以通过闯关的方式来练习。

图 1.39　"金山打字通 2016"窗口　　　　　　　图 1.40　新手入门

步骤 3：英文打字。

英文打字含有"单词练习"、"语句练习"和"文章练习"3 关。

1.3　任务 3：中文输入法的使用

1.3.1　任务描述

中文输入法，又称为汉字输入法，是指为了将汉字输入计算机或手机等电子设备而采用的编码方法，是中文信息处理的重要技术。汉字输入法有很多种，你了解常用的有哪些呢？

1.3.2 任务目的

■ 掌握汉字输入法的设置与切换方法。
■ 熟悉搜狗拼音输入法。

1.3.3 相关知识

1. 汉字输入法概述

汉字输入法编码可分为以下几类：音码、形码、音形码、形音码、无理码等。广泛使用的中文输入法有拼音输入法、五笔字型输入法、二笔输入法、郑码输入法等。

流行的输入法软件平台，在 Windows 系统有搜狗拼音输入法、搜狗五笔输入法、百度输入法、谷歌拼音输入法、QQ 拼音输入法、QQ 五笔输入法等；Linux 平台有 IBus、Fcitx；Mac OS X 系统除自带输入法软件外还有百度输入法、搜狗输入法、QQ 输入法；手机系统一般内置中文输入法，此外还有百度手机输入法、搜狗手机输入法等。

2. 搜狗输入法

搜狗拼音输入法是搜狐公司推出的一款拼音输入法工具，是现在最常见的输入法之一。

搜狗输入法与传统方法不同的是，采用了搜索引擎技术，速度有了质的飞跃，在词库的广度、词语的准确度上，都较为领先。

搜狗输入法的最大特点是实现了输入法和互联网的结合，可以自动更新热门词库，这些词库源自搜狗搜索引擎的热门关键词。这样，用户自造词的工作量减少，提高了效率。

自动升级（可选）功能可以动态升级最新最热的词库和最新的输入主程序。

1.3.4 操作步骤

步骤 1：下载并安装最新的搜狗拼音输入法。

（1）打开搜狗拼音输入法的官方网站：http://pinyin.sogou.com/。

（2）目前最新的版本是搜狗拼音输入法 8.5 版正式版（2017 年 5 月发布）。

（3）安装搜狗拼音 8.5 版，默认安装即可。

步骤 2：切换到搜狗拼音输入法。

将鼠标移到要输入的地方，单击，使系统进入到输入状态，然后按"Ctrl+Shift"键切换输入法，按到搜狗拼音输入法出来即可。当系统仅有一个输入法或者搜狗输入法为默认的输入法时，按下"Ctrl+空格"键即可切换出搜狗输入法。

步骤 3：搜狗输入法设置。

用鼠标右键单击搜狗输入法状态条的"自定义状态栏"按钮，在弹出的快捷菜单中选择"设置属性"选项，如图 1.41 所示。弹出"属性设置"对话框，如图 1.42 所示。

单击"常用"选项卡，可以设置选项包括以下内容。

① "输入风格"栏：为充分照顾智能 ABC 用户的使用习惯，特别设计了两种输入风格。

搜狗风格：在搜狗默认风格下，将使用候选项横式显示、输入拼音直接转换（无空格）、启用动态组词、使用"，。"翻页，候选项个数为 5 个。搜狗默认风格适用于绝大多数的用户，即使长期使用其他输入法直接改换搜狗默认风格也会很快上手。当更换到此风格时，将同时改变以上 5 个选项，当然，这 5 个选项可以单独修改，以适合自己的使用习惯。

图 1.41　快捷菜单　　　　　　　　图 1.42　"属性设置"对话框

智能 ABC 风格：在智能 ABC 风格下，将使用候选项竖式显示、输入拼音空格转换、关闭动态组词、不使用"，。"翻页，候选项个数为 9 个。智能 ABC 风格适用于习惯于使用多敲一下空格出字、竖式候选项等智能 ABC 输入法的用户，当更换到此风格时，将同时改变以上 5 个选项，当然，这 5 个选项可以单独修改，以适合自己的使用习惯。

② "默认状态"栏：可以选择设置简体/繁体、全角/半角、中文/英文。

③ "特殊习惯"栏：搜狗支持全拼、简拼、双拼方式。

步骤 4：设置翻页键。

搜狗拼音输入法默认的翻页键是"逗号（，）句号（。）"，即输入拼音后，按句号（。）进行向下翻页选字，相当于"PageDown"键，找到所选的字后，按其相对应的数字键即可输入。推荐使用这两个键翻页是因为按"，""。"时手不用移开键盘主操作区，效率最高，也不容易出错。

在"属性设置"对话框中单击"按键"选项卡，在"候选字词"栏设置"翻页按键"，默认为"逗号（，）句号（。）"，还有"减号（-）等号（=）"，"左右方括号（[]）"等选择。

步骤 5：汉字输入。

（1）全拼。全拼输入是拼音输入法中最基本的输入方式。只要用"Ctrl+Shift"键切换到搜狗输入法，在输入窗口输入拼音，然后依次选择需要字或词即可。可以用默认的翻页键"，。"来进行翻页。全拼模式如图 1.43 所示。

（2）简拼。简拼是输入声母或声母的首字母来进行输入的一种方式，有效地利用简拼，可以大大提高输入的效率。搜狗输入法现在支持的是声母简拼和声母的首字母简拼。例如，要输入"张靓颖"，输入"zhly"或者"zly"都可以。

同时，搜狗输入法支持简拼全拼的混合输入，例如，输入"srf"、"sruf"、"shrfa"都是可以得到"输入法"。

请注意：这里的声母的首字母简拼的作用和模糊音中的"z、s、c"相同。但是，这属于两回事，即使没有选择设置里的模糊音，同样可以用"zly"输入"张靓颖"。有效地使用声母的首字母简拼可以提高输入效率，减少误打，例如，输入"指示精神"这几个字，如果输入传统的声母简拼，只能输入"zhshjsh"，需要输入的多而且多个 h 容易造成误打，而输入声母的首字母简拼，"zsjs"能很快得到想要的词。简拼模式如图 1.43 和图 1.44 所示。

```
sou'gou'pin'yin
1.搜狗拼音  2.搜狗  3.搜购  4.艘  5.叟
```

```
z's'j's
1.指示精神  2.在世界上  3.知识竞赛  4.转瞬即逝  5.在设计上
```

图 1.43　搜狗全拼输入　　　　　　　图 1.44　搜狗简拼模式 1

图 1.45 搜狗简拼模式 2

还有，简拼由于候选词过多，可以采用简拼和全拼混用的模式，这样能够兼顾输入字母最少和提高输入效率。例如，想输入"指示精神"，输入"zhishijs"、"zsjingshen"、"zsjingsh"、"zsjingsh"和"zsjings"都是可以的。打字熟练的人会经常使用全拼和简拼混用的方式。

（3）双拼。双拼是用定义好的单字母代替较长的多字母韵母或声母来进行输入的一种方式。例如如果 T=t，M=ian，键入两个字母"TM"就会输入拼音"tian"。使用双拼可以减少击键次数，但是须要记忆字母对应的键位，熟练之后效率会有一定提高。

如果使用双拼，需要在"属性设置"对话框"常用"选项卡"特殊习惯"窗口栏选中"双拼"单选按钮。单击"双拼方案设置"按钮，打开"双拼方案设置"窗口，如图 1.46 所示。

图 1.46 "双拼方案设置"窗口

选中"双拼展开提示"单选按钮后，会在输入的双拼后面给出其代表的全拼的拼音提示。

选中"双拼下同时使用全拼"单选按钮后，双拼和全拼将可以共存输入。经过观察实验，两者基本上没有冲突，可以供双拼新手初学双拼时使用。

特殊拼音的双拼输入规则有：对于单韵母字，须要在前面输入字母 O+韵母。例如，输入 OA→A，输入 OO→O，输入 OE→E。

而在自然码双拼方案中，和自然码输入法的双拼方式一致，对于单韵母字，须要输入双韵母。例如，输入 AA→A，输入 OO→O，输入 EE→E。

（4）模糊音。模糊音是专为对某些音节容易混淆的人所设计的。当启用了模糊音后，例如 sh⟷s，输入"si"也可以出来"十"，输入"shi"也可以出来"四"。

搜狗支持的模糊音有：

声母模糊音：s⟷sh，c⟷ch，z⟷zh，l⟷n，f⟷h，r⟷l；

韵母模糊音：an⟷ang，en⟷eng，in⟷ing，ian⟷iang，uan⟷uang。

步骤 6：中英文切换输入。

输入法默认是按下"Shift"键就切换到英文输入状态，再按一下"Shift"键就会返回中文状态。用鼠标单击状态栏上面的"中"字图标也可以切换。

除了"Shift"键切换以外，搜狗输入法也支持回车输入英文和"V"模式输入英文，在输入较短的英文时能省去切换到英文状态下的麻烦。具体使用方法如下。

（1）回车输入英文：输入英文，直接按回车键即可。

（2）"V"模式输入英文：先输入"V"，再输入英文，可以包含@+*/-等符号，然后按空格键即可。

在"属性设置"对话框"按键"选项卡，可以设置中英文切换按键，默认为"Shift"，还可以设置为"Ctrl"键。

步骤 7：修改候选词的个数。

输入法默认的是 5 个候选词，搜狗的首词命中率和传统的输入法相比已经大大提高，大多数情况下第一页的 5 个候选词就能够选出目标输入。推荐候选词个数使用默认的 5 个，因为候选词太多会造成查找困难，导致输入效率下降。

在"属性设置"对话框"外观"选项卡的"显示设置"栏"候选项数"数字框中可以修改候选词的个数，选择范围是 3～9 个。5 个候选词，如图 1.47 所示。9 个候选词，如图 1.48 所示。

图 1.47　5 个候选词　　　　　　　　　　　图 1.48　9 个候选词

步骤 8：搜狗拼音输入法外观修改。

目前搜狗输入法支持的外观修改包括皮肤、显示样式、候选字体颜色和大小等，可以在"属性设置"对话框"外观"选项卡的"显示皮肤设置"栏设置。

步骤 9：搜狗拼音输入法使用技巧。

（1）输入网址。搜狗输入法特别设计了多种方便的网址输入模式，能够在中文输入状态下输入网址，其规则有以下几点。

① 输入以 www.、http:、ftp:、telnet:、mailto:等开头时，自动识别进入到英文输入状态，后面可以输入如 www.sogou.com、ftp://sogou.com 类型的网址。

② 输入非 www.开头的网址时，可以直接输入，如 abc.abc 就可以了。（但是不能输入 abc123.abc 类型的网址，因为句号还被当作默认的翻页键。）

③ 可以输入前缀不含数字的邮箱，如 leilei@sogou.com。

（2）自定义短语。自定义短语是通过特定字符串来输入自定义好的文本，可以通过输入框上拼音串上的"添加短语"，或者候选项中的短语项的"编辑短语"/"编辑短语"来进行短语的添加、编辑和删除，如图 1.49 所示。

设置自己常用的自定义短语可以提高输入效率。例如，使用 yx,1=wangshi@sogou.com，输入了 yx，然后按下空格就输入了 wangshi@sogou.com。使用 sfz,1=130123456789，输入了 sfz，然后按下空格就可以输入 130123456789。

自定义短语在设置选项的"高级"选项卡中，默认开启。单击"自定义短语设置"即可，如图 1.50 所示。

在"自定义短语设置"对话框中可以添加、删除、修改自定义短语。经过改进后的自定义短语支持多行、空格以及指定位置。搜狗输入法可以实现把某一拼音下的某一候选项固定在第一位——固定首字功能。输入拼音，找到要固定在首位的候选项，鼠标悬浮在候选字词上之后，有固定首位的菜单项出现，如图 1.51 所示。

（3）人名智能组词模式。输入人名拼音，如果搜狗输入法识别人名可能性很大，会在候选中有带"n"标记的候选出现，这就是人名智能组词给出的其中一个人名，并且输入框有"按逗号进入人名组词模式"的提示，如果提供的人名选项不是您想要的，那么此时可以按逗号进入人名组词模式，选择想要的人名，如图 1.52 所示。

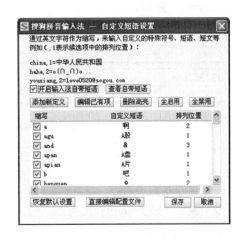

图 1.49　添加短语　　　　　　　　图 1.50　"自定义短语设置"对话框

图 1.51　自定义短语固定首位　　　　图 1.52　人名智能组词模式

人名智能组词模式并非搜集整个中国的人名库，而是使用智能分析，计算出合适的人名得出结果，可组合出的人名逾十亿，正可谓"十亿中国人名，一次拼写成功"。

（4）生僻字的输入。有没有遇到过类似于矗、夔、犇这样一些字？这些字看似简单但是又很复杂，知道组成这个文字的部分，却不知道这个文字的读音，只能通过笔画输入，可是笔画输入又较为烦琐，所以搜狗输入法提供便捷的拆分输入，化繁为简，生僻的汉字可以轻易输出：直接输入生僻字的组成部分的拼音即可，如图 1.53 所示。

图 1.53　生僻字输入

（5）"U"模式笔画输入。"U"模式是专门为输入不会读的字所设计的。在输入"u"键后，然后依次输入一个字的笔顺，笔顺为：h 横、s 竖、p 撇、n 捺、z 折，就可以得到该字，同时小键盘上的 1、2、3、4、5 也代表 h、s、p、n、z。这里的笔顺规则与普通手机上的五笔画输入是完全一样的。其中点也可以用 d 来输入。由于双拼占用了 u 键，智能 ABC 的笔画规则不是五笔画，所以双拼和智能 ABC 下都没有"U"键模式。

值得一提的是，树心的笔顺是点点竖（nns），而不是竖点点。

例如，输入"你"字，如图 1.54 所示。

（6）笔画筛选。笔画筛选用于输入单字时，用笔顺来快速定位该字。使用方法是输入一个字或多个字后，按下"Tab"键（"Tab"键如果是翻页键的话也不受影响），然后用 h 横、s 竖、p 撇、n 捺、z 折依次输入第一个字的笔顺，一直找到该字为止。五个笔顺的规则同上面的笔画输入的规则。要退出笔画筛选模式，只须删掉已经输入的笔画辅助码即可。

例如，快速定位"珍"字，输入了 zhen 后，按下"Tab"键，然后输入珍的前两笔"hh"，就可定位该字，如图 1.55 所示。

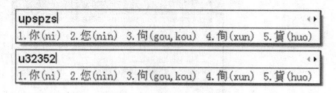

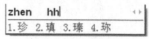

图 1.54　U 模式笔画输入　　　　　　　　　　　　　图 1.55　笔画筛选

（7）"V"模式。"V"模式中文数字是一个功能组合，包括多种中文数字的功能，只能在全拼状态下使用。

① 中文数字金额大小写：输入"v424.52"，输出"肆佰贰拾肆元伍角贰分"。

② 罗马数字：输入 99 以内的数字，如"v12"，输出"XII"。

③ 年份自动转换：输入"v2008.8.8"、"v2008-8-8"或"v2008/8/8"，输出"2008 年 8 月 8 日"。

④ 年份快捷输入：输入"v2006n12y25r"，输出"2006 年 12 月 25 日"。

（8）插入日期。"插入当前日期时间"的功能可以方便地输入当前的系统日期、时间、星期，并且还可以用插入函数自己构造动态的时间，如在回信的模板中使用。此功能是用输入法内置的时间函数通过"自定义短语"功能来实现的。由于输入法的自定义短语默认不会覆盖用户已有的配置文件，所以要想使用该功能，需要恢复"自定义短语"的默认配置（假设输入了 rq 而没有输出系统日期，就需要在"属性设置"对话框"高级"选项卡对话框中单击"自定义短语设置"按钮，打开"自定义短语设置"对话框，单击"恢复默认设置"按钮即可，如图 1.56 所示）。注意：恢复默认设置将丢失自己已有的配置，请自行保存手动编辑。输入法内置的插入项有以下几个。

图 1.56　"自定义短语设置"对话框

① 输入"rq"（日期的首字母），输出系统日期"2017 年 6 月 28 日"。

② 输入"sj"（时间的首字母），输出系统时间"2017 年 6 月 28 日 19:19:04"。

③ 输入"xq"（星期的首字母），输出系统星期"2017 年 6 月 28 日星期四"；

自定义短语中的内置时间函数的格式请见自定义短语默认配置中的说明。

步骤 10：打开"金山打字通 2016"，选择"拼音打字"选项。

在"拼音打字"选项中有"拼音输入法"、"音节练习"、"词组练习"和"文章练习"等。

习　题

单项选择题

1. 奠定了现代计算机的结构理论的科学家是（　　）。

　　A. 诺贝尔　　　　　B. 爱因斯坦　　　　　C. 冯·诺依曼　　　　　D. 居里

2. 世界上第一台电子计算机是 1946 年在美国研制成功的，其英文缩写为（　　）。

　　A. ENIAC　　　　　B. IBM-PC　　　　　C. EDSAC　　　　　D. 冯·诺依曼

3. 冯·诺依曼在他的 EDVAC 计算机方案中，提出了两个重要的概念，它们是（　　）。

　　A. 采用二进制和存储程序控制的概念　　　B. 引入 CPU 和内存储器的概念

C. 机器语言和十六进制　　　　　　D. ASCII 编码和指令系统。

4. 完整的计算机系统包括（　　）。

　　A. 主机和实用程序　　　　　　　　B. 主机和外部设备

　　C. 硬件系统和软件系统　　　　　　D. 运算器、存储器和控制器

5. 组成 CPU 的主要部件是控制器和（　　）。

　　A. 存储器　　　　B. 运算器　　　　C. 寄存器　　　　D. 编辑器

6. 下列叙述中，错误的是（　　）。

　　A. 内存储器 RAM 中主要存储当前正在运行的程序和数据

　　B. 高速缓冲存储器（Cache）一般采用 DRAM 构成

　　C. 外部存储器（如硬盘）用来存储必须永久保存的程序和数据

　　D. 存储在 RAM 中的信息会因断电而全部丢失

7. 冯·诺伊曼型体系结构的计算机硬件系统的五大部件是（　　）。

　　A. 输入设备、运算器、控制器、存储器、输出设备

　　B. 键盘和显示器、运算器、控制器、存储器和电源设备

　　C. 输入设备、中央处理器、硬盘、存储器和输出设备

　　D. 键盘、主机、显示器、硬盘和打印机

8. 在计算机内部，用来传递、存储、加工处理的数据或指令都是以（　　）形式进行的。

　　A. 二进制数　　　B. 拼音码　　　　C. 十六进制数　　　D. ASCII 码

9. 在微机系统中，麦克风属于（　　）。

　　A. 输入设备　　　B. 输出设备　　　C. 放大设备　　　　D. 播放设备

10. 关于电子计算机的特点，以下叙述中错误的是（　　）。

　　A. 运算速度快　　　　　　　　　　B. 运算精度高

　　C. 具有记忆和逻辑判断能力　　　　D. 运行过程不能自动、连续，需人工干预

11. 第一代电子计算机使用的逻辑部件是（　　）。

　　A. 电子管　　　B. 晶体管　　　　C. 集成电路　　　D. 大规模或超大规模集成电路

12. 微型计算机的发展是以（　　）发展为特征的。

　　A. 主机　　　　　B. 软件　　　　　C. 微处理器　　　D. 控制器

13. 一个完整的计算机软件包括（　　）。

　　A. 系统软件和应用软件　　　　　　B. 编辑软件和应用软件

　　C. 数据库软件和工具软件　　　　　D. 程序、相应数据和文档

14. 按操作系统的分类，UNIX 操作系统是（　　）

　　A. 批处理操作系统　　　　　　　　B. 实时操作系统

　　C. 分时操作系统　　　　　　　　　D. 单用户操作系统

15. 下面关于操作系统的叙述中，正确的是（　　）。

　　A. 操作系统是计算机软件系统中的核心软件

　　B. 操作系统属于应用软件

　　C. Windows 是 PC 唯一的操作系统

　　D. 操作系统的五大功能是：启动、打印、文件存储和关机

16. 操作系统的作用是（　　）。

　　A. 用户操作规范　　　　　　　　　B. 管理计算机硬件系统

　　C. 管理计算机软件系统　　　　　　D. 管理计算机系统的所有资源

17. （　　）是计算机应用最广泛的领域。

    A．数值计算　　　　B．数据处理　　　　　C．过程控制　　　　　　D．人工智能

18. 办公自动化（OA）是计算机的一项应用，按计算机应用的分类，它属于（　　）。

    A．科学计算　　　　B．辅助设计　　　　　C．实时控制　　　　　　D．信息处理

19. 天气预报能为我们的生活提供良好的帮助，它应该属于计算机的（　　）类应用。

    A．科学计算　　　　B．辅助设计　　　　　C．过程控制　　　　　　D．人工智能

20. 下列的英文（　　）缩写和中文名字的对照中，错误的是（　　）。

    A．CAD—计算机辅助设计　　　　　　　　B．CAM—计算机复制制造

    C．CIMS—计算机集成管理系统　　　　　D．CAI—计算机辅助教育

21. 下列设备中，完全属于外部设备的一组是（　　）。

    A．激光打印机、移动硬盘、鼠标　　　　B．CPU、键盘，显示器

    C．DVD光驱、扫描仪、内存条　　　　　D．U盘，内存储器，硬盘

22. 把用高级程序设计语言编写的源程序翻译成目标程序（.OBJ）的程序称为（　　）。

    A．汇编程序　　　　B．编辑程序　　　　　C．编译程序　　　　　　D．解释程序

23. 编译程序将高级语言程序翻译成与之等价的机器语言程序，该机器语言程序称为（　　）。

    A．工作程序　　　　B．机器程序　　　　　C．临时程序　　　　　　D．目标程序

24. 将高级语言编写的程序翻译成机器语言程序，采用的两种翻译方式是（　　）。

    A．编译和解释　　B．编译和汇编　　　C．编译和连接　　　　D．解释和汇编

25. 字长是CPU的主要技术性能指标之一，它表示的是（　　）。

    A．CPU计算结果的有效数字长度　　　　B．CPU一次能处理二进制数据的位数

    C．CPU能表示的最大的有效数字位数　D．CPU能表示的十进制数的位数

26. 以下名称是手机中的常用软件，属于系统软件的是（　　）。

    A．手机QQ　　　　B．Android　　　　　C．Skype　　　　　　　D．微信

27. 下列各组软件中，全部属于系统软件的一组是（　　）。

    A．程序处理语言、操作系统、数据库管理系统

    B．文字处理程序、编辑程序、操作系统

    C．财务管理软件、金融软件、网络系统

    D．MS Office 2010、Excel2010、Windows7

28. 能直接与CPU交换信息的存储器是（　　）。

    A．硬盘　　　　　B．DVD-ROM　　　　C．内存储器　　　　　D．U盘

29. 当电源关闭后关于存储器的说法中，正确的是（　　）。

    A．存储在RAM中的数据不会丢失　　B．存储在ROM中的数据不会丢失

    C．存储在U盘中的数据全部丢失　　　D．存储在硬盘中的数据会丢失。

30. 移动硬盘或U盘进行读/写利用的计算机接口是（　　）。

    A．串行接口　　B．平行接口　　　　C．USB　　　　　　D．UBS。

31. 微型计算机控制器的基本功能是（　　）。

    A．进行算术运算和逻辑运算　　　　　B．存储各种控制信息

    C．保持各种控制状态　　　　　　　　D．控制机器各个部件协调一致地工作

32. 把内存中数据传送到计算机的硬盘上去的操作称作（　　）。

    A．显示　　　　B．写盘　　　　　C．输入　　　　　　D．读盘

33. 多媒体计算机是指（　　）。

A. 必须与家用电器连接使用的计算机   B. 能处理多种媒体信息的计算机

C. 安装有多种软件的计算机   D. 能玩游戏的计算机。

34. 工业上的自动机床属于（   ）方面的计算机应用。

A. 科学计算   B. 过程控制   C. 数据处理   D. 辅助设计

35. 现代计算机中采用二进制系统是因为它（   ）。

A. 代码表示简短，易读

B. 物理上容易表示和实现、运算规则简单、可节省设备且便于设计

C. 容易阅读，不易出错

D. 只有 0 和 1 两个数字符号，容易书写

36. 计算机能直接识别、执行的语言是（   ）。

A. 汇编语言   B. 机器语言

C. 高级程序语言   D. C 语言

37. 在现代的 CPU 芯片中又集成了高速缓冲存储器（Cache），其作用是（   ）。

A. 扩大内存储器的容量

B. 解决 CPU 与 RAM 之间的速度不匹配问题

C. 解决 CPU 与打印机的速度不匹配问题

D. 保存当前的状态信息

38. 目前，PC 中所采用的主要功能部件（如 CPU）是（   ）。

A. 小规模集成电路   B. 大规模集成电路

C. 晶体管   D. 光器件

39. 下列度量单位中，用来度量计算机外部设备传输率的是（   ）。

A. MB/s   B. MIPS   C. GHz   D. MB

40. 随机存储器中，有一种存储器需要周期性的补充电荷以保证所存储信息的正确，称为（   ）。

A. 静态 RAM（SRAM）   B. 动态 RAM（DRAM）

C. RMA   D. Cache

41. 假设某台计算机的内存储器容量为 256MB，硬盘容量为 40GB。硬盘的容量是内存容量的（   ）。

A. 200 倍   B. 160 倍   C. 120 倍   D. 100 倍

42. 计算机系统软件中最核心、最重要的是（   ）。

A. 语言处理系统   B. 数据库管理系统

C. 操作系统   D. 诊断程序

43. CPU 的主要性能指标是（   ）。

A. 字长和时钟主频   B. 可靠性

C. 耗电量和效率   D. 发热量和冷却效率

44. 把用高级语言写的程序转换为可执行程序，要经过的过程叫做（   ）。

A. 汇编和解释   B. 编辑和链接

C. 编译和链接装配   D. 解释和编译

45. 下列各存储器中，存取速度最快的一种是（   ）。

A. Cache   B. 动态 RAM(DRAM)

C. CD-ROM   D. 硬盘

46. 下列选项中，既可作为输入设备又可作为输出设备的是（   ）。

A. 扫描仪   B. 绘图仪   C. 鼠标器   D. 磁盘驱动器

47. 下列叙述中，错误的是（　　）。

　　A. 内存储器一般由 ROM 和 RAM 组成

　　B. RAM 中存储的数据一旦断电就全部丢失

　　C. CPU 可以直接存取硬盘中的数据

　　D. 存储在 ROM 中的数据断电后也不会丢失

48. 控制器的功能是（　　）。

　　A. 指挥、协调计算机各部件工作　　　　B. 进行算术运算和逻辑运算

　　C. 存储数据和程序　　　　　　　　　　D. 控制数据的输入和输出

49. 下列关于磁道的说法中，正确的是（　　）。

　　A. 盘面上的磁道是一组同心圆

　　B. 由于每一磁道的周长不同，所以每一磁道的存储容量也不同

　　C. 盘面上的磁道是一条阿基米德螺线

　　D. 磁道的编号是最内圈为 0，并次序由内向外逐渐增大，最外圈的编号是大

50. UPS 的中文译名是（　　）。

　　A. 稳压电源　　　B. 不间断电源　　　C. 高能电源　　　　D. 调压电源

51. 电子数字计算机最早的应用领域是（　　）。

　　A. 辅助制造工程　　　　　　　　　　B. 过程控制

　　C. 信息处理　　　　　　　　　　　　D. 数值计算

52. 运算器的功能是（　　）。

　　A. 进行逻辑运算　　　　　　　　　　B. 进行算术运算或逻辑运算

　　C. 进行算术运算　　　　　　　　　　D. 做初等函数的计算

53. 在计算机内部用来传送、存储、加工处理的数据或指令所采用的形式是（　　）。

　　A. 十进制码　　　B. 二进制码　　　C. 八进制码　　　　D. 十六进制码

54. 0～9 等数字符号是十进制数的数码，全部数码的个数称为（　　）。

　　A. 码数　　　　　B. 基数　　　　　C. 位权　　　　　　D. 符号数

55. 十进制数 100 转换成二进制数是（　　）。

　　A. 0110101　　　B. 01101000　　　C. 01100100　　　　D. 01100110

56. 一个字长为 8 位的无符号二进制整数能表示的十进制数值范围是（　　）。

　　A. 0～256　　　　B. 0～255　　　　C. 1～255　　　　　D. 1～256

57. 二进制数 1001001 转换成十进制数是（　　）。

　　A. 72　　　　　　B. 71　　　　　　C. 75　　　　　　　D. 73

58. 已知 3 个用不同数制表示的整数 A=00111101B，B=3cH，C=64D，则能成立的比较关系是（　　）。

　　A. A<B<C　　　B. B<C<A　　　C. B< A<C　　　　D. C<B<A。

59. 数值 10H 是（　　）的一种表示方法。

　　A. 二进制数　　　B. 八进制数　　　C. 十进制数　　　　D. 十六进制数

60. 计算机能够直接识别的是（　　）计数制。

　　A. 二进制　　　　B. 八进制　　　　C. 十进制　　　　　D. 十六进制

61. 十进制整数 101 转换成无符号二进制整数是（　　）。

　　A. 00110101　　　B. 01101011　　　C. 01100101　　　　D. 01000000

62. 一个字长为 6 位无符号二进制数能表示的十进制数值范围是（　　）。

　　A. 0～64　　　　B. 0～63　　　　C. 1～64　　　　　D. 1～63

63. 十进制数 50 转换成无符号二进制整数是（　　）。

　　A. 0110110　　　B. 0110100　　　C. 0110010　　　　　D. 0110101

64. 在计算机的硬件技术中，构成存储器的最小单位是（　　）。

　　A. 字节（Byte）　　　　　　　　B. 二进制位（bit）

　　C. 字（Word）　　　　　　　　　D. 双字（Double Word）

65. 在微机中，1GB 等于（　　）。

　　A. 1024×1024Byte　　　　　　　B. 1024KB

　　C. 1024MB　　　　　　　　　　　D. 1000MB。

66. 存储一个 48*48 点阵的汉字字形码需要的字节个数是（　　）。

　　A. 384　　　　B. 288　　　　C. 256　　　　　　D. 144

67. 在标准 ASCII 码表中，已知英文字母 D 的 ASCII 码是 01000100，英文字母 B 的 ASCII 码是（　　）。

　　A. 384　　　　B. 288　　　　C. 256　　　　　　D. 144

68. 汉字国标 GB2312—80 的规定，一个汉字的内码码长为（　　）。

　　A. 8bit　　　　B. 12bit　　　　C. 16bit　　　　　D. 24bit

69. 最常用的 BCD 码是 8421 码，它是用（　　）位二进制数表示 1 位十进制数。

　　A. 1　　　　　B. 2　　　　　C. 4　　　　　　　D. 8

70. 标准的 ASCII 码用 7 位二进制位表示，可表示不同的编码个数是（　　）。

　　A. 127　　　　B. 128　　　　C. 255　　　　　　D. 256

71. 一个汉字的内码表和它的国标码之间的差是（　　）。

　　A. 2020H　　　B. 4040H　　　C. 8080H　　　　D. A0A0H

72. 下列（　　）编码不属于字符编码。

　　A. 机器数　　　B. ASCII 码　　　C. BCD 码　　　　D. 汉字编码

73. 国标码（GB 2312—80）依据使用频度，把汉字分成（　　）。

　　A. 简化字和繁体字　　　　　　　B. 一级汉字、二级汉字、三级汉字

　　C. 常用汉字和图形符号　　　　　D. 一级汉字、二级汉字

74. 在标准 ASCII 码表中，已知英文字母 A 的 ASCII 码是 01000001，则英文字母 E 的 ASCII 码是（　　）。

　　A. 01000011　　B. 01000100　　C. 01000101　　D. 01000010

75. 在下列字符中，其 ASCII 码值最小的一个是（　　）。

　　A. 空格字符　　　B. 9　　　　C. A　　　　　　D. a

76. 下列说法中，正确的是（　　）。

　　A. 同一个汉字的输入码的长度随输入方法不同而不同

　　B. 一个汉字的区位码与它的国标码是相同的，且均为 2 字节

　　C. 不同汉字的机内码的长度是不同的

　　D. 同一汉字用不同的输入法输入时，其机内码是不相同的

77. 根据汉字国标码 GB 2312—80 的规定，总计有各类符号和一、二级汉字个数是（　　）。

　　A. 6763 个　　　B. 7445 个　　　C. 3008 个　　　　D. 3755 个

学习情境二　Windows 7 操作系统的使用

Windows 7 操作系统是微软公司于 2009 年 10 月推出的计算机操作系统，该操作系统继承了 Windows Vista 的部分特性，在加强系统的安全性、稳定性的同时，重新对性能组件进行了完善和优化，在满足用户娱乐、工作、网络生活不同需要等方面达到了一个新的高度，特别是在科技创新方面，开发了一系列新的功能和应用，使之成为微软产品中的巅峰之作。

本学习情境主要设置如下 5 个学习性工作任务。

任务 1：定制个性化 Windows 7 工作环境。

任务 2：Windows 7 的基本操作。

任务 3：应用程序的管理。

任务 4：使用 Windows 7 附件工具。

任务 5：账户管理与家长控制。

通过这 5 个学习性工作任务的实施，使学生用最短的时间快速掌握 Windows 7 操作系统的使用方法和技巧，为后续模块的学习打下良好的基础。

2.1　任务 1：定制个性化 Windows 7 工作环境

2.1.1　任务描述

随着计算机操作系统的不断更新和改进，越来越多的人都选择使用 Windows 7 操作系统，但大多数人对如何设置个性化 Windows 7 工作环境还不太熟悉，通过本任务的学习，可以帮助大家加深对 Windows 7 工作环境的了解，并熟练掌握 Windows 7 操作系统的使用方法和技巧。

（1）管理桌面图标

① 设置你的计算机显示桌面图标，使得系统自带的"回收站"、"计算机"、"Internet Explorer"、"用户文件夹"、"控制面板" 5 个图标除"控制面板"以外全部显示。

② 在桌面上创建 student1、student2 两个文件夹。

③ 在桌面上创建 wang1.doc、wang2.doc 和 zhang1.txt、zhang2.txt 4 个文件。

④ 在桌面上为 C:/Windows/System32 文件夹中的 calc.exe 文件创建快捷方式，命名为计算器。

⑤ 将 wang2.doc 文件改名为 zhao.doc，并将 zhang2.txt 文件删除。

⑥ 对桌面上的所有图标按修改日期进行排列。

（2）将桌面背景设置为自动放映"C:/用户/公用/公用图片/示例图片"下的所有图片。

（3）将幕保护程序设置为"三维文字"形式，文字显示为"信息工程系欢迎你！"。

（4）设置显示器的屏幕分辨率、刷新频率和显示模式。

（5）查看计算机的配置信息。

（6）自定义任务栏。

（7）自定义开始菜单。

（8）更改计算机的当前日期/时间。

2.1.2　任务目的

- 学会桌面图标的管理方法。
- 学会个性化桌面背景的设置。
- 学会屏幕保护程序的设置。
- 学会显示外观的设置。
- 学会查看计算机的配置信息。
- 学会自定义任务栏的方法。
- 学会自定义开始菜单的方法。
- 学会计算机当前日期/时间的使用。

2.1.3　操作步骤

步骤 1：管理桌面图标。

1. 桌面图标设置

Windows 7 安装完成后，默认的 Windows 7 桌面上只有一个回收站图标，其他图标都是不显示的，用户可以通过"更改桌面图标"功能添加或删除相关的桌面图标。

（1）鼠标右键单击桌面空白处，在弹出的快捷菜单中选择"个性化"选项，打开"控制面板"→"个性化"窗口，如图 2.1 所示。

（2）在"个性化"窗口单击左侧的"更改桌面图标"命令按钮，弹出"桌面图标设置"对话框，如图 2.2 所示。

（3）勾选"桌面图标"下方的"计算机"、"回收站"、"用户的文件"、"网络" 4 个桌面图标复选框，然后单击"确定"按钮。

图 2.1　"控制面板"→"个性化"窗口　　　　图 2.2　"桌面图标设置"对话框

2. 显示/隐藏桌面图标

右击桌面空白处，在弹出的快捷菜单中选择"查看"菜单项，如图 2.3 所示。查看级联菜单中"显示桌面图标"复选框是否被勾选，若没有被勾选则勾选上（若去掉"显示桌面图标"的勾选，则桌面上的所有图标将被隐藏起来）。

3. 在桌面创建文件夹和文件图标

（1）右击桌面空白处，在弹出的快捷菜单中选择"新建"→"文件夹"菜单命令。

（2）在"新建文件夹"文本框中输入 student1 并按"Enter"键，完成 student1 文件夹的创建。

（3）用同样的方法创建 student2 文件夹。

（4）右击桌面空白处，在弹出的快捷菜单中选择"新建"→"Microsoft Word 文档"菜单命令。

（5）在"新建 Microsoft Word 文档"文本框中输入 wang1.doc 并按"Enter"键，完成 wang1.doc 文件的创建。

（6）用同样的方法创建 wang2.doc 文件。

（7）右击桌面空白处，在弹出的快捷菜单中选择"新建"→"文本文档"菜单命令。

（8）在"新建文本文档"文本框中输入 zhang1.txt 并按"Enter"键，完成 zhang1.txt 文件的创建。

（9）用同样的方法创建 zhang2.txt 文件。

4. 在桌面建立快捷图标

（1）右击桌面空白处，在弹出的快捷菜单中选择"新建"→"快捷方式"菜单命令，打开"创建快捷方式"对话框，如图 2.4 所示。

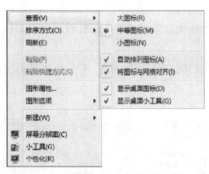

图 2.3 "显示/隐藏"桌面图标快捷菜单　　　图 2.4 "创建快捷方式"对话框

（2）单击"浏览"按钮，打开"浏览文件或文件夹"对话框，如图 2.5 所示。

（3）在对话框中指定要建立快捷方式的文件或文件夹的路径（C:/Windows/System32），并选中要建立快捷方式的文件或文件夹（此处为 Calc.exe），单击"确定"按钮。

（4）单击"下一步"按钮，打开"创建快捷方式"对话框，如图 2.6 所示。

（5）在对话框的"键入该快捷方式的名称"文本框中输入快捷方式的名称（此处为"计算器"），单击"完成"按钮。

说明：

在桌面建立应用程序的快捷图标通常有如下 3 种方法。

➢ 使用"新建"→"快捷方式"菜单命令。

➢ 将要建立快捷图标的应用程序图标用鼠标右键拖动到桌面上，在弹出的快捷菜单中选择"在当前位置创建快捷方式"菜单命令。

➢ 右击要建立快捷方式的应用程序图标，在弹出的快捷菜单中选择"发送到"→"桌面快捷方式"菜单命令。

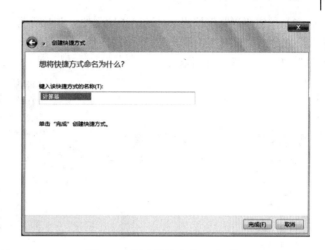

图 2.5　"浏览文件或文件夹"对话框　　　　图 2.6　"创建快捷方式"对话框

5. 改变桌面图标名字

（1）右击桌面 wang2.doc 文件图标，在弹出的快捷菜单中选择"重命名"菜单命令。

（2）输入新名字"zhao.doc"，然后按"Enter"键。

6. 删除桌面图标

右击桌面 zhang2.txt 图标，在弹出的快捷菜单中选择"删除"菜单命令。

7. 人工排列桌面图标

（1）右击桌面空白处，在弹出的快捷菜单中选择"排列方式"菜单命令，打开级联菜单，如图 2.7 所示。

（2）单击级联菜单中"修改日期"命令，则桌面图标将按修改日期自动排列。

步骤 2：个性化桌面背景。

Windows 7 的桌面主题采用了更加人性化的自动变换桌面风格，Windows 7 自动更换桌面背景无须安装壁纸更换工具，而且可以实现多张壁纸自动以幻灯片放映的形式进行自动更换。

（1）在如图 2.1 所示"控制面板"→"个性化"窗口中，单击窗口下方的"桌面背景"按钮，打开"个性化"→"桌面背景"窗口，如图 2.8 所示。

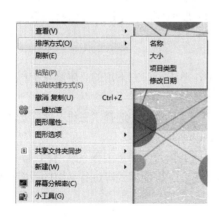

图 2.7　"排列方式"快捷菜单　　　　　图 2.8　"个性化"→"桌面背景"窗口

（2）单击"浏览"按钮，打开"浏览文件夹"对话框，如图2.9所示。选择包含希望作为"桌面背景"图片的文件夹（C:/用户/公用/公用图片/示例图片），单击"确定"按钮返回"个性化"→"桌面背景"窗口，如图2.10所示。

图2.9 "浏览文件夹"对话框　　　　　　　　图2.10 选择"桌面背景"的"图片位置"

（3）从图中可以看出，目标文件夹中的所有图片全部被选中，说明这些图片将轮流作为"桌面背景"图片自动更换。

（4）在"更改图片时间间隔"下拉列表框中选择图片更改的时间间隔。

（5）在"是否无序播放"处选择播放方式（此处选择"无序播放"），最后单击"保存修改"按钮。

（6）设置完成后，关闭窗口。

说明：如果只想使用其中的一张图片作为"桌面背景"，需要首先单击右上角的"全部清除"按钮，然后选中想作为"桌面背景"的图片；如果想要以不同的图片自动更换桌面，可以单击右上角的"全选"按钮选中全部图片，或者按住"Ctrl"键，依次选中想作为"桌面背景"的图片。设置完成后要单击"保存修改"按钮。

步骤3：设置屏幕保护程序。

设置屏幕保护程序可以起到省电、保护屏幕、延长显示器的使用寿命，以及保护计算机中的信息安全等一系列作用。特别是在自己离开计算机的时候，给别人展现你富有个性且非常有创意的屏幕保护也是一件非常有意思的事情。

1. 以文字作为屏幕保护

（1）在图2.1所示的"控制面板"→"个性化"窗口中，单击窗口右下角的"屏幕保护程序"按钮，打开"屏幕保护程序设置"对话框，如图2.11所示。

（2）在"屏幕保护程序设置"对话框的"屏幕保护程序"下拉菜单中选择"三维文字"选项，并单击"设置"按钮，打开"三维文字设置"对话框，如图2.12所示。

（3）在"自定义文字"文本框中输入所要显示的文字（此处输入"信息工程系欢迎你"）。

（4）在窗口中对分辨率、字体、大小、旋转类型、旋转速度、表面样式等进行必要的设置，然后单击"确定"按钮，返回"屏幕保护程序设置"界面。

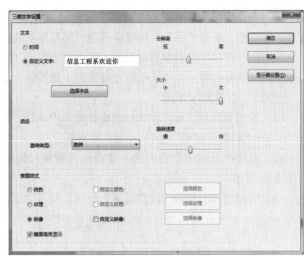

图 2.11 "屏幕保护程序设置"对话框   图 2.12 "三维文字设置"对话框图

（5）单击"预览"按钮，预览"三维文字"屏幕保护的实现效果，如图 2.13 所示。

（6）在"等待"处设置启动时间，勾选或不勾选"恢复时显示登录屏幕"复选框（在此选择不勾选），最后单击"确定"按钮。

说明：

● 如果勾选"恢复时显示登录屏幕"复选框，则在退出屏幕保护程序时，将显示系统登录界面，需要输入系统登录密码。

● 单击"屏幕保护程序设置"界面下方的"更改电源设置"命令按钮，还可以对电源计划进行设置。

2. 以图形文件作为屏幕保护

（1）首先打开"屏幕保护程序设置"对话框。

（2）在"屏幕保护程序"下拉菜单中选择"照片"选项，单击"设置"按钮，打开"照片屏幕保护程序设置"对话框，如图 2.14 所示。

图 2.13 预览屏幕保护效果   图 2.14 "照片屏幕保护程序设置"对话框

（3）单击"浏览"命令按钮，打开"浏览文件夹"对话框。

（4）选择一个包含希望作为屏幕保护程序图片的文件夹，单击"确定"按钮，返回"照片屏幕保护程序设置"对话框。

　　说明：被选中的文件夹中的所有图片将轮流作为"屏幕保护程序"图片自动更换。

　　（5）在"照片屏幕保护程序设置"对话框中选择"幻灯片放映速度"，勾选或不勾选"无序播放图片"复选框，单击"保存"按钮，返回"屏幕保护程序设置"对话框。

　　（6）在"等待"处设置启动时间，勾选或不勾选"恢复时显示登录屏幕"复选框（勾选这个选项则在退出屏幕保护时，会显示系统登录界面，需要输入系统登录密码），最后单击"确定"按钮。

　　步骤 4：设置显示外观。

　　（1）右击桌面空白处，在弹出的快捷菜单中选择"屏幕分辨率"菜单命令，打开"控制面板"→"显示"→"屏幕分辨率"窗口，如图 2.15 所示。

　　（2）单击"分辨率"右侧的下拉箭头并用鼠标拖动弹出的滑动块，即可改变显示器的分辨率，如图 2.15 所示。

　　（3）单击窗口右侧的"高级设置"按钮，打开"通用即插即用监视器"窗口，如图 2.16 所示。

图 2.15　"显示"→"屏幕分辨率"窗口　　　　图 2.16　"通用即插即用监视器"窗口

　　（4）单击对话框左下部的"列出所有模式"按钮，弹出"列出所有模式"窗口，如图 2.17 所示。

　　（5）在"有效模式列表"中选择所需要的模式，单击"确定"按钮。

　　（6）在"通用即插即用监视器"对话框的"监视器"选项卡中，打开"屏幕刷新频率"下拉列表框，从中选择自己需要设置的刷新频率，单击"确定"按钮，如图 2.18 所示。

图 2.17　"列出所有模式"窗口　　　　图 2.18　"屏幕刷新频率"下拉列表框

步骤 5：查看计算机配置信息。

右击桌面"计算机"图标，在弹出的快捷菜单中选择"属性"菜单命令，打开"所有控制"→"系统"窗口，如图 2.19 所示。此时可看到计算机安装的操作系统、CPU 型号及主频、内存大小、系统类型等参数。

除此之外，也可以通过执行"开始"→"附件"→"运行"→"dxdiag"命令来查看计算机的配置信息，如图 2.20 所示。

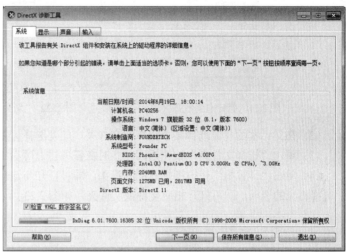

图 2.19 "所有控制"→"系统"窗口 　　　　　图 2.20 "Directx 诊断工具"窗口

步骤 6：自定义任务栏。

1. 锁定/解锁任务栏

如果任务栏被锁定，有关任务栏的属性就不能改变，但锁定的任务栏可以解锁。锁定/解锁任务栏的操作方法如下。

（1）在任务栏的空白处右击，在弹出的快捷菜单中选择"锁定任务栏"命令，如图 2.21 所示。

（2）取消"锁定任务栏"前面的"√"，即可取消任务栏的锁定状态。

2. 调整任务栏的大小

通常情况下，屏幕底部的任务栏只占一行。当打开的窗口较多时，任务栏上的窗口名称将无法完全显示。调整任务栏的大小，可以为程序按钮和工具创建更多的空间。调整任务栏大小的操作方法如下。

（1）在任务栏处于非锁定状态的情况下，将鼠标指向 Windows 7 任务栏的边沿。

（2）当鼠标变成上下箭头的形状时，按住鼠标左键并拖动鼠标即可改变任务栏的大小。

3. 调整任务栏的位置

在通常情况下，任务栏位于屏幕底部，但在需要时，也可以调整任务栏的位置到桌面的其他边界。调整任务栏位置的操作方法如下。

（1）在任务栏处于非锁定状态的情况下，将鼠标指向任务栏的空白处。

（2）按住鼠标左键不放，拖动鼠标到桌面的其他边界后放开鼠标。

说明： 任务栏只能调整到桌面的上、下、左、右 4 个边界，而不能调整到其他位置（如桌面中央）。

4. 在任务栏添加/删除工具栏

（1）右击任务栏空白处，在弹出的快捷菜单中选择"工具栏"→"新建工具栏"菜单命令，打开"新建工具栏"对话框，如图 2.22 所示。

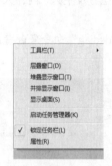 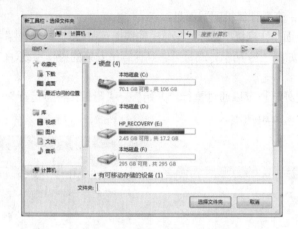

图 2.21 锁定任务栏　　　　　　　　图 2.22 "新建工具栏"对话框

（2）在对话框的左侧选择某个盘符或文件夹（此处选择计算机）。

（3）单击"选择文件夹"按钮返回，此时在任务栏上可看到新建的"计算机"快捷图标。

（4）单击"计算机"快捷图标右侧的箭头，即可打开与该快捷图标相关的多级级联菜单，从菜单中选择相应的选项，即可打开相应文件或文件夹，如图 2.23 所示。

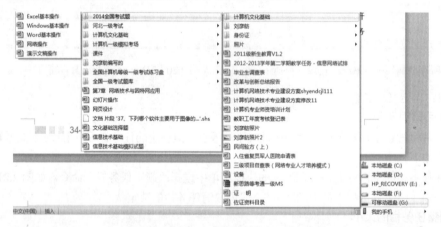

图 2.23 "计算机"快捷图标多级级联菜单

（5）右击任务栏空白处，并将鼠标指向打开的快捷菜单中的"工具栏"命令，在其级联菜单中可以看到已有的工具栏选项，如图 2.24 所示。取消某个选项前面的"√"，即可将该快捷图标从任务栏中取消。

5. 打开或关闭系统图标

若任务栏上的某些图标丢失（如声音），将给用户带来很多不便，此时可以通过打开或关闭系统图标来完成相应的功能。具体操作方法如下。

（1）单击任务栏右下角快捷图标旁的一个向上三角形，在弹出的小窗口中单击"自定义"命令按钮，如图 2.25 所示。

（2）此时，将打开"选择在任务栏上出现的图标和通知"对话框，如图 2.26 所示。

（3）单击窗口下方的"打开或关闭系统图标"选项，打开"打开或关闭系统图标"对话框，如图 2.27 所示。

（4）用户根据须要进行选择，然后单击"确定"按钮。

图 2.24　"任务栏"→"工具栏级联菜单"　　　　图 2.25　弹出"自定义"按钮

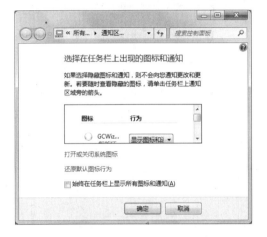

图 2.26　"选择在任务栏上出现的图标和通知"对话框　　　图 2.27　"打开或关闭系统图标"对话框

步骤 7：自定义开始菜单。

（1）右击"开始"菜单，选择"属性"菜单命令，打开"任务栏和「开始」菜单属性"对话框，如图 2.28 所示。

（2）在"开始"菜单选项卡中的"隐私"设置中，用户可以选择是否存储最近打开过的程序和项目。这两个功能默认为勾选，如果用户不想显示这些内容，可以在这里取消相关的勾选设置。当然，用户也可以在"开始"菜单列表中，通过右击删除想要删除的项目，只要在弹出的快捷菜单中选择"从列表中删除"命令即可。

（3）在"开始"菜单选项卡中单击其中的"自定义"命令按钮，将打开"自定义「开始」菜单"对话框，如图 2.29 所示。

（4）在"自定义「开始」菜单"对话框中，根据工作需要可以对 Windows 7 开始菜单进行相应的个性化设置（包括显示什么/不显示什么、显示的方式和数目等），设置完成后，单击"确定"按钮。

（5）如果想恢复初始设置，可以通过单击"使用默认设置"按钮来实现。

步骤 8：计算机当前日期/时间的使用。

（1）显示当前日期。将鼠标放在任务栏右侧通知区域的时钟图标上，即可显示出计算机当前日期和星期。

（2）修改计算机日期和时间。单击任务栏右侧通知区域的时钟图标，打开"日期和时间"窗口，如图 2.30 所示。单击窗口底部的"更改日期和时间设置"，打开"日期和时间"对话框，如图 2.31 所示。通过单击其中的"更改日期和时间"、"更改时区"按钮，可以修改日期、时间、日历设置、时区等。

图 2.28 "任务栏和「开始」菜单属性"对话框

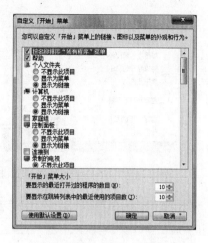

图 2.29 "自定义「开始」菜单"对话框

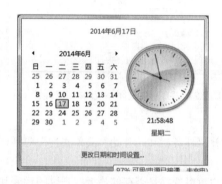

图 2.30 "日期和时间"窗口

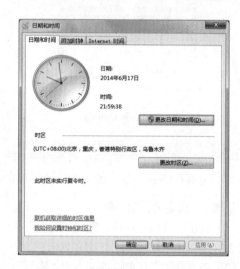

图 2.31 "日期和时间"对话框

（3）修改结束，单击"确定"按钮返回。

2.2 任务 2：Windows 7 的基本操作

Windows 7 的基本操作是熟练使用 Windows 7 操作系统的基础，主要包括 Windows 7 的窗口操作、文件与文件夹操作，以及磁盘操作等内容。

2.2.1 任务描述

（1）分别打开资源管理器窗口、浏览器窗口和回收站窗口。

（2）调整 3 个窗口的大小，并在 3 个窗口之间进行切换。

（3）将 3 个窗口分别设置为"层叠窗口"、"堆叠显示窗口"和"并排显示窗口"。

（4）在 C 盘根目录下建立"信息工程系"文件夹，并在该文件夹下建立"计算 151"、"网络 152"、"软件 151"、"电商 152"、"互联 151" 5 个文件夹。

（5）在"计算 151"文件夹下建立"word1.doc"和"文本 1.txt"两个文件。

（6）在 C 盘上查找所有以 "w" 开头、大小为 100KB～1MB 的文件，并将这些文件复制到 "网络 152" 文件夹下。

（7）将 "网络 152" 文件夹下的第 3～5 个文件移动到 "电商 152" 文件夹中。

（8）在 C 盘上查找 "WinWord.exe"，并在 "软件 151" 文件夹中建立它的快捷方式，命名为 "Word"。

（9）将 "网络 152" 文件夹中剩余文件的最后 3 个文件删除。

（10）将 "软件 151" 文件夹中的快捷方式 "Word" 重命名为 "Word2010"，并将该快捷方式设置为 "只读" 属性。

（11）对计算机的硬盘进行清理和碎片整理，对 U 盘进行格式化。

2.2.2　任务目的

- 学会 Windows 7 窗口的操作方法。
- 学会文件与文件夹的操作方法。
- 学会磁盘的操作方法。

2.2.3　操作步骤

步骤 1：Windows 7 的窗口操作。

Windows 窗口主要包括资源管理器窗口和各种应用程序窗口，Windows 7 的所有基本操作都是通过资源管理器窗口来实现的。

1．打开窗口

（1）打开资源管理器窗口。打开资源管理器窗口的方法有多种，通常可以采用以下方法之一。资源管理器窗口如图 2.32 所示。

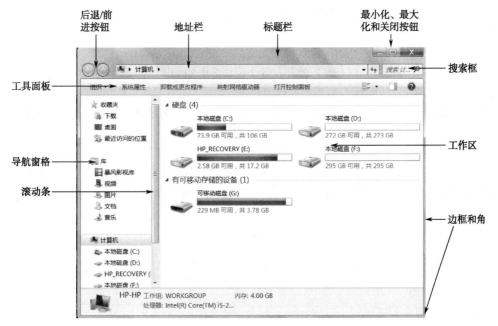

图 2.32　Windows7 资源管理器窗口

① 双击 Windows 7 桌面计算机图标打开 Windows 7 资源管理器。

② 使用快捷键 "Win+E" 打开 Windows 7 资源管理器。

③ 鼠标左键单击 Windows 7 桌面左下角的圆形 "开始" 按钮，单击菜单右列的 "计算机"，打开 Windows 7 资源管理器。

④ 用鼠标右键单击 Windows 7 桌面左下角的圆形 "开始" 按钮，从弹出的快捷菜单中选择 "打开 Windows 资源管理器" 菜单命令。

⑤ 将资源管理器固定到 Windows 7 任务栏中后，直接单击该图标打开 Windows 7 资源管理器。

说明：用上述任何一种方法打开 Windows 7 资源管理器，然后右击任务栏中的资源管理器图标，从弹出的快捷菜单中选择 "将此程序固定到任务栏" 菜单命令。以后就可以随时从 Windows 7 任务栏中单击该图标打开 Windows 7 资源管理器了。

（2）打开应用程序窗口。当需要打开一个应用程序窗口时，可以通过以下两种方式来实现。

① 双击要打开窗口的图标，如 "搜狗高速浏览器"，打开浏览器窗口。

② 右击要打开窗口的图标，如 "回收站"，在弹出的快捷菜单中选择 "打开" 菜单命令，打开 "回收站" 窗口。

2. 改变窗口的大小

将鼠标指针分别置于当前活动窗口 "回收站" 窗口的 4 条边和 4 个角，当鼠标指针分别变为↔、↕、↖、↗ 4 种形状时，按下鼠标左键不放，拖动鼠标，调整窗口到合适的大小。

3. 窗口的移动

将鼠标指针置于当前活动窗口 "回收站" 窗口的标题栏上，按下鼠标左键不放并移动鼠标，改变窗口的位置。

4. 切换窗口

（1）单击任务栏中的 "资源管理器" 窗口图标，使 "资源管理器" 窗口成为当前活动窗口，调整该窗口的大小和位置。

（2）用同样的方法对 "浏览器" 窗口进行调整。

说明：当同时有多个窗口打开时，就存在各个窗口之间的切换问题，此时只须通过单击任务栏中的窗口图标即可实现相应的切换。要想轻松地识别每一个窗口，只须将鼠标指向任务栏中的窗口图标，该窗口图标将变成一个缩略图大小的窗口预览，如图 2.33 所示（该缩略图预览方式需要你的计算机支持 Aero 特效）。

5. 三维窗口切换

使用三维堆栈排列窗口功能可以快速浏览处于打开状态下的多个窗口。其操作方法是按下鼠标左键的同时重复按 "Tab" 键或滚动鼠标滚轮，这样就可以实现循环切换窗口的目的，如图 2.34 所示。释放鼠标可以显示堆栈中最前面的窗口，单击堆栈中某个窗口的任意部分可以显示该窗口。

6. 窗口的最小化、最大化、向下还原和关闭

单击当前活动窗口中 "最小化" 按钮 ▭，窗口缩小到任务栏；单击 "最大化" 按钮 ▢，窗口布满整个屏幕，该图标同时变为 "向下还原" 按钮 ▣，单击该按钮，窗口恢复到原有大小；单击 "关闭" 按钮 ✕，关闭该窗口。

7. 窗口的排列

当同时打开多个窗口并在多个窗口中操作时，须要对多个窗口的排列、摆放及显示方式进行调整。右击任务栏的空白处，在弹出的快捷菜单中分别选择 "层叠窗口"、"堆叠显示窗口"、"并排显示窗口" 中的一个，观察桌面窗口布局方式的变化。

图 2.33　窗口预览

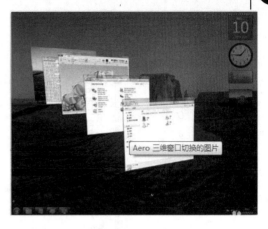

图 2.34　Aero 三维窗口切换

8. "对齐"排列窗口

利用"对齐"排列窗口功能可以在移动窗口的同时自动调整窗口的大小，并将这些窗口与屏幕的边缘"对齐"。"对齐"排列窗口包括并排排列窗口和垂直展开窗口两项功能。

并排排列窗口：将窗口的标题栏拖动到屏幕的左侧或右侧，直到出现已展开窗口的轮廓，释放鼠标即可展开窗口。

垂直展开窗口：鼠标指向打开窗口的上边缘或下边缘，直到指针变为双箭头，然后将窗口的边缘拖动到屏幕的顶部或底部，使窗口扩展至整个桌面的高度，窗口的宽度不变，如图 2.35 所示。

图 2.35　垂直展开窗口

步骤 2：文件夹及文件操作。

1. 建立新文件夹

（1）打开要建立新文件夹的文件夹（此处为 C 盘根目录），在打开文件夹目录中的空白区域右击鼠标，在弹出的快捷菜单中选择"新建"→"文件夹"菜单命令，如图 2.36 所示。

（2）在文件列表窗口的底部将出现一个名为"新建文件夹"的图标，输入新的文件夹名称（此处输入"信息工程系"），按"Enter"键（也可以在输入新的文件夹名称之后再单击其他地方）。

（3）打开新建的"信息工程系"文件夹，使之成为当前文件夹。

（4）在"信息工程系"文件夹中用与第（2）步相同的方法分别建立"计算 151"、"网络 152"、"软件 151"、"电商 152"、"互联 151" 5 个文件夹。

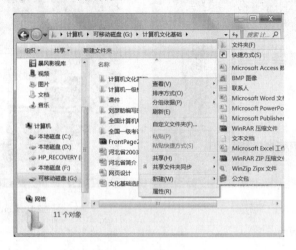

图 2.36 新建文件夹

说明：在打开的文件夹窗口的工具栏上单击"新建文件夹"按钮，同样可以新建一个文件夹。

2. 创建新文档

创建新文档一般是由相应的应用程序来实现的，但也可以在"计算机"或"资源管理器"中直接建立某种类型的文档。其方法与建立新文件夹的方法相似，区别只是在弹出的快捷菜单选择"新建"命令的下级子菜单中选择对应新建文件类型的选项，而不是文件夹（如文本文档等）。

（1）打开"计算 151"文件夹，使之成为当前文件夹，在该文件夹目录中的空白区域右击，在弹出的快捷菜单中选择"新建"→"Microsoft Word 文档"菜单命令。

（2）在"新建 Microsoft Word 文档"文本框中输入"word1.doc"，并按"Enter"键。

（3）在"计算 151"文件夹目录中的空白区域右击，在弹出的快捷菜单中选择"新建"→"文本文档"菜单命令，如图 2.36 所示。

（4）在"新建文本文档"文本框中输入"文本 1.txt"，并按"Enter"键。

3. 查找并复制文件

查找文件可以通过文件夹或库窗口顶部的搜索框来实现。首先打开目标文件可能存放的文件夹或库，然后在搜索框中输入要查找的文件或文件夹的名称。如果搜索字词与文件的名称、标记或其他属性相匹配（甚至是与文本文档内的文本相匹配），则立即将该文件作为搜索结果显示出来。

复制文件或文件夹是指将一个或多个文件、文件夹的副本从一个磁盘或文件夹中复制到另一个磁盘或文件夹中，复制完成后，原来的文件或文件夹仍然存在。

移动文件或文件夹是指将一个或多个文件、文件夹本身从一个磁盘或文件夹中转移到另一个磁盘或文件夹中，移动完成后，原来的文件或文件夹将被删除。

复制、移动文件或文件夹的方法如下。

（1）拖放法。首先，打开所要移动或复制的对象（文件或文件夹）所在的文件夹（源文件夹）和所要复制或移动到的文件夹（目标文件夹），并将这两个文件夹窗口并排置于桌面上。然后从源文件夹将文件或文件夹拖动到目标文件夹中。

说明：同盘之间拖动是移动，异盘之间拖动是复制；如果在拖动过程中按住"Ctrl"键则反之。

（2）使用"组织"工具按钮。选中需要复制或移动的文件或文件夹，单击"组织"按钮，选择"复制"或"剪切"命令，切换到目标文件夹，选择"粘贴"命令，即可实现复制、移动文件或文件夹的目的。

（3）使用快捷键。选中文件或文件夹后按快捷键"Ctrl+C"或"Ctrl+X"，切换到目标文件夹，按快捷键"Ctrl+V"。其中，"Ctrl+C"是复制，"Ctrl+X"是剪切，"Ctrl+V"是粘贴。

① 打开 C 盘窗口，并在该窗口右上角的"搜索框"中输入字母"w"，计算机开始进行搜索。

② 搜索完毕后，所有文件将按"名称"进行排序，如图 2.37 所示。

③ 在文件列表区域上部的"大小"处单击下拉箭头，并从列表框中选择"中（100K～1M）"，计算机再次进行搜索，如图 2.38 所示。

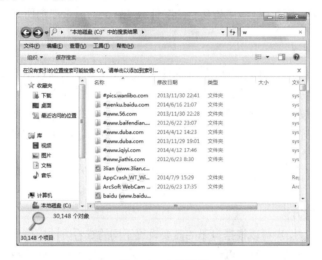

图 2.37　文件搜索

图 2.38　文件大小列表

④ 搜索完毕后拖动文件列表区域右侧的滚动条，找到以"w"开头的所有文件。

⑤ 选中以"w"开头的所有文件，并在其中一个文件上右击鼠标，从弹出的快捷菜单中选择"复制"命令。

⑥ 打开"网络 152"文件夹，并在该文件夹的空白处右击，从弹出的快捷菜单中选择"粘贴"命令。

⑦ 在"网络 152"文件夹中，选中第 3～5 个文件，并在其中一个文件上右击，从弹出的快捷菜

单中选择"剪切"命令。

⑧ 打开"电商152"文件夹，并在该文件夹的空白处右击，从弹出的快捷菜单中选择"粘贴"命令。

说明： 在打开文件或文件夹之前应先将文件或文件夹选中，然后才能对其进行操作。

① 选择单个文件或文件夹的方法非常简单，只需单击相应的文件或文件夹即可，此时被选中的文件或文件夹表现为高亮显示。

② 要实现多个不连续的文件或文件夹的选择，只需按住"Ctrl"键后再单击要选择的文件或文件夹即可；要选择一个连续区域中的所有文件或文件夹，需要先选中这个区域中的第一个文件或文件夹，然后按住"Shift"键再单击这个区域中最后一个文件或文件夹；若要取消所有选定，只需在文件夹窗口中空白处单击即可。

4. 排列文件和文件夹

在"计算机"或"资源管理器"中，如果文件和文件夹比较多，而且图标排列凌乱，会给用户查看和管理它们带来很大的不便，为此，用户必须对文件和文件夹图标进行排列。在 Windows 7 中提供的图标排序方式主要有按名称、按修改日期、按类型、按大小，以及分组排列等几种方式，每种排列方式又可以分为按升序排列或按降序排列。例如，如果用户选择了按名称方式显示窗口的文件与文件夹，则系统自动按文件与文件夹名称的首字母的顺序排列图标。要对当前窗口中的图标进行某种排列，可在窗口的空白处右击，并从弹出的快捷菜单中选择"排序方式"子菜单，然后选择相应的排列方式即可，如图 2.39 所示。

5. 设置文件夹查看方式

对于不同的文件夹，用户可以根据自己的需要设置不同的查看方法。例如，对于一个存放文本资料的文件夹，最好使用"详细信息"查看方式，以便获取其文件大小、修改日期等信息；对于一个存放图片资料的文件夹，最好使用"大图标"查看方式，以便预览图片。

Windows 7 系统默认的文件夹查看方式是详细信息，若要改变文件夹的查看方式，只需在文件夹窗口的空白处右击，在弹出的快捷菜单中选择相应的查看方式即可，如图 2.40 所示。

图 2.39　排列文件或文件夹

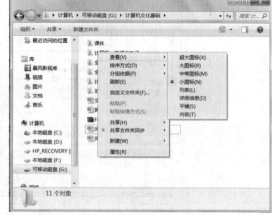

图 2.40　设置文件夹的查看方式

说明： 在某个文件夹中修改了文件夹的查看方式后，只对该文件夹有效，要想将整个计算机的所有文件夹都设置成同一种查看方式，首先要在设置好查看方式的文件夹中选择"组织"→"文件夹和搜索选项"命令，打开"文件夹选项"对话框，如图 2.41 所示。然后，在其"查看"选项卡中单击"应用到文件夹"按钮，如图 2.42 所示。

图 2.41 "文件夹选项"对话框

图 2.42 "查看"选项卡

另外，在 Windows 7 系统中，默认情况下是不显示传统 Windows 系统中的菜单栏的，通过勾选"文件夹选项"对话框的"查看"选项卡中的"始终显示菜单"复选框即可以在窗口中显示菜单栏。

6. 创建文件或文件夹的快捷方式

一台计算机系统中有时会存放大量的文件和文件夹，为了便于一些常用文件或文件夹的打开，Microsoft 公司设计了通过建立文件或文件夹的快捷方式来打开文件或文件夹的方法。文件的快捷方式实际上就是指向该文件的指针，用户可以预先在适当的位置（如桌面）创建一个文件或文件夹的快捷方式，通过打开快捷方式来打开与该快捷方式相对应的文件或文件夹。

（1）在桌面上创建文件或文件夹的快捷方式的操作方法前面已经介绍，在此不再赘述。

（2）选定要建立快捷方式的文件或文件夹并右击，从弹出的快捷菜单中选择"创建快捷方式"即可。在当前位置创建文件或文件夹的快捷方式。

（3）在指定文件夹中创建另一个文件或文件夹的快捷方式。

① 打开"计算机"窗口，在窗口右上角的搜索框中输入"WinWord.exe"，搜索"WinWord.exe"应用程序。

② 右击找到的"WinWord.exe"应用程序，从弹出的快捷菜单中选择"打开文件位置"命令。

③ 在打开窗口的地址框中单击右侧的向下箭头，可以看出"WinWord.exe"应用程序的存放位置是在"C:/Program Files/Microsoft Office/Office14"处。

④ 打开要存放快捷方式的文件夹"软件 151"，并在其空白处右击，鼠标指向快捷菜单中的"新建"，然后单击级联菜单中的"快捷方式"，打开"创建快捷方式"对话框，如图 2.43 所示。

⑤ 单击"浏览"按钮，打开"浏览文件或文件夹"对话框，如图 2.44 所示。

图 2.43 "创建快捷方式"对话框

图 2.44 "浏览文件或文件夹"对话框

⑥ 在对话框中指定要建立快捷方式的文件或文件夹的存放位置（C:/Program Files/Microsoft Office/Office14），并选中要建立快捷方式的文件或文件夹后单击"确定"按钮，返回"创建快捷方式"对话框。单击"下一步"按钮，打开"键入快捷方式名称对话框"，如图 2.45 所示。在对话框的"键入该快捷方式的名称"文本框中输入快捷方式的名称（Word）后单击"完成"按钮。

7. 删除文件或文件夹

（1）打开"网络 152"文件夹，选中文件列表中的最后 3 个文件。

（2）右击其中任意一个文件，在弹出的快捷菜单中选择"删除"命令。

删除文件还可以使用以下方法。

① 选中需要删除的文件或文件夹后，执行"组织"→"删除"命令。

② 选中文件或文件夹后按"Delete"键。

说明：使用以上方法删除文件或文件夹后，被删除的文件将会被移入"回收站"中，如果想恢复，可以打开"回收站"进行恢复。如果删除时不想把文件或文件夹移入"回收站"中，则可以按快捷键"Shift+Delete"彻底删除。

8. 文件或文件夹的重命名

（1）打开"软件 151"文件夹，右击 Word 快捷方式图标，在弹出的快捷菜单中选择"重命名"菜单命令。

（2）输入新的文件名"Word2010"然后按"Enter"键。

对文件或文件夹进行重命名的方法主要有 3 种。

① 选中要重命名的文件和文件夹，执行"组织"→"重命名"命令，输入新的名称后按"Enter"键。

② 右击要重命名的文件或文件夹，在弹出的快捷菜单中选择"重命名"选项，输入新的名称后按"Enter"键。

③ 选中要重命名的文件或文件夹，单击被选对象的名称，在文件名处将出现一个方框，在方框中输入新的名称后按"Enter"键。

说明：Windows 7 与以往的 Windows 系统在文件重命名方面有所不同。在以往的 Windows 系统中，如果设置显示文件扩展名后，在对文件重命名时，需要选择扩展名前面的部分，否则可能出现两个扩展名的问题；而在 Windows 7 中对文件进行重命名时，系统会默认排除扩展名部分的字符而仅选中单纯的主文件名部分，如图 2.46 所示。

图 2.45　"快捷方式名称"对话框

图 2.46　文件或文件夹重命名

9. 查看、修改文件或文件夹的属性

（1）打开"软件 151"文件夹，右击 Word2010 快捷方式图标，在弹出的快捷菜单中选择"属性"

菜单命令，打开"文件属性"对话框，如图 2.47 所示。

（2）在该对话框中可以查看或修改该文件或文件夹的相应属性，在"属性"处勾选"只读"属性后单击"确定"按钮。

说明：文件或文件夹的属性是用来标识文件的细节信息以及对文件或文件夹进行保护的一种措施。在 Windows 系统中，文件或文件夹的属性通常有"只读"、"隐藏"和"存档"3 种属性。

步骤 3：磁盘操作。

1. 磁盘清理

一台计算机在运行一段时间以后，系统的运行速度将会变慢，其主要原因是系统中的垃圾文件过多造成的。系统垃圾文件就是系统在使用过程中产生的临时文件。此时，最好的解决办法就是对系统盘上的垃圾文件进行清理。目前，有很多的优化软件都具有这一功能，但使用 Windows 7 系统自带的磁盘清理工具进行磁盘清理将更加方便快捷，其操作过程如下。

（1）右击需要清理的磁盘，在弹出的快捷菜单中选择"属性"选项，打开"磁盘属性"对话框，如图 2.48 所示。

图 2.47 "文件属性"对话框

图 2.48 "磁盘属性"对话框

（2）在"磁盘属性"对话框中单击"磁盘清理"按钮，打开"磁盘清理"对话框，如图 2.49 所示。

（3）系统开始计算该磁盘上可以释放的空间大小，计算完成后打开"（C:）的磁盘清理"对话框选择文件类型，如图 2.50 所示。

图 2.49 "磁盘清理"对话框

图 2.50 "（C:）的磁盘清理"对话框

（4）在此对话框中选择需要清理的文件类型（如果觉得清理的类型太少，可单击对话框左下方的"清理系统文件"按钮），单击"确定"按钮，弹出提示信息"确定要永久删除文件这些文件吗？"，如图 2.51 所示。

（5）单击"删除文件"按钮，打开"正在清理驱动器"窗口，如图 2.52 所示，完成磁盘的清理。

图 2.51　确认永久删除提示

图 2.52　"正在清理驱动器"窗口

2. 碎片整理

磁盘碎片整理就是通过系统软件或者专业的磁盘碎片整理软件对计算机磁盘在长期使用过程中产生的碎片和凌乱文件重新整理，以便释放出更多的磁盘空间，进一步提高计算机的整体性能和运行速度。Windows 7 系统的碎片整理功能在原来的 Windows 系统基础上进行了一定的改进，其具体的操作过程如下。

（1）在"计算机"窗口中，右击需要进行碎片整理的磁盘，在弹出的快捷菜单中选择"属性"选项，打开"磁盘属性"对话框，单击"工具"选项卡，如图 2.53 所示。

（2）单击"立即进行碎片整理"按钮，打开"磁盘碎片整理程序"窗口，如图 2.54 所示。

图 2.53　"磁盘属性""工具"选项卡

图 2.54　"磁盘碎片整理程序窗口"

（3）在"磁盘碎片整理程序"窗口中选择需要进行磁盘碎片整理的分区，单击"磁盘碎片整理"按钮，打开"磁盘碎片整理过程"窗口，如图 2.55 所示。

（4）磁盘碎片整理程序首先对需要整理的磁盘进行检测分析，然后自动进行碎片合并，这个过程需要较长的时间。

（5）有时，为了让计算机能够自动实施磁盘碎片整理工作，用户可以预先制定磁盘碎片整理的配置计划。其方法是在磁盘碎片整理程序窗口中单击"配置计划"按钮，打开"修改计划"对话框，如图 2.56 所示。

（6）在"修改计划"对话框中勾选"按计划运行"，并对频率、日期、时间、磁盘等选项进行相应的设置，最后单击"确定"按钮。

图 2.55 "磁盘碎片整理过程"窗口　　　　　　　图 2.56 "修改计划"对话框

3. 磁盘格式化

磁盘格式化就是把一张空白的磁盘划分成一个个的磁道和扇区，并加以编号，供计算机储存和读取数据。当一个磁盘感染了计算机病毒或者需要改变磁盘的文件存储格式时，一般都需要对磁盘进行格式化，但一张磁盘被格式化后，该磁盘上原来存储的所有信息将全部丢失。

（1）将 U 盘上的所有文件和文件夹复制到桌面上的一个空文件夹中。

（2）在计算机或资源管理器窗口中，右击要格式化的磁盘（U 盘），在弹出的快捷菜单中选择"格式化"命令，打开"格式化本地磁盘"对话框，如图 2.57 所示。

（3）在对话框中设置格式化磁盘的相关参数，设置完成后单击"开始"按钮。

（4）弹出"格式化确认提示信息"窗口，如图 2.58 所示。在此对话框中单击"确定"按钮。

图 2.57 "格式化本地磁盘"对话框　　　　图 2.58 "格式化确认信息"窗口

（5）打开"正在格式化磁盘"对话框，在对话框的下方有显示格式化进度，如图 2.59 所示。

（6）格式化完成后将弹出"格式化完毕"提示窗口，如图 2.60 所示。单击"确定"按钮完成磁盘格式化操作。

（7）将桌面上存放原来 U 盘内容的文件夹中的全部内容复制回 U 盘上，并删除桌面上的那个文件夹。

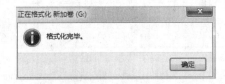

图 2.59 "正在格式化磁盘"对话框　　　图 2.60 "格式化完毕"提示窗口

2.3 任务 3：应用程序的管理

Windows 应用程序管理主要是指对 Windows 环境下的各种应用程序的管理操作，主要包括应用程序的启动与关闭、应用程序的安装与卸载、应用程序的使用等内容。

2.3.1 任务描述

（1）启动"控制面板"、"计算器"和 Word 应用程序。

（2）使用"关闭按钮"关闭"计算器"应用程序，使用"文件"→"退出"菜单命令退出 Word 应用程序，使用 Windows 任务管理器结束"控制面板"应用程序。

（3）安装和卸载"QQ"聊天软件。

（4）添加搜狗拼音输入法、简体中文郑码输入法。

（5）删除简体中文郑码输入法。

2.3.2 任务目的

■ 学会运行和关闭应用程序的方法。

■ 学会安装与卸载 Windows 应用程序的方法。

■ 学会如何添加与删除汉字输入法。

2.3.3 操作步骤

步骤 1：启动和关闭应用程序。

1. 启动应用程序

要使用应用程序，首先要掌握启动和退出程序的方法。如果程序与操作系统不兼容，还需要为程序选择兼容模式，或以管理员身份运行。若某个程序可以用多种方式打开，此时可以为该程序设置默认的打开方式。

（1）通过"开始"菜单启动应用程序。执行"开始"→"控制面板"命令，启动"控制面板"应用程序。

（2）通过快捷方式图标启动应用程序。双击 2.1 节任务 1 中在桌面上创建的"计算器"快捷图标，启动"计算器"应用程序。

（3）通过应用程序的启动文件启动应用程序（一般是以 .exe 为后缀的文件，如 Setup.exe）。打开 "C:/Program Files/Microsoft Office/Office14" 文件夹，找到 WinWord.exe，双击它启动 Word 应用程序。

2. 关闭应用程序

关闭应用程序通常可以使用"关闭按钮"、执行"文件"→"退出"菜单命令以及"任务管理器"等多种方法，一个应用程序被关闭的同时，任务栏中相应的按钮也会同时消失。

（1）单击"计算器"应用程序窗口右上角的"关闭"按钮，关闭该应用程序。

（2）在 Word 应用程序窗口执行"文件"→"退出"菜单命令，关闭该应用程序。

（3）使用"Windows 任务管理器"结束"控制面板"应用程序。使用"Ctrl+Alt+Del"组合键启动 "Windows 任务管理器"，在"应用程序"选项卡中选中"控制面板"应用程序，单击"结束任务"按钮结束该应用程序的运行，如图 2.61 所示。

说明：打开"Windows 任务管理器"窗口，通常可以采用以下几种方法之一。

① 在任务栏空白处右击，在弹出的快捷菜单中选择"启动任务管理器"命令。

② 使用"Ctrl+Shift+Esc"组合键。

③ 使用"Ctrl+Alt+Del"组合键。

步骤 2：安装与卸载 Windows 应用程序。

1. 安装 Windows 应用程序

要安装 Windows 应用程序，首先要获取该应用程序软件，用户除了购买软件安装光盘以外，还可以从软件厂商的官方网站下载。另外，目前国内很多软件下载站点都免费提供各种软件的下载，如天空软件站（http://www.skycn.com）、华军软件园（http://www.onlinedown.net）等。

应用软件必须安装（而不是复制）到 Windows 7 系统中才能使用。一般应用软件都配置了自动安装程序，将软件安装光盘放入光驱后，系统会自动运行它的安装程序。

如果是存放在本地磁盘中的应用软件，则需要在存放软件的文件夹中找到 Setup.exe 或 Install.exe （也可能是软件名称等）安装程序，双击它便可进行应用程序的安装操作。

（1）上网下载 QQ 聊天应用程序。

（2）双击该应用程序图标，启动安装过程。

（3）安装屏幕提示完成安装过程。

2. 卸载 Windows 应用程序

在 Windows 7 中，卸载应用程序的方法通常有两种：一是使用"开始"菜单，二是使用"程序和功能"窗口。

（1）使用"开始"菜单卸载应用程序。大多数软件会自带卸载命令，安装好软件后，一般可在"开始"菜单中找到该命令，卸载这些软件时，只需执行卸载命令即可。

首先执行"开始"→"所有程序"→"腾讯软件"→"QQ"→"卸载腾讯 QQ"菜单命令，其次按照卸载向导的提示操作完成卸载任务，如图 2.62 所示。

（2）使用"程序和功能"窗口卸载应用程序。有些软件的卸载命令不在"开始"菜单中，如 Office 2010、Photoshop 等，此时可以使用 Windows 7 提供的"程序和功能"窗口进行卸载，操作方法如下。

打开"控制面板"窗口，单击"程序"图标，打开"控制...程序"窗口，单击"程序和功能"图标，打开"程序...程序和功能"窗口，在"名称"下拉列表中选择要删除的程序，然后单击窗口中部的"卸载"按钮，接下来按提示进行操作即可，如图 2.63 所示。

步骤 3：添加汉字输入法。

目前，在计算机应用中最为常用的汉字输入方法主要有搜狗拼音输入法等，Windows 7 系统默认状态下有些汉字输入法的应用程序是没有预先安装的，用户需要单独安装后才能使用。

图 2.61　"Windows 任务管理器"窗口　　　　　图 2.62　"卸载腾讯 QQ"菜单命令

1. 搜狗拼音输入法的安装

（1）在 Internet 上下载最新的搜狗拼音输入法软件。

（2）该软件是一个自解压安装软件，双击下载的程序即可自行安装，安装过程中按照提示同意授权协议、选择安装的路径等信息即可。

（3）安装完成后，单击任务栏"输入法"图标，就打开已安装的输入法，如图 2.64 所示。此时，可以通过输入法切换键切换到搜狗拼音输入法。

图 2.63　卸载应用程序　　　　　　　　　图 2.64　搜狗拼音输入法

2. 添加 Windows 7 自带的输入法

（1）执行"开始"→"控制面板"命令，打开"控制面板"窗口。

（2）单击"区域和语言"图标，打开"区域和语言"对话框，选中"键盘和语言"选项卡。

（3）单击"更改键盘"按钮，打开"文本服务和输入语言"对话框。

（4）单击"添加"按钮，打开"添加输入语言"对话框，在对话框下方的列表框中选择需要添加的输入法（如简体中文郑码输入法），如图 2.65 所示。

（5）单击"确定"按钮，接着单击"应用"按钮即可。

3. 删除汉字输入法

删除过多的输入法，可以避免多种输入法切换造成的输入错误。

（1）右击屏幕右下角的语言栏，在弹出的快捷菜单中选择"设置"命令，打开"文本服务和输入语言"对话框，如图 2.66 所示。

（2）选中需要删除的输入法（如简体中文郑码输入法），单击"删除"按钮，再单击"确定"按钮。

图 2.65　"添加输入语言"对话框

图 2.66　"文本服务和输入语言"对话框

2.4　任务 4：使用 Windows 7 附件工具

2.4.1　任务描述

（1）记事本的打开与关闭，记事本的使用方法和技巧；

（2）画图程序的打开与关闭，画图程序的基本操作方法；

（3）计算器的打开与关闭，计算器的使用技巧。

2.4.2　任务目的

■　学会记事本的使用方法。

■　学会画图程序的使用方法。

■　学会计算器的使用方法。

2.4.3　操作步骤

步骤 1：记事本的使用。

1. 打开记事本

记事本只有文字处理软件 Word 的部分功能，使用简单，但有时也十分方便，例如，在 Word 中无法删除文档的格式时，将文档复制到记事本即可自动删除文档的格式。

（1）执行"开始"→"所有程序"→"附件"→"记事本"菜单命令，即可打开记事本窗口。

（2）输入一段文字。

2．在记事本中选择文字

（1）选择一行：把光标放在一行的最前头，然后按住"Shift"键在行尾单击鼠标。

（2）选择连续多行：在第一行行首单击鼠标，按下"Shift"键后在末行行尾单击鼠标。

（3）选择部分内容：按下鼠标左键拖动要选择的文字。

（4）选择全部文档：直接按"Ctrl+A"组合键。

3．在记事本中复制文字

（1）选择要复制的文字或段落。

（2）在选中的文字上右击，在弹出的快捷菜单中选择"复制"命令。

（3）将光标移动到目的位置。

（4）右击鼠标，在弹出的快捷菜单中选择"粘贴"命令。

4．在记事本中删除文字

（1）选择要删除的文字或段落。

（2）在选中文字上右击，在弹出的快捷菜单中选择"删除"命令。

5．文字格式设置

记事本中所有文本使用相同的字体格式。

（1）选择"格式"→"字体"命令，打开"字体"对话框，如图 2.67 所示。

（2）设置字体、字形和大小。

（3）单击"确定"按钮。

6．页面设置

（1）选择"文件"→"页面设置"命令，打开"页面设置"对话框，如图 2.68 所示。

■ 设置纸张的大小和来源；

■ 设置纵向还是横向排列文本；

■ 设置文稿到纸张页边距；

■ 设置页眉和页脚。

（2）单击"确定"按钮。

图 2.67 "字体"对话框

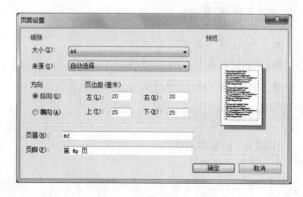

图 2.68 "页面设置"对话框

7. 设置自动换行

在记事本中输入的文本，默认情况下一段文本显示在一行，这时可以设置自动换行功能。

（1）执行"格式"→"自动换行"命令，文本便自动换行。

（2）再次执行该命令，则取消自动换行。

8. 保存记事本输入的内容

（1）执行"文件"→"保存"命令，打开"另存为"对话框，如图 2.69 所示。

（2）在"文件名"文本框中输入文件名，保持扩展名不变。

（3）在"保存在"下拉列表框中选择保存位置。

（4）单击"保存"按钮进行保存。

9. 用记事本打开已有的文本文件

（1）在记事本中，执行"文件"→"打开"命令，打开"打开"对话框，如图 2.70 所示。

（2）选中要打开的文件，单击"打开"按钮，即将文件的内容调入到记事本中。

图 2.69　"另存为"对话框

图 2.70　"打开"对话框

步骤 2：使用画图程序。

画图程序是一个用来绘制图形的程序，使用它除了可以建立简单、优美的图形外，还可以进行一些简单的（比如裁剪、图片旋转、调整大小等）图片处理。

1. 打开画图程序

执行"开始"→"所有程序"→"附件"→"画图"菜单命令，就可以启动画图程序，进入"画图程序"窗口，如图 2.71 所示。

2. 确定绘图区域的大小

（1）单击"主页"选项卡左侧的控制菜单图标，在下拉菜单中选择"属性"命令，打开"映像属性"对话框，如图 2.72 所示。在该对话框中，可以选择绘图区的宽度、高度、单位、颜色等信息。

（2）单击"确定"按钮，关闭"映像属性"对话框。

3. 绘图

绘制矩形、直线、手画线以及填充颜色等，在这里不再详细介绍。

4. 将图形放到桌面上

在画图程序中绘制的图形，可以放到桌面上作为背景，具体操作如下。

（1）保存图形，单击控制菜单图标，在下拉菜单中选择"保存"命令。

图 2.71 "画图程序"窗口

图 2.72 "映像属性"对话框

（2）单击控制菜单图标，在下拉菜单中选择"设置为桌面背景"（填充、平铺、居中）。单击"确定"按钮。

步骤3：使用计算器。

1. 打开计算器窗口

（1）执行"开始"→"所有程序"→"附件"→"计算器"菜单命令，就可以打开"计算器"窗口，如图 2.73 所示。

（2）选择"查看"菜单中的"标准型"、"科学型"、"程序员"或"统计信息"选项，可以在4种计算器之间进行切换。利用其中的程序员型计算器可以方便地实现各种进制数之间的相互转换，如图 2.74 所示。

（3）通过"查看"菜单还可以实现单位转换、日期计算、抵押、汽车租赁、油耗等计算功能。

图 2.73 "计算器"窗口

图 2.74 程序员计算器

2. 计算器的复制与粘贴

使用计算器的"编辑"→"复制"命令，可以将计算器的当前显示值复制到剪贴板上，使用"编辑"→"粘贴"命令，可将剪贴板上的内容粘贴到计算器上。

3. 各种进制数间的相互转换

利用程序员计算器，可以实现二进制、八进制、十进制以及十六进制之间的相互转换。其方法就是首先在某一进制下输入一个数值，然后分别选中其他3种进制即可立刻得出相应的数值。

2.5　任务 5：账户管理与家长控制

用户账户是指 Windows 用户在操作计算机时具有不同权限的信息的集合，通过用户账户，可以在拥有自己的文件和设置的情况下与多个人共享计算机，每个人都可以使用用户名和密码访问其用户账户。

家长控制是指家长针对儿童使用计算机的方式所进行的协助管理，Windows 7 的家长控制主要包括时间控制、游戏控制、程序控制 3 方面的内容。当家长控制阻止了对某个游戏或程序的访问时，将显示一个通知，声明已阻止了该程序的运行。孩子可以单击通知中的链接，以请求获得该游戏或程序的访问权限，家长可以通过输入账户信息来允许其访问。

2.5.1　任务描述

（1）新建一个名为"liuyf"的标准用户账户，密码设置为"123456"。

（2）更改 liuyf 账户的账户名称、账户密码、账户图片、账户类型。

（3）删除 liuyf 账户的账户密码后删除该用户账户。

（4）重新建立一个名为"liuyf"的标准用户账户，密码设置为"654321"。

（5）更改 liuyf 用户账户的登录方式后使用该账户重新登录系统（账户切换）。

（6）使用管理员账户登录系统，并对 liuyf 用户账户实施家长控制（包括时间限制、游戏控制，以及程序控制等控制功能）。

2.5.2　任务目的

- 学会 Windows 用户账户管理功能。
- 学会家长控制功能的使用。

2.5.3　操作步骤

步骤 1：管理 Windows 用户账户。

Windows 7 提供了 3 种类型的用户账户，每种类型的用户账户为用户提供不同的计算机控制级别。其中，标准账户适用于日常管理，管理员账户可以对计算机进行最高级别的控制，来宾账户主要针对需要临时使用计算机的用户。

1. 添加新账户

（1）从"开始"菜单中打开"控制面板"窗口，在"控制面板"窗口中单击"用户账户"选项，打开"用户账户"窗口，如图 2.75 所示。

（2）在"用户账户"窗口中单击"管理其他账户"，打开"管理账户"窗口，如图 2.76 所示。

（3）在"管理账户"窗口中单击左下方的"创建一个新账户"命令按钮，打开"创建新账户"窗口，如图 2.77 所示。

（4）在"创建新账户"窗口中间位置的文本框中输入要创建新账户的账户名（此处输入"liuyf"），类型可以选择标准用户或管理员（此处选择标准用户）。

（5）输入完成后单击"创建账户"按钮。这时，在"管理账户"中便会多出一个刚刚创建的新账户"liuyf 标准用户"，如图 2.78 所示。

图 2.75 "用户账户"窗口   图 2.76 "管理账户"窗口

图 2.77 "创建新账户"窗口

图 2.78 新用户账户

2. 更改账户

已经建立的用户账户，可以对其名称、密码、权限等进行设置和更改。计算机管理员可以对所有用户进行更改，而受限的用户只能更改用户自己。

（1）从"控制面板"重新打开"用户账户"窗口，并在"用户账户"窗口中单击"管理其他账户"，打开"管理账户"窗口，如图 2.79 所示。

（2）选择一个要更改设置的用户账户（此处选择 liuyf），打开"更改 liuyf 的账户"窗口。其中包括更改账户名称、更改密码、删除密码、更改图片等选项，如图 2.80 所示。

（3）单击"更改账户名称"，打开"重命名账户"窗口，如图 2.81 所示。在"新账户名"文本框中输入新的账户名称，单击"更改名称"按钮。

（4）单击"更改密码"，打开"更改密码"窗口，如图 2.82 所示。输入新密码、确认新密码和密码提示，单击"更改密码"按钮。

（5）单击"删除密码"，打开"删除密码"窗口，如图 2.83 所示。如果确定要删除该用户账户的密码，可直接单击"删除密码"按钮。

（6）单击"更改图片"，打开"选择图片"窗口，如图 2.84 所示。选择一个图片后单击"更改图片"按钮。

图 2.79　"管理账户"窗口　　　　　图 2.80　"更改 liuyf 的账户"窗口

图 2.81　"重命名账户"窗口　　　　图 2.82　"更改密码"窗口

图 2.83　"删除密码"窗口　　　　　图 2.84　"选择图片"窗口

（7）单击"更改账户类型"，打开"更改账户类型"窗口，选择新的类型后单击"更改账户类型"按钮。

3. 删除账户

当系统有多余的无用账户时，应将其删除。

（1）从"控制面板"重新打开"用户账户"→"管理账户"→"更改 liuyf 的账户"窗口，如

图 2.80 所示。

（2）单击"删除账户"，打开"是否保留 liuyf 的文件"窗口

（3）单击"删除文件"按钮，弹出"确实要删除 liuyf 的账户吗"提示窗口，单击"删除账户"按钮，该账户将被删除，如图 2.85 所示。

图 2.85 "确认删除 liuyf 的文件"窗口

4．更改用户登录方式

Windows 7 的用户登录方式主要有自动登录（单击登录界面中的用户名即可登录）和密码登录（单击登录界面中的用户名后输入密码来登录），其默认方式为第二种方式。

（1）在"开始"菜单中执行"附件"→"运行"命令，打开"运行"对话框，如图 2.86 所示。

（2）在对话框的"打开"文本框中输入输入"control userpasswords2"命令，单击"确定"按钮，打开"用户账户"窗口，如图 2.87 所示。

图 2.86 "运行"对话框

图 2.87 "用户账户"窗口

（3）在"本机用户"列表框中选择需要"自动登录"的用户名（此处选择 liuyf），取消勾选"要使用本机，用户必须输入用户名和密码"，单击"确定"按钮，打开"自动登录"对话框，如图 2.88 所示。

（4）依次输入需要自动登录的用户名及两次密码，单击"确定"按钮。

5．切换用户账户

在 Windows 7 系统中，用户账户的切换方式主要有如下两种。

（1）单击"开始"菜单→"关机"后的三角形按钮，在打开的菜单中选择"切换用户"命令，如图 2.89 所示。

图 2.88 "自动登录"对话框   图 2.89 "切换用户"菜单

（2）使用键盘命令"Ctrl+Alt+Del"，打开"切换用户"界面，如图 2.90 所示。

步骤 2：Windows 7 系统的家长控制。

若要设置家长控制，需要有一个带密码的管理员用户账户，家长控制的对象是一个标准的用户账户（家长控制只能应用于标准用户账户，且应该设置密码）。设置家长控制操作步骤如下。

（1）首先确认登录计算机的用户为管理员账户，在"控制面板"中单击"家长控制"选项，打开如图 2.91 所示的"家长控制"窗口。

图 2.90 "切换用户"界面   图 2.91 "家长控制"窗口

（2）在"家长控制"窗口中选择一个要被控制的账号（此处选择 liuyf），打开如图 2.92 所示的"用户控制"窗口。

（3）将"用户控制"窗口中的"家长控制"设置为"启用，应用当前设置"，如图 2.93 所示。此时，在此窗口中就可以对用户的"时间限制"、"游戏控制"，以及"程序控制"进行必要的设置。

① 时间限制。选择"时间限制"命令，在弹出的对话框中单击时间点便可以切换阻止或者允许，如图 2.94 所示。被控制账户在设置阻止的时间段登录时便会提示无法登录。

② 游戏控制。选择"游戏"命令，在弹出的对话框中，将游戏设置为不允许使用，如图 2.95 所示。当被控制的账户在运行游戏时便会被提示已受控制。

图 2.92 "用户控制"窗口

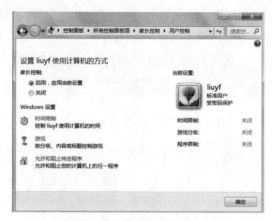

图 2.93 "启用家长控制"窗口

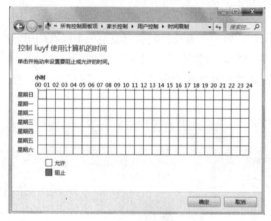

图 2.94 "时间限制"窗口

图 2.95 "游戏控制"窗口

③ 程序控制。程序控制可以设置为可以使用所有程序，或者只允许使用某些程序。系统会自动刷新可以找到的相关程序，如图 2.96 所示，勾选后便可以设置为允许使用该程序，或者单击"浏览"按钮添加系统没有找到的其他程序。当程序被阻止时会给出相关的提示信息。

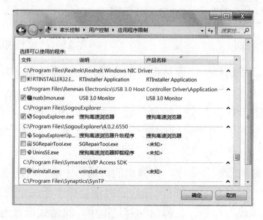

图 2.96 "程序控制"窗口

习 题

一、单项选择题

1. Windows 7 操作系统最重要的特点是（　　）。

    A. 有 32 位和 64 位两个版本　　　　　　B. 可以运行 DOS 操作系统下的应用程序

    C. 内置了较强的网络功能　　　　　　　　D. 既能用键盘也能用鼠标操作

2. 在 Windows 7 操作系统中，将打开窗口拖动到屏幕顶端，窗口会（　　）。

    A. 关闭　　　　　　　B. 消失　　　　　　　C. 最大化　　　　　　D. 最小化

3. Windows 7 的桌面指的是（　　）。

    A. 整个屏幕　　　　　B. 全部窗口　　　　　C. 整个窗口　　　　　D. 活动窗口

4. 在 Windows 7 操作系统中，显示桌面的快捷键是（　　）。

    A. "Win" + "D"　　　B. "Win" + "P"　　　C. "Win" + "Tab"　　　D. "Alt" + "Tab"

5. 下列操作中，不能打开"计算机"窗口的是（　　）。

    A. 用鼠标右键单击"计算机"图标，从弹出的快捷菜单中选择"打开"命令

    B. 用鼠标右键单击"开始"菜单按钮，然后从资源管理器中选取

    C. 用鼠标左键单击"开始"菜单，然后选择"计算机"菜单项

    D. 用鼠标左键双击"计算机"图标

6. "控制面板"窗口中显示的图标数目与（　　）。

    A. 系统安装无关　　　　　　　　　　　　B. 系统安装有关

    C. 随应用程序的运行变化　　　　　　　　D. 不随应用程序的运行变化

7. 利用"开始菜单"能够完成的操作有（　　）。

    A. 能运行某个应用程序　　　　　　　　　B. 能查找文件或计算机

    C. 能设置系统参数　　　　　　　　　　　D. 上述三项操作均可进行

8. 任务栏的宽度最宽可以（　　）。

    A. 占据整个窗口　　　　　　　　　　　　B. 占据整个桌面

    C. 占据窗口的二分之一　　　　　　　　　D. 占据桌面的二分之一

9. 任务栏上的应用程序按钮处于被按下状态时，对应（　　）。

    A. 最小化的窗口　　　　　　　　　　　　B. 当前活动窗口

    C. 最大化的窗口　　　　　　　　　　　　D. 任意窗口

10. 在 Windows 7 操作系统中，显示 3D 桌面效果的快捷键是（　　）。

    A. "Win" + "D"　　　　　　　　　　　　B. "Win" + "P"

    C. "Win" + "Tab"　　　　　　　　　　　D. "Alt" + "Tab"

11. 关于窗口的描述，正确的是（　　）。

    A. 窗口最大化后都将充满整个屏幕，不论是应用程序窗口还是文档窗口

    B. 当应用程序窗口被最小化时，就意味着该应用程序暂时停止运行

    C. 文档窗口只存在于应用程序窗口内，且没有菜单栏

    D. 在窗口之间切换时，必须先关闭活动窗口才能使另外一个窗口成为活动窗口

12. 若在 Windows 7 桌面上同时打开两个窗口，下列描述不正确的是（　　）。

    A. Windows 7 中打开的多个窗口，既可以平铺也可以层叠

    B. 用户打开的多个窗口，只有一个是活动（当前）窗口

    C．在 Windows 7 桌面上，可以同时有两个以上的活动窗口

    D．只有活动窗口的标题栏是高亮度显示的

13．在菜单中，前面有√标记的项目表示（　　　）。

    A．复选选中　　　　　　　B．单选选中　　　　　C．有级联菜单　　　　　　　D．有对话框

14．在 Windows 7 中可以完成窗口切换的方法是（　　　）。

    A．"Alt"＋"Tab"　　　　　　　　　　　B．"Win"＋"Tab"

    C．单击要切换窗口的任何可见部位　　　D．单击任务栏上要切换的应用程序按钮

15．下列哪种方式不能启动 Windows 7 的资源管理器（　　　）。

    A．"计算机"的快捷菜单　　　　　　　　B．"开始"菜单按钮的快捷菜单

    C．"开始"菜单　　　　　　　　　　　　D．"Word"快捷方式的快捷菜单

16．Windows 7 "任务栏"上的内容为（　　　）。

    A．当前窗口的图标　　　　　　　　　　B．已启动并正在执行的程序名

    C．已经打开的文件名　　　　　　　　　D．所有已经打开的窗口的图标

17．下列描述中，正确的是（　　　）。

    A．置入回收站的内容，不占用硬盘的存储空间

    B．在回收站被清空之前，可以恢复从硬盘上删除的文件或文件夹

    C．软磁盘上被删除的文件或文件夹，可以利用回收站将其恢复

    D．执行回收站窗口中的"清空回收站"命令，可以将回收站中的内容还原到原来位置

18．在"资源管理器"窗口中，当选中文件或文件夹之后，下列操作中不能删除选中的对象的是（　　　）。

    A．鼠标左键双击文件或文件夹

    B．按键盘上的"Delete"键（"Del"键）

    C．选择"文件"下拉菜单中的"删除"命令

    D．右击要删除的文件或文件夹，在打开的快捷菜单中选择"删除"菜单项

19．在 Windows 7 资源管理器窗口中，当选中文件或文件夹后，单击"文件"下拉菜单中的"发送"命令，可以将选中的对象（　　　）。

    A．装入内存　　　　　　　　　　　　　B．复制到"我的文档"文件夹中

    C．复制到 U 盘上　　　　　　　　　　D．交给某应用程序进行处理

20．在 Windows 7 中，对文件和文件夹的管理可以使用（　　　）。

    A．资源管理器或控制面板窗口　　　　　B．文件夹窗口或控制面板窗口

    C．资源管理器或文件夹窗口　　　　　　D．快捷菜单

21．有关快捷方式的描述，下列说法正确的是（　　　）。

    A．在桌面上创建快捷方式，就是将相应的文件复制到桌面

    B．在桌面上创建快捷方式，就是通过指针使桌面上的快捷方式指向相应的磁盘文件

    C．删除桌面上的快捷方式，即删除快捷方式所指向的磁盘文件

    D．对快捷方式图标名称重新命名后，双击该快捷方式将不能打开相应的磁盘文件

22．在 Windows 7 中，下列描述正确的是（　　　）。

    A．Windows 7 只能用鼠标操作

    B．在不同的磁盘间移动文件，不能用鼠标拖动文件图标的方式实现

    C．Windows 7 为每个任务自动建立一个显示窗口，其位置和大小不能改变

    D．Windows 7 打开的多个窗口，即可平铺，也可层叠

23．剪贴板中内容将被临时存放在（　　　）中。

A．硬盘　　　　　　　B．外存　　　　　　C．内存　　　　　　D．窗口

24．剪贴板中临时存放的是（　　）。

　　A．被删除的文件的内容　　　　　　　B．用户曾进行的操作序列

　　C．被复制或剪切的内容　　　　　　　D．文件的格式信息

25．Windows 7 在多个应用程序间进行信息传递，在源应用程序中通常要使用（　　）命令。

　　A．复制或剪切　　　　B．粘贴　　　　　　C．删除　　　　　　D．选择

26．关于 Windows 7 剪贴板的操作，正确的是（　　）。

　　A．剪贴板中的内容可以多次被使用，以便粘贴到不同的文档中或同一文档的不同地方

　　B．将当前窗口的画面信息存入剪贴板的操作是"Ctrl+PrintScreen"

　　C．多次进行剪切或复制的操作将导致剪贴板中的内容越积越多

　　D．Windows 7 关闭后，剪贴板中的内容仍不会消失

27．放入回收站中的内容（　　）。

　　A．不能再被删除了　　　　　　　　　　B．只能被恢复到原处

　　C．可以直接编辑修改　　　　　　　　　D．可以真正被删除

二、判断题

1．Windows 7 旗舰版支持的功能最多。（　　）

2．Windows 7 家庭版支持的功能最少。（　　）

3．正版 Windows 7 操作系统不需要安装安全防护软件。（　　）

4．"资源管理器"中某些文件夹左端有一个"+"，表示该文件夹包含子文件夹。（　　）

5．在 Windows 7 的窗口中，选中末尾带有省略号（…）的菜单意味着该菜单项已被选用。（　　）

6．将 Windows 应用程序窗口最小化后，该程序将立即关闭。（　　）

7．当改变窗口的大小，使窗口中的内容显示不下时，窗口中会自动出现垂直或水平滚动条。（　　）

8．在 Windows 菜单项中，有些菜单项显灰色，它表示该菜单项已经被使用过。（　　）

9．Windows 7 中任务栏既能改变位置也能改变大小。（　　）

10．使用"发送到"命令可以将文件或文件夹移动到"我的文档"或"桌面快捷方式"。（　　）

三、综合实训

1．在你的计算机中查找"Win Excel.exe"，并在桌面上创建它的快捷方式，命名为 Excel 2010。

2．将你 U 盘上的一个图片文件设置为桌面背景。

3．将你 U 盘上的一个存有多个图片文件的文件夹中所有图片设置为自动切换方式的屏幕保护程序。

4．打开计算器，将二进制数 11010011 分别转换为十进制数和十六进制数。

5．在 C 盘的根目录下建立一个名为 lianxi 的文件夹，将 C 盘 Windows 文件夹中所有以 w 开头、扩展名为.exe 的文件复制到该文件夹中。同时，在该文件夹中建立一个名为 lishi.txt 的文本文件，并将该文件设置为"只读"、"隐藏"属性。

学习情境三　Word 2010 文档处理与制作

Word 2010 是微软公司推出的一款功能强大的文字处理软件，属于 Office 2010 软件中的一个重要组成部分，是目前最常用的文字处理软件之一。Word 2010 已被广泛应用于各种办公文档的处理，是提高文字处理能力和效率、实现无纸化办公不可或缺的工具和助手。

Word 2010 界面友好，工具丰富多彩，操作一目了然。除了具有文字格式设置、段落格式设置、文字排版、表格处理、图文混排等功能外，还能方便快捷地进行屏幕截图和简单抠图、编辑和发送电子邮件，甚至可以编辑和发布个人博客。

通过以下 6 个任务的学习，了解和掌握 Word 2010 各种操作，包括页面设置、字体格式、段落格式、表格、图文等。

任务 1：创建"似水年华，我在征途"文档。

任务 2：制作学院的公用信笺。

任务 3：制作特定文档。

任务 4：中秋、国庆放假通知安排。

任务 5：制作感谢信。

任务 6：毕业论文排版。

3.1　任务 1：创建"似水年华，我在征途"文档

3.1.1　任务描述

小王升入大学，学校团委组织了一次学生征文活动，题目就是"似水年华，我在征途"，要求用 Word 录入并排版。

3.1.2　任务目的

- 学会 Word 2010 的启动方法。
- 学会 Word 2010 的退出方法。
- 学会在 Word 2010 中新建、保存、关闭、另存为文档的方法。
- 学会在 Word 2010 中输入字符、汉字、数字、特殊字符等内容。
- 掌握字体格式的设置。
- 掌握段落格式的设置。

3.1.3　任务要求

按照文件"2017jnxl/word2010/似水年华，我在征途.pdf"的内容，录入文档，设置格式如下。

（1）保存文档名为"似水年华，我在征途.docx"，保存在文件夹"2014jnxl/word2010/"下。

（2）标题"似水年华，我在征途"设置格式为：字体"黑体"，字号"小二"、"加粗"，字体颜色"红色"，对齐方式"居中"，段前和段后各"1 行"。

（3）其他全部文字设置格式为：字体"宋体"，字号"四号"，行间距"28磅"，首行缩进"2字符"。

（4）文字"——前言"设置格式为：字体"宋体"，字号"四号"，行间距"28磅"，对齐方式"右对齐"，右缩进"2字符"，段后间距"1行"。

（5）文字"×××班×××同学"和"2017年9月1日星期五"设置格式为：对齐方式"右对齐"，右缩进"2字符"，字体"宋体"，字号"四号"，行间距"28磅"。

（6）文字"敬礼"设置格式为：字体"宋体"，字号"四号"，行间距"28磅"，首行"不缩进"。

（7）页面设置，纸张大小"A4"，默认上下左右边界。

3.1.4　操作步骤

步骤1：新建文档。

新建文档是第一步。每次进入 Word 2010 编辑环境时，Word 都会自动生成一个以通用模板"Normal.dot"为基准模板的新文档。通常这个文档的默认名为"文档1.docx"，在保存时也可按照需要更改它的名称。在 Word 2010 创建新文档通常使用以下方法：

执行"开始"→"所有程序"→"Microsoft Office"→"Microsoft Office Word 2010"命令，启动 Word 2010，Word 自动建立一个新文档，且默认文档名为"文档1"。

步骤2：输入文档内容。

新建文档后，就可以在文档中按照文件"2017jnxl/word2010/似水年华，我在征途.pdf"的内容，录入文档，下面介绍如何在文档中输入文字，以完成新文档内容的输入，操作步骤如下。

（1）在空白文档的当前光标处，可以开始输入文档内容。在输入前，需要进行输入法的切换，例如，要输入中文文字，就需要切换到中文输入法，如选择"搜狗拼音输入法"。

（2）从文档的标题"似水年华，我在征途"开始输入，遇到段落结束，按"Enter"键，否则，自动换行。

（3）输入标点符号。

（4）在输入过程中插入特殊字符及符号。Word 2010 中文版提供了丰富的符号，除键盘上显示的字母、数字和标点符号外，还提供了符号、编号、版权号、注册号等特殊符号。

单击"插入"选项卡"符号"组"符号"下拉按钮，打开"符号"下拉列表框，如图3.1所示，单击要插入的符号，即在插入点位置插入选中的符号。

在"符号"下拉列表框中单击"其他符号"命令，打开"符号"对话框，如图3.2所示。单击"字体"下拉列表框，选择"Symbol"，"符号列表框"中的符号会随之改变为相应字体的符号，单击相应的符号，如"】"，单击"插入"按钮，即在插入点位置插入选中的符号。此时该符号加入到"近期使用过的符号"框中和"符号"下拉列表框，下次使用可以在此直接选择。

图3.1　"符号"下拉列表框

图3.2　"符号"对话框

在图 3.2 中，单击"特殊符号"选项卡，打开"插入特殊符号"对话框，在"字符"列表框中，选中相应的符号后，再单击"确定"按钮，即在插入点位置插入选中的特殊符号。

（5）在文档的最后输入日期，单击"插入"选项卡"文本"组"日期和时间"按钮，打开"日期和时间"对话框，如图 3.3 所示，在"可用格式"列表框选择合适的格式，单击"确定"按钮，即在插入点位置插入选中的当前"日期和时间"。

步骤 3：保存文档。

当用户编辑完文档后，都暂时存放在计算机内存中，为了将其保存起来以备将来使用，需要将文档进行保存。

单击"快速访问工具栏"的"保存"按钮，系统将当前文档存盘，由于本文档是新建文档首次保存，系统将打开"另存为"对话框，如图 3.4 所示。

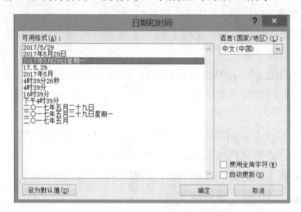

图 3.3　"日期和时间"对话框　　　　　图 3.4　"另存为"对话框

在"文件名"文本框系统默认命名为该文档的第一句话，本文档默认文档名为"似水年华"，可修改为"似水年华，我在征途"。在"保存类型"下拉列表框中选择文档类型，默认为"Word 文档"。在左侧选择保存文档的文件夹，本例为"F:/2017jnxl/word2010"。

步骤 4：字体格式和段落格式设置。

（1）设置标题"似水年华，我在征途"的字体格式和段落格式

① 选中标题"似水年华，我在征途"。选择方法可以用鼠标拖动，也可把光标置于段落内，用鼠标三击。

② 在"开始"选项卡"字体"组选择字体为"黑体"，字号为"小二"，单击"加粗"按钮，在"字体颜色"下拉列表框选择"红色"。也可单击"开始"选项卡"字体"组的"对话框启动器"按钮，打开"字体"对话框，如图 3.5 所示。

在"中文字体"列表框选择"黑体"，在"字形"列表框选择"加粗"，在"字号"下拉列表框选择"小二"，在"字体颜色"下拉列表框选择"红色"。此时在"预览"中会即时显示设置的字体格式，如满意，单击"确定"按钮。

③ 在"开始"选项卡"段落"组选择对齐方式为"居中"。也可单击"开始"选项卡"段落"组的"对话框启动器"按钮，打开"段落"对话框，如图 3.6 所示。

在"常规"组"对齐方式"下拉列表框选择"居中"，在"间距"组"段前"和"段后"框中设置"1 行"。此时在"预览"中会即时显示设置的段落格式，如满意，单击"确定"按钮。

（2）设置其他全部文字，字体"宋体"，字号"四号"，对齐方式"两端对齐"，行间距"28 磅"，首行缩进"2 字符"。

① 选中其他所有文字。选择方法可以用鼠标拖动，也可以把光标置于"过去属于历史，未来属于自己！"的前面，按组合键"Ctrl＋Shift＋End"。还可以在所要选择区域的开始处单击鼠标，按住"Shift"键，再将光标移到所选区域的结束处单击。

② 在"开始"选项卡"字体"组选择字体为"宋体"，字号为"四号"。也可单击"开始"选项卡"字体"组的"对话框启动器"按钮，打开"字体"对话框，在"中文字体"列表框选择"宋体"，在"字号"下拉列表框选择"四号"，单击"确定"按钮。

图 3.5　"字体"对话框

图 3.6　"段落"对话框

③ 单击"开始"选项卡"段落"组的"对话框启动器"按钮，打开"段落"对话框，在"常规"组"对齐方式"列表框选择"两端对齐"，在"特殊格式"下拉列表中选择"首行缩进"，"磅值"框中系统默认"2 字符"，在"行距"列表框选择"固定值"，将"设置值"设定为"28 磅"。

（3）设置文字"——前言"格式，字体"宋体"，字号"四号"，行间距"28 磅"，对齐方式"右对齐"，右缩进"2 字符"，段后间距"1 行"。

① 选中文字"——前言"。选择方法可以用鼠标拖动。

② 字体、字号、行间距在前面已经设置，不再重复设置。

③ 单击"开始"选项卡"段落"组的"对话框启动器"按钮，打开"段落"对话框，在"常规"组"对齐方式"列表框选择"右对齐"，在"缩进"组"右侧"框中输入或将右侧的上下按钮调整为"2字符"，在"间距"组"段后"框输入或将右侧的上下按钮调整为"1 行"。

（4）设置文字"×××班×××同学"和"2017 年 9 月 1 日星期五"的格式，对齐方式"右对齐"，右缩进"2 字符"字体"宋体"，字号"四号"，行间距"28 磅"。

（5）设置文字"敬礼"格式为字体"宋体"，字号"四号"，行间距"28 磅"，首行"不缩进"。设置首行"不缩进"，在"段落"对话框，在"特殊格式"下拉列表中选择"无"。其它格式设置同上。

步骤 5：设置页面格式，纸张大小"A4"，上下左右边界为默认值。

单击"页面布局"选项卡"页面设置"组"纸张大小"下拉按钮，选择"A4"选项。也可单击"页面布局"选项卡"页面设置"组"对话框启动器"按钮，打开"页面设置"对话框，单击"纸张"选项卡，如图 3.7 所示，在"纸张大小"下拉列表框中选择"A4"选项即可。

上、下、左、右边界默认，不用设置。

步骤 6：自动保存。

Word 2010 提供了自动保存文档的功能，以免在系统死机、停电或其他意外情况下造成数据丢失，尽可能减少损失。系统默认的自动保存时间间隔为 10 分钟，用户也可以自行设置。

单击"文件"选项卡，在打开的 Office 后台视图中执行"选项"命令，打开"Word 选项"对话框，单击"保存"选项卡，如图 3.8 所示。选中"保存自动恢复信息时间间隔"单选按钮，默认设置为"10分钟"。可以设置其他值，单击"确定"按钮。

图 3.7 "页面设置—纸张"对话框   图 3.8 "Word 选项—保存"对话框

步骤 7：关闭文档。

图 3.9 "是否保存"对话框

单击"文件"选项卡，在打开的 Office 后台视图中执行"关闭"命令，Word 2010 会先检查该文档是否已经保存，如果打开的文档已经保存，并且未变更文档内容，就会直接关闭该文档。如果要关闭的文档曾经做过修改且尚未保存，便会显示询问是否保存该文档，如图 3.9 所示，单击"保存"按钮，则系统先进入存盘过程，然后再关闭文档。

步骤 8：退出 Word 2010。

在完成对所有文档的编辑后，要关闭文件，退出 Word 2010 环境。退出 Word 2010 有以下几种方法。

（1）单击"文件"选项卡，在打开的 Office 后台视图中执行"退出"命令。

（2）单击 Word 2010 应用程序窗口右上角的"×"按钮。

（3）按"Alt+F4"组合键。

（4）使用鼠标右键单击"标题栏"，在弹出的快捷菜单中执行"关闭"命令。

（5）使用鼠标右键单击"任务栏"上相应的 Word 图标，在弹出的快捷菜单中执行"关闭"命令，如 Word 2010 同时打开多个应用程序，则执行"关闭所有窗口"命令。

3.2　任务2：制作学院的公用信笺

3.2.1　任务描述

小王在学校办公室工作，领导对以前使用的学院的公用信笺不甚满意，就安排小王重新设计和印刷。

3.2.2　任务目的

■ 学会 Word 2010 文档中字体格式的设置。
■ 学会 Word 2010 文档中段落格式的设置。
■ 学会 Word 2010 文档中页面的设置。
■ 学会 Word 2010 文档中页眉和页脚的设置。
■ 学会 Word 2010 文档中段落边框的设置。

3.2.3　任务要求

具体样式如图 3.10 所示，要求如下。

（1）纸张大小为"A4"，上、下边距为"2.6 厘米"，左、右边距为"3.1 厘米"，方向为"纵向"。

（2）信笺头为"邢台职业技术学院公用信笺"，字体颜色为"红色"，字体为"宋体"，字号为"小二"号，对齐方式为"居中"，字间距为"3 磅"。

（3）每页 30 行，横线为"单线"，颜色为"红色"，宽度为"0.75 磅"。

（4）下方文字"地址：邢台市钢铁路 552 号　邮编：054035 电话：0319-2273009"，字体设置为"宋体"，字号"五号"，对齐方式为"左对齐"。

图 3.10　"学院的公用信笺"样式

3.2.4　操作步骤

步骤 1：创建文档。

（1）启动 Word 2010，自动创建新文档，文档名为"文档 1"。

（2）单击"文件"选项卡，在打开的 Office 后台视图中执行"另存为"命令，弹出"另存为"对话框，如图 3.11 所示。

在"文件名"文本框输入新文件名"邢台职业技术学院"，设置文档名为"邢台职业技术学院.docx"。

在"保存类型"下拉列表框，选择"Word 文档"。

在"左侧"的文件夹选择保存的位置为，本例为 F:盘的/2017jnxl/word2010 文件夹。

步骤 2：页面设置。

（1）单击"页面布局"选项卡"页面设置"组"对话框启动器"按钮，打开"页面设置"对话框，如图 3.12 所示。

（2）单击"页边距"选项卡，在"页边距"栏中设置文字距页面上、下、左、右的位置，在上、下栏里面输入"2.6 厘米"，在内侧、外侧栏里面输入"3.1 厘米"，在"纸张方向"栏单击"纵向"单选按钮。

（3）然后单击"确定"按钮。

步骤 3： 设置页眉"邢台职业技术学院公用信笺"。

（1）单击"插入"选项卡"页眉和页脚"组"页眉"下拉按钮，弹出"页眉"内置格式列表框，如图 3.13 所示，单击其中一种，此时文档处于页眉和页脚编辑状态。此时，"页眉和页脚"上下文选项卡被调出，如图 3.14 所示。

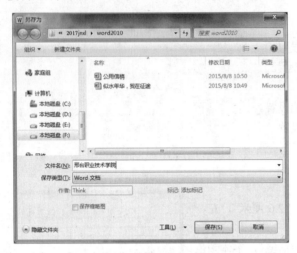
图 3.11　"另存为"对话框

图 3.12　"页面设置"对话框

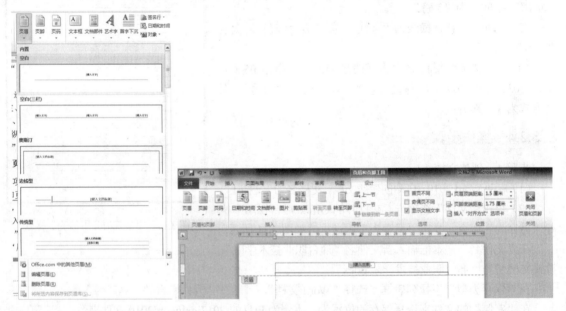

图 3.13　"页眉"内置格式列表　　　　　　图 3.14　"页眉和页脚"上下文选项卡

（2）在"页眉"区"键入文字"处输入"邢台职业技术学院公用信笺"。

（3）通过鼠标拖动选中"邢台职业技术学院公用信笺"文字，或用鼠标三击"邢台职业技术学院公用信笺"的任意文字。

（4）单击"开始"选项卡，在"字体"组"字体"下拉列表选择"字体"，"字号"下拉列表选择

"小二"，"字体颜色"下拉列表框选择"红色"。也可单击"开始"选项卡"字体"组"对话框启动器"按钮，弹出"字体"对话框，在"字体"选项卡中设置"字体"、"字号"、"字体颜色"。

（5）在"字体"对话框，单击"高级"选项卡，在"字符间距"栏中，"间距"下拉列表框选择"加宽"，在"磅值"栏中设置为"3磅"，如图3.15所示。单击"确定"按钮。

（6）单击"开始"选项卡"段落"组"居中"对齐方式，设置页眉的对齐方式。

（7）设置页眉中的下画线。在页眉和页脚编辑状态下，将光标置于"邢台职业技术学院公用信笺"中，单击"页面布局"选项卡"页面背景"组"页面边框"按钮，弹出"边框和底纹"对话框，选中"边框"选项卡，如图3.16所示。

图3.15　"字体－高级"对话框

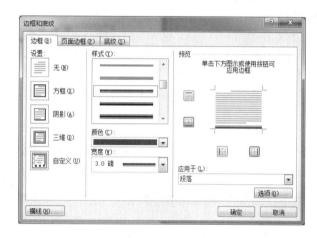

图3.16　"边框和底纹－边框"对话框

在"设置"栏选中"自定义"单选按钮，在"样式"列表框选择所需的样式，在"颜色"下拉列表框选择"红色"，在"宽度"下拉列表框选择"3.0磅"，在"预览"栏只保留下边框，在"应用于"下拉列表框选择"段落"。单击"确定"按钮。

设置完成后如图3.17所示。

图3.17　页眉设置完成

步骤4：设置页脚"地址：邢台市钢铁路552号　邮编：054035　电话：0319-2273009"。

（1）单击"插入"选项卡"页眉和页脚"组"页脚"下拉按钮，弹出"页脚"内置格式列表框，单击其中一种，此时文档处于页眉和页脚编辑状态。此时，"页眉和页脚"上下文选项卡被调出。

（2）在"页脚"区"键入文字"处输入"地址：邢台市钢铁路552号　邮编：054035　电话：0319-2273009"。

（3）选中"地址：邢台市钢铁路552号　邮编：054035　电话：0319-2273009"文字。

（4）单击"开始"选项卡，在"字体"组"字体"下拉列表选择"宋体"，"字号"下拉列表选择

"小五"，"字体颜色"下拉列表框选择"红色"。

（5）单击"开始"选项卡"段落"组"左对齐"对齐方式，设置页脚的对齐方式。

（6）设置页脚的上画线。和设置页眉的下画线相似，在"边框和底纹"对话框"边框"选项卡中，只保留"上边框"。

步骤5：在信笺上添加横线。

（1）单击"页面布局"选项卡"页面设置"组"对话框启动器"按钮，打开"页面设置"对话框，选中"文档网格"选项卡，如图3.18所示。

在"网格"栏选定"只指定行网络"单选按钮，在"行数"栏"每页"框中设定"30"。单击"确定"按钮。

（2）在信笺文档中按"Enter"键，插入30行段落。

（3）在段落2、4、6、8、10、…、28设置段落上下边框，配合"Ctrl"键用鼠标选定段落2、4、6、8、10、…、28。

（4）单击"页面布局"选项卡"页面背景"组"页面边框"按钮，弹出"边框和底纹"对话框，选中"边框"选项卡。

在"设置"栏选中"自定义"，在"样式"列表框选择所需的样式，在"颜色"下拉列表框选择"红色"，在"宽度"下拉列表框选择"0.75磅"，在"预览"栏保留上边框和下边框，在"应用于"下拉列表框选择"段落"，如图3.19所示。单击"确定"按钮。

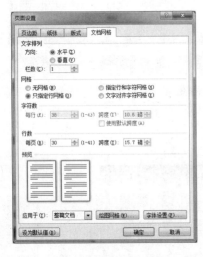
图3.18 "页面设置—文档网格"对话框

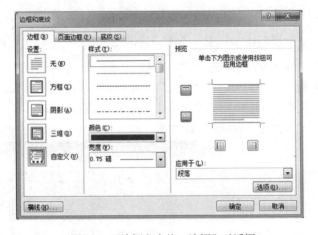
图3.19 "边框和底纹—边框"对话框

步骤6：保存文档并退出。

单击"快速访问工具栏"的"保存"按钮，系统将当前文档存盘。单击Word应用窗口左上角的"关闭"按钮，退出Word应用程序。

3.3 任务3：制作特定文档

3.3.1 任务描述

小王是一家单位的办公室的员工，公司需要经常和各种客户建立联系，比如创建传真、字帖、名片等。

3.3.2　任务目的

Word 2010 提供了多种类型的模板样式，如信函、传真、简历、名片等，用户可以根据已安装的模板文件创建相应类型的文档。除了可以使用 Word 2010 默认安装的模板，还可以自己制作或在线下载模板。

3.3.3　操作步骤

步骤 1：使用已安装的模板创建新文档。

（1）启动 Word 2010，自动创建新文档，文档名为"文档 1"。

（2）单击"文件"选项卡，在打开的 Office 后台视图中执行"新建"命令，在右侧弹出"模板"列表框，如图 3.20 所示。

在"模板"列表框上栏是"可用模板"，下栏是"Office.com"模板。选择所需的模板类型，在随后弹出的模板列表中选择所需的模板，在右边预览模板内容。

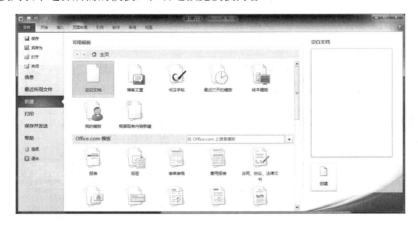

图 3.20　Word 默认模板

单击"创建"按钮，即可依据模板建立文档。

步骤 2：使用 Word 2010 模板创建传真。

在 Word 2010 中使用"模板"对话框，创建传真的步骤如下。

（1）在 Word 2010 应用程序中，单击"文件"选项卡，在打开的 Office 后台视图中执行"新建"命令，在右侧弹出"模板"列表框。

在"Office.com"模板中单击"传真"选项，打开"传真模板"列表框，如图 3.21 所示。在"可用模板"列表框中选择"传真封面页（专业型主题）"选项。

（2）单击"创建"按钮，即可打开以所选模板为模板的文档，如图 3.22 所示。

（3）根据文档中的提示信息输入实际内容，并以"传真"为文件名保存文档，如图 3.23 所示。

说明： 模板中给定的文档结构和格式并不是固定不变的，可以根据需要进行更改或删除。

步骤 3：使用 Word 2010 模板创建名片。

在 Word 2010 中使用"模板"对话框，创建名片的步骤如下。

（1）在 Word 2010 应用程序中，单击"文件"选项卡，在打开的 Office 后台视图中执行"新建"命令，在右侧弹出"模板"列表框。

在"Office.com"模板中单击"名片"选项，单击随之打开的"用于打印"选项，打开"名片模板"列表框。在"可用模板"列表框中选择"名片（横排）"选项，如图 3.24 所示。

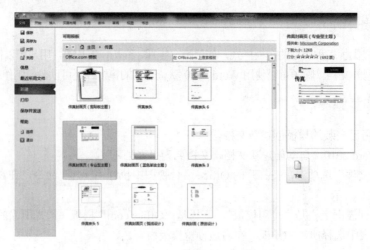

图 3.21　"传真模板"列表框

图 3.22　"传真模板"

图 3.23　根据文档提示信息输入内容

（2）单击"下载"按钮，即在文档页面中出现 10 张名片，如图 3.25 所示。

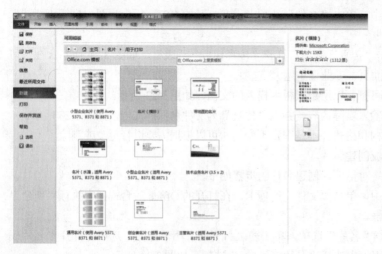

图 3.24　"名片模板"

图 3.25　名片文档

（3）根据文档中的提示信息输入实际内容，并以"名片"为文件名保存文档。

3.4 任务 4：中秋、国庆放假通知安排

3.4.1 任务描述

小王是一家学校办公室的老师，中秋、国庆节快到了，学校要放假需要下发放假通知，同时作息时间执行秋冬季作息时间表。

3.4.2 任务目标

根据上述的要求，制作一份适合学校使用的放假通知。该篇文档中包含的内容有以下几点。
- 选择和修改文本。
- 设置文字格式。
- 设置段落格式。
- 表格操作：如插入表格、表格合并、行高、列宽。
- 制作斜表头。
- 设置段落下画线。
- 文档页面的设置。

3.4.3 任务要求

具体设置要求为：按照文件"2017jnxl/word2010/二〇一七年中秋、国庆放假通知.pdf"的内容，录入文档，样式如文件"2017jnxl/word2010/二〇一七年中秋、国庆放假通知.pdf"。设置格式如下。

（1）页面设置：纸张大小"A4"，上下边距"2厘米"，左右边距"3厘米"。

（2）文字"内部"：字体为"黑体"，字号为"三号"，字形为"加粗"，段落对齐格式为"右对齐"。

（3）文字"邢台职业技术学院（ ）"：字体"仿宋"，字号"一号"，字体颜色"红色"，字形为"加粗"，段落对齐格式为"居中"，段前和段后各为"2.5行"。

（4）文字"通知"：字体为"黑体"，字号为"二号"，字形为"加粗"，字体颜色"黑色"。

（5）文字"邢职办〔2017〕11号"：字体"仿宋"，字号"三号"，段落对齐格式为"居中"，下边框，横线为"单线"，颜色为"红色"，宽度为"1.5磅"。

（6）标题"二〇一七年中秋、国庆放假通知"：字体为"黑体"，字号为"小二"，字形为"加粗"，字间距为"1磅"，段落对齐格式为"居中"，段前和段后各为"1.5行"。

（7）文字"院属各单位："：字体"仿宋"，字号"三号"，段落对齐格式为"左对齐"，首行无缩进。

（8）其他正文文字：字体"仿宋"，字号"三号"，段落对齐格式为"两端对齐"，首行缩进"2字符"，行间距"28磅"。

（9）标题"一、放假安排"、"二、值班要求"、"三、注意事项"：字体"黑体"，字号"三号"，字形为"加粗"，段落对齐格式为"左对齐"，首行缩进"2字符"，段前和段后各"1行"。

（10）文字"邢台职业技术学院"、"二〇一七年九月五日"：字体"仿宋"，字号"三号"，段落对齐格式为"右对齐"，右缩进"4字符"。

（11）文字"主题词：中秋、国庆、放假 、〔2017〕"：字体为"黑体"，字号为"二号"，字形为"加粗"，段落对齐格式为"左对齐"，首行无缩进。段落加下边框，横线为"单线"，颜色为"黑色"，宽

度为"0.75"磅。

（12）文字"邢台职业技术学院办公室印　2017 年 9 月 1 日"：格式同正文文字，段落加下边框，横线为"单线"，颜色为"黑色"，宽度为"0.75 磅"。

（13）文字"（共印 40 份）"：字体"仿宋"，字号"三号"，段落对齐格式为"右对齐"，右缩进"2 字符"。

（14）表格 1，标题"中秋国庆放假期间值班安排"：字体为"黑体"，字号为"二号"，字形为"加粗"，段落对齐格式为"居中"。

表格宽度 14 厘米，第 1、第 3、第 4 列各宽 3 厘米，第 2 列宽 5 厘米。行高 1 厘米。

表格中的文字，字体"仿宋"，字号"三号"，表格中段落对齐格式为"居中"。表格下的文字，字体"仿宋"，字号"三号"，首行缩进"2 字符"，部分文字加粗。

（15）表格 2，标题"作息时间表"：字体为"黑体"、字号为"二号"、字形为"加粗"、段落对齐格式为"居中"。

表格宽度 14 厘米，第 1 列宽 5 厘米，第 2、3 列宽 4.5 厘米。行高 1 厘米。

表格中的文字，字体"仿宋"，字号"三号"，表格中"单位"列段落对齐格式为"居中"，"时间"段落对齐格式为"居中"。

3.4.4　操作步骤

步骤 1：新建文档。

在文件夹"2017jnxl/word2010/"有一文本文件 rw4.txt，为部分素材，可省去一部分录入。也可新建 Word 文档，按照文件"2017jnxl/word2010/二〇一七年中秋、国庆放假通知.pdf"的内容，录入文档。

（1）打开 Word 2010 应用程序。

（2）单击"文件"选项卡，在打开的 office 后台视图中执行"打开"命令，弹出"打开"对话框，如图 3.26 所示。

在"左侧"文件夹区找到"F:/2017jnxl/word2010/"文件夹，在"文件类型"下拉列表框选择"所有文件"即可看到"rw4.txt"，单击"rw4"，再单击"打开"按钮，或直接双击"rw4"，即可打开 rw4 文件。

（3）单击"文件"选项卡，在打开的 Office 后台视图中执行"另存为"命令，弹出"另存为"对话框，如图 3.27 所示。

图 3.26　"打开"对话框

图 3.27　"另存为"对话框

在"文件名"文本框输入新文档名"2017 年中秋、国庆节放假通知"，在"保存类型"下拉列表框选择"Word 文档"。单击"保存"按钮。

步骤 2：设置文字"内部"格式：字体为"黑体"，字号为"三号"，字形为"加粗"，段落对齐格式为"右对齐"。

（1）选定文字"内部"。

（2）单击"开始"选项卡，在"字体"组中"字体"下拉列表框中选择"黑体"，在"字号"下拉列表框选择"三号"，单击"加粗"单选按钮。在"段落"组单击"右对齐"按钮。

步骤 3：设置文字"邢台职业技术学院（　　）"格式：字体"仿宋"，字号"一号"，字体颜色"红色"，字形为"加粗"，段落对齐格式为"居中"，段前和段后各为"2.5 行"。

（1）选定"邢台职业技术学院（　　）"。

（2）单击"开始"选项卡，在"字体"组"字体"下拉列表框选择"仿宋"，在"字号"下拉列表框选择"初号"，单击"加粗"单选按钮，在"字体颜色"下拉列表框选择"红色"。

单击"开始"选项卡"段落"组"对话框启动器"按钮，打开"段落"对话框，如图 3.28 所示。在"常规"栏"对齐方式"下拉列表框选择"居中"，在"间距"栏中"段前"和"段后"框各设定为"2.5 行"。单击"确定"按钮。

步骤 4：设置文字"通知"格式：字体为"黑体"，字号为"二号"，字形为"加粗"，字体颜色"黑色"。

（1）选定"通知"。

（2）单击"开始"选项卡，在"字体"组"字体"下拉列表框选择"黑体"，在"字号"下拉列表框选择"三号"，"字体颜色"下拉列表框选择"黑色"。

步骤 5：设置文字"邢职办〔2017〕11 号"格式：字体"仿宋"，字号"三号"，段落对齐格式为"居中"，下边框，线型"1.5 磅"、"红色"。

（1）选定"邢职办〔2017〕11 号"，用鼠标拖动选定。

（2）单击"开始"选项卡，在"字体"组"字体"下拉列表框选择"仿宋"，在"字号"下拉列表框选择"三号"。

（3）单击"开始"选项卡"段落"组"居中"按钮。

（4）单击"页面布局"选项卡"页面边框"按钮，打开"边框和底纹"对话框，选定"边框"选项卡，如图 3.29 所示。

图 3.28　"段落"对话框

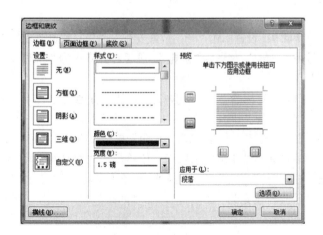

图 3.29　"边框和底纹"对话框

在"设置"栏选中"自定义"，在"样式"列表框选择所需的样式，在"颜色"下拉列表框选择"红色"，在"宽度"下拉列表框选择"1.5磅"，在"预览"栏只保留下边框，在"应用于"下拉列表框选择"段落"，单击"确定"按钮。

步骤6：设置标题"二〇一七年中秋、国庆放假通知"格式：字体为"黑体"，字号为"二号"，字形为"加粗"，字间距为"1磅"，段落对齐格式为"居中"，段前和段后各为"1.5行"。

（1）选定标题"二〇一七年中秋、国庆放假通知"。

（2）单击"开始"选项卡，在"字体"组"字体"下拉列表框选择"黑体"，在"字号"下拉列表框选择"二号"，单击"加粗"单选按钮。

（3）单击"开始"选项卡"字体"组"对话框启动器"按钮，打开"字体"对话框，选定"高级"选项卡，在"字符间距"栏中"间距"下拉列表选择"加宽"，在"磅值"设置为"1磅"。

（4）单击"开始"选项卡"段落"组"对话框启动器"按钮，打开"段落"对话框。在"常规"栏"对齐方式"下拉列表框选择"居中"，在"间距"栏"段前"和"段后"框各设定为"1.5行"。

步骤7：设置其他正文格式：字体"仿宋"，字号"三号"，段落对齐格式为"两端对齐"，首行缩进"2字符"，行间距"28磅"。

（1）选定正文文字，用鼠标拖动选定。

（2）单击"开始"选项卡，在"字体"组"字体"下拉列表框选择"仿宋"，在"字号"下拉列表框选择"三号"。

（3）单击"开始"选项卡"段落"组"对话框启动器"按钮，打开"段落"对话框。在"常规"栏"对齐方式"下拉列表框选择"两端对齐"，在"特殊格式"下拉列表框选择"首行缩进"，在"设定值"栏中设置"2字符"，在"行距"下拉列表框选择"固定值"，在"磅值"框设置为"28磅"，单击"确定"按钮。

步骤8：设置文字"院属各单位："格式：字体"仿宋"，字号"三号"，段落对齐格式为"左对齐"，首行无缩进。

（1）选定文字"院属各单位："。

（2）单击"开始"选项卡，在"字体"组，在"字体"下拉列表框选择"仿宋"，在"字号"下拉列表框选择"三号"。

（3）单击"开始"选项卡"段落"组"对话框启动器"按钮，打开"段落"对话框。在"常规"栏"对齐方式"下拉列表框选择"左对齐"，在"特殊格式"下拉列表框选择"无"，单击"确定"按钮。

步骤9：设置标题"一、放假安排"、"二、值班要求"、"三、注意事项"格式：字体为"黑体"，字号为"三号"，字形为"加粗"，段落对齐格式为"左对齐"，首行缩进"2字符"，段前和段后各"1行"。

（1）选定标题"一、放假安排"，用鼠标拖动选定。

（2）单击"开始"选项卡，在"字体"组，在"字体"下拉列表框选择"黑体"，在"字号"下拉列表框选择"三号"，单击"加粗"单选按钮。

（3）单击"开始"选项卡"段落"组"对话框启动器"按钮，打开"段落"对话框。在"常规"栏"对齐方式"下拉列表框选择"左对齐"，在"特殊格式"下拉列表框选择"首行缩进"，在"磅值"设定为"2字符"，在"间距"栏"段前"和"段后"框各设定为"1行"，单击"确定"按钮。

（4）选定标题"一、放假安排"，用鼠标拖动选定。

（5）单击"开始"选项卡"剪贴板"组"格式刷"按钮。

（6）用"格式刷"刷设置标题"二、值班要求"格式。

（7）用"格式刷"刷设置标题"三、注意事项"格式。

步骤10：设置文字"邢台职业技术学院"、"二〇一七年九月五日"格式：字体"仿宋"，字号"三号"，段落对齐格式为"右对齐"，右缩进"4字符"。

（1）选定文字"邢台职业技术学院"、"二〇一七年九月五日"，用鼠标拖动选定。

（2）单击"开始"选项卡，在"字体"组"字体"下拉列表框选择"仿宋"，在"字号"下拉列表框选择"三号"。

（3）单击"开始"选项卡"段落"组"对话框启动器"按钮，打开"段落"对话框。在"常规"栏"对齐方式"下拉列表框选择"右对齐"，在"缩进"栏"右侧"栏设置为"4字符"。

步骤11：设置文字"主题词：中秋、国庆、放假、〔2017〕"格式：字体为"黑体"，字号为"二号"，字形为"加粗"，段落对齐格式为"左对齐"，首行无缩进。段落加下边框，横线为"单线"，颜色为"黑色"，宽度为"0.75"磅。

设置方法同上。

步骤12：文字"邢台职业技术学院办公室印　　2017年9月1日"：格式同正文文字。段落加下边框，横线为"单线"，颜色为"黑色"，宽度为"0.75"磅。

设置方法同上。

步骤13：文字"（共印40份）"：字体"仿宋"，字号"三号"，段落对齐格式为"右对齐"，右缩进"2字符"。

设置方法同上。

步骤14：设置表格1，标题"中秋国庆放假期间值班安排"格式：字体为"黑体"，字号为"二号"，字形为"加粗"，段落对齐格式为"居中"。

设置方法同上。

步骤15：插入表格，设置表格格式，输入表格中的文字，设置格式。

（1）插入9行4列表格。单击"插入"选项卡"表格"下拉按钮，在弹出下拉菜单中用鼠标拖动插入4×8表格（最多8行），就会在当前光标处插入一个8行4列的表格，如图3.30所示。

图3.30　"插入"表格

或在弹出下拉菜单中执行"插入表格"命令，弹出"插入表格"对话框，如图3.31所示。

（2）将插入点置于表格中任意单元格，此时弹出"表格工具"的"设计"及"布局"上下文选项卡，如图3.32所示。

单击"设计"选项卡，在"表格样式"组选择"普通网格"样式选项。

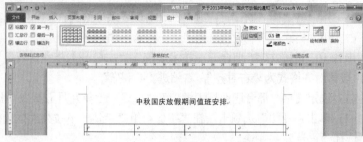

图3.31　"插入表格"对话框　　　　　　　　图3.32　"表格工具"选项卡

（3）刚才插入的表格只有8行4列，将光标置于第8行，单击"表格工具"选项卡"布局"选项卡中"行和列"组"在下方插入"按钮，即可在当前行插入一行，如图3.33所示。

（4）打开"表格属性"对话框，在"表格"选项卡，选定"尺寸"栏"指定宽度"复选框，设置"14厘米"；在"对齐方式"栏选定"居中"；在"文字环绕"栏选定"无"，如图3.34所示。

图3.33　插入行　　　　　　　　　　图3.34　"表格属性－表格"对话框

（5）单击"列"选项卡，选定"第1列"栏下"指定宽度"复选按钮，设置"3厘米"，如图3.35所示。单击"后一列"按钮，在"指定宽度"数字框设置"5厘米"，依次设置第3、第4列。单击"确定"按钮。

（6）打开"表格属性"对话框，单击"行"选项卡，选中"指定高度"复选框，设置"1厘米"，如果在表格中选定多行，则设置的是选定行的行高，如图3.36所示；否则设定的是光标所在的行，通过单击"下一行"按钮继续设置。

图3.35　"表格属性－列"对话框　　　　　图3.36　"表格属性－行"对话框

（7）选择第 3 列第 2～第 4 行单元格，右击，在弹出的快捷菜单中选择"合并单元格"命令，如图 3.37 所示。或在"表格工具"选项卡选择"布局"上下文选项卡，单击"合并"组"合并单元格"按钮，完成单元格合并。

（8）同样完成第 3 列第 5～第 7 行单元格、第 3 列第 8～第 9 行单元格和第 4 列第 2～第 9 行单元格的合并。

（9）在表格中输入文字。

（10）选择整个表格，单击"开始"选项卡"段落"组"居中"按钮。或对每一列设置"居中"。

（11）设置合并后单元格的垂直居中对齐。右击合并后单元格，在弹出的快捷菜单中选择"单元格对齐方式"下拉菜单中的"水平居中"命令，或在"表格工具"选项卡选择"布局"上下文选项卡，单击"对齐方式"组"水平居中"按钮，如图 3.38 所示。

图 3.37　合并单元格

图 3.38　设置单元格对齐方式

步骤 16： 设置表格下方文字的格式。（略）

步骤 17： 插入分页符。

表格 2"作息时间表"位于下一页，将光标置于本页末尾，单击"插入"选项卡"页"组"分页"按钮。

步骤 18： 设置表格 2，标题"作息时间表"格式：字体为"黑体"，字号为"二号"，字形为"加粗"，段落对齐格式为"居中"。（略）

步骤 19： 插入表格，设置表格格式，输入表格中的文字，设置格式。

（1）插入 21 行 3 列表格。单击"插入"选项卡"表格"下拉按钮，在弹出的下拉菜单中用鼠标拖动插入 3×8 表格（此处最多 8 行），就会在当前光标处插入一个 8 行 3 列的表格。或在"插入表格"对话框中设置，在"表格尺寸"栏中"列数"框中设置为"3"，"行数"框中设置为"21"。

（2）将插入点置于表格中任意单元格，此时弹出"表格工具"的"设计"及"布局"上下文选项卡。

单击"设计"选项卡，在"表格样式"组选择"普通网格"样式选项。

打开"表格属性"对话框，在"表格"选项卡，选定"尺寸"栏"指定宽度"复选按钮，设置"14厘米"，在"对齐方式"栏选定"居中"，在"文字环绕"栏选定"无"。

（3）设置表格宽度 14 厘米，第 1 列宽 5 厘米，第 2、第 3 列宽 4.5 厘米。行高 1 厘米。方法同上。

（4）用鼠标拖动选择第 1 列第 1、第 2 行的单元格，单击"表格工具"选项卡中"布局"选项卡"合并"组"合并单元格"按钮。

用同样的方法将第 1 行第 2、第 3 列的单元格、第 5 行第 1～第 3 列的单元格、第 12 行第 1～第

3 列的单元格、第 18 行第 1～第 3 列的单元格合并。

（5）绘制斜表头。要绘制多条斜线的话，只能手动画。

① 单击"插入"选项卡"插图"组"形状"下拉按钮，打开"插入元素"列表框，如图 3.39 所示。

② 直接到表头上去画，根据需要，画相应的斜线即可。

③ 画好之后，依次输入相应的表头文字，通过空格与回车移动到合适的位置，如图 3.40 所示。

说明：添加一条斜线表头，把光标停留在需要斜线的单元格中，单击"表格工具"选项卡的"设计"选项卡"表格样式"组"边框"下拉按钮，在"边框"列表框中选择"斜下框线"选项，如图 3.41 所示。这样，就把一条斜线的表头绘制好，然后，依次输入表头的文字，通过空格和回车移动到适当的位置。

（6）输入表格中单元格的文字。

（7）设置表格中的文字居中。选中表格中的文字，将"表格工具"中的"布局"选项卡中"对齐方式"设置为"水平居中"。

步骤 20：保存文档并退出。

单击"快速访问工具栏"的"保存"按钮，系统将当前文档存盘。单击"Word 2010"应用窗口右上角的"关闭"按钮，退出 Word 2010 应用程序。

图 3.39　"形状"列表框　　　图 3.40　多条斜线表头　　　图 3.41　边框列表框

3.5　任务 5：制作感谢信

3.5.1　任务描述

小王是一家 IT 公司的员工，临近年底，公司计划为客户制作一封感谢信，于是让小王完成一份感谢信的排版工作。

3.5.2　任务目标

根据上述的要求，制作一份感谢。样式如文件"2017jnxl/word2010/感谢信.pdf"。该篇文档中包含的内容有以下几点。

- 插入图片并调整图片的位置、大小和样式。
- 绘制和编辑图形。
- 插入或绘制文本框，输入文字并编辑文本框。
- 插入并编辑艺术字。
- 调整各对象在页面中的位置，以达到和谐美观。
- 输入文本，选择和修改文本。
- 设置文字格式，设置段落格式。
- 插入并编辑 SmartArt 图形。
- 文档页面的设置。

3.5.3 制作过程

步骤 1：新建文档。

每次进入 Word 2010 编辑环境时，Word 都会自动生成一个以通用模板"Normal.dot"为基准模板的新文档。通常这个文档的默认名为"文档 1.doc"，在保存时也可按照需要更改它的名称。保存文件名为"感谢信.docx"。

步骤 2：页面设置。

单击"页面布局"选项卡"页面设置"组的"对话框启动器"按钮，打开"页面设置"对话框，设置纸张大小为"A4"，上下边距为"2.54 厘米"，左右边距为"3.18 厘米"。

步骤 3：插入文本框，设置艺术字。

（1）将光标定位到文档开始处，插入五六个空行，再次将光标定位到文档开始处，单击"插入"选项卡"文本"组"艺术字"按钮，在"艺术字"列表框选择"填充-红色，强调文字颜色 2，暖色粗糙棱台"选项，在"艺术字"框中输入"感谢信"，如图 3.42 所示。

（2）选择"感谢信"文本，设置字体为"黑体"，字号为"初号"，字形"加粗"。

（3）单击"感谢信"文本，单击"绘图工具"选项卡"格式"上下文选项卡，单击"艺术字样式"组"文本填充"下拉按钮，在打开的"文本填充"列表框选择"渐变"下拉菜单中"其他渐变"选项，如图 3.43 所示。打开"设置文本效果格式"对话框，选择"渐变填充"单选按钮，在"预设颜色"下拉列表框中选择"彩虹出岫"选项，如图 3.44 所示。

  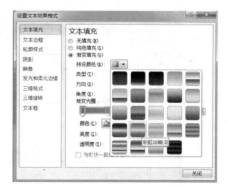

图 3.42 "艺术字"列表框　　图 3.43 "文本填充"列表框　　图 3.44 "设置文本效果格式"对话框

（4）单击"感谢信"文本，单击"绘图工具"选项卡"格式"上下文选项卡，单击"艺术字样式"组"文本效果"下拉按钮，在打开的"文本效果"列表框选择"转换"下拉菜单中"腰鼓"选项，如

图 3.45 所示。

　　步骤 4：插入图片"Thank You"。

　　（1）单击"插入"选项卡"插图"组"图片"按钮，打开"插入图片"对话框，将当前文件夹改为"F:/2017jnxl/word2010"，单击"Thank You"文件，单击"插入"按钮，如图 3.46 所示。图片文件"Thank You"就插入到文档中了。

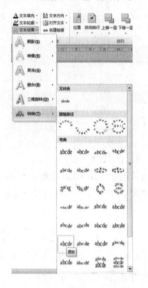

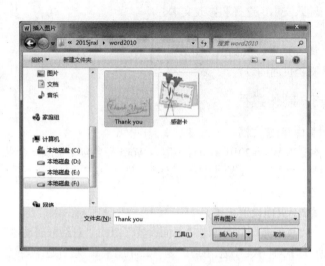

图 3.45　"文本效果"列表框　　　　　　　图 3.46　"插入图片"对话框

　　（2）右击图片，在弹出的快捷菜单中选择"位置和大小"选项，打开"布局"对话框，选中"文字环绕"选项卡，选中图形的环绕方式为"四周型"，如图 3.47 所示。

　　步骤 5：插入形状。

　　（1）单击"插入"选项卡"插图"组"形状"下拉按钮，在"形状"列表框"星和旗帜"组选择"横卷形"选项，如图 3.48 所示。

图 3.47　"文字环绕"选项卡　　　　　　图 3.48　"插入形状"列表框

（2）用鼠标在文档中插入"横卷形"旗帜，拉动到合适的大小，如图3.49所示。

（3）用鼠标右击插入的图形，在弹出的快捷菜单中选择"设置形状格式"选项，打开"设置形状格式"对话框，如图3.50所示。

图3.49 插入"横卷形"旗帜   图3.50 "设置形状格式"对话框

单击"填充"选项卡，选中"纯色填充"单选按钮，在"颜色"下拉列表框中选择"白色"选项，单击"关闭"按钮。

单击"线条颜色"选项卡，选中"实线"单选按钮，在"颜色"下拉列表框中选择"橄榄色"选项，如图3.51所示，单击"关闭"按钮。

单击"线型"选项卡，在"宽度"数字列表框选择"2磅"，如图3.52所示，单击"关闭"按钮。

图3.51 "设置形状格式－线条颜色"对话框   图3.52 "设置形状格式－线型"对话框

步骤6：在"横卷形"旗帜中插入文字。

（1）右击插入的图形"横卷形"旗帜，在弹出的快捷菜单中选择"添加文字"选项，如图3.53所示。在"横卷形"旗帜中增加了光标插入点。

（2）输入文字。用"复制"、"粘贴"的方法将文字复制过来。

（3）选择"横卷形"旗帜中的文字，设置字体、字形、字号等字体格式，段落对齐方式、首行缩进、行间距等段落格式。

说明： 可以用鼠标拖动改变"横卷形"旗帜的高度和宽度。也可以用鼠标右击"横卷形"旗帜，在弹出的快捷菜单中选择"其他布局选项"选项，打开"布局"对话框，单击"大小"选项卡，设置高度和宽度，如图3.54所示。

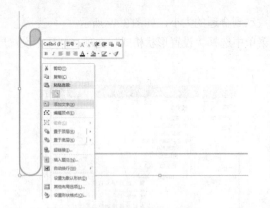

图 3.53   图形右击菜单   图 3.54   "布局—大小"对话框

步骤 7：插入感谢卡图片。

（1）单击"插入"选项卡"插图"组"图片"按钮，打开"插入图片"对话框，将当前文件夹改为"F:/2017jnxl/word2010"，单击"感谢卡"文件，单击"插入"按钮。图片文件"感谢卡"就插入到文档中。

（2）设置"感谢卡"的文字环绕方式。右击图片，在弹出的快捷菜单中选择"位置和大小"选项，打开"布局"对话框，选中"文字环绕"选项卡，选中图形的环绕方式为"四周形"。

（3）拖动图形"感谢卡"到合适的位置。右击图片，在弹出的快捷菜单中选择"置于顶层"下拉菜单中"置于顶层"选项，如图 3.55 所示。

步骤 8：保存文档并退出。

3.5.4   扩展知识：图形对象操作技巧

在 Word 文档中编辑图片时，用户若想进行简单的抠图操作，无须启动 Photoshop 等专业的图形图像软件，只需使用 Word 就能对其进行操作处理。

1. 移除图片背景

在编辑图片过程中若只想用其中的部分图像，可以用 Word 2010 中的"删除背景"功能对图片进行处理。

例如，在编辑 Word 文档的过程中，打开"页面设置"对话框，然后使用 Windows 的屏幕复制按钮"PrtSc"，将屏幕复制到剪贴板中，单击"插入"选项卡的"粘贴"按钮，将剪贴板中的内容粘贴到文档中，如图 3.56 所示。

（1）单击选中"图片"，单击"图片工具"中"格式"上下文选项卡，单击"调整"组"删除背景"按钮。

（2）图中即可出现 8 个图形控制框，用于调节图像范围，如图 3.57 所示，需保留图像以高亮显示，需删除图像则被紫色覆盖。用鼠标拖动图形控制框的边框到保留图像的边框，如图 3.58 所示。

（3）系统自动弹出"背景消除"窗口，如图 3.59 所示。单击"标记要保留的区域"按钮，当光标变为笔状时，单击要保留的图像使其呈高亮显示。

（4）设置完要删除的图像内容，单击"保留更改"按钮即可删除背景图像，如图 3.60 所示。

2. 提取文档中的图片

在 Word 2010 中可将文档中的图片、剪贴画保存为单独的图片文件。操作方法是：在图片或剪贴画上单击鼠标右键，在弹出的快捷菜单中选择"另存为图片"命令，如图 3.61 所示。打开"保存文件"对话框，如图 3.62 所示。

图 3.55　图形的叠放　　　　　　　　图 3.56　Windows 屏幕抓图

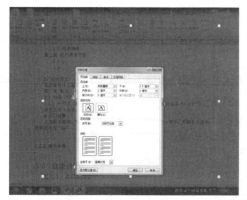

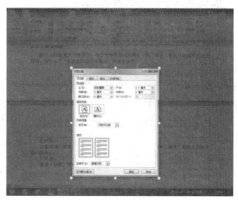

图 3.57　图像控制框　　　　　　　　图 3.58　保留图像

图 3.59　"背景消除"窗口　　　　　　图 3.60　最终效果

在左侧"组织"框选择文件保存位置，在"保存类型"下拉列表框中选择图形文件类型，如选择"JPEG 文件交换格式"选项。

在"文件名"文本框中输入文件名"页面设置"，单击"保存"按钮完成。

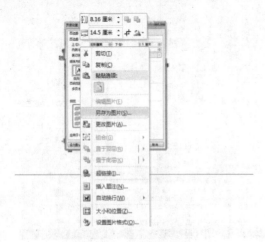

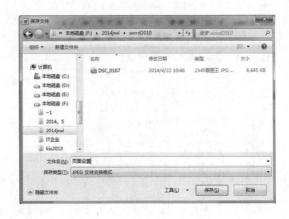

图 3.61 右键快捷菜单　　　　　　　　　图 3.62 "保存文件"对话框

3. 提取文档中所有图片为文件

若文档中需提取的图片很多，可将所有图片提取到一个文件夹中，以方便用户快速查找图片。

打开要提取图片的文档，单击"文件"选项卡，在打开的 Office 后台视图中执行"另存为"命令，弹出"另存为"对话框。

在左侧"组织"框选择文件保存位置，在"文件名"文本框中输入文件名，在"保存类型"下拉列表框中选择文件类型，选择"网页"选项，如图 3.63 所示。单击"保存"按钮完成。

打开文件保存位置的文件夹，其中包含一个同名的文件夹与一个.htm 文件。Word 2010 文档中的所有图片都保存在这个文件夹中，如图 3.64 所示。

图 3.63 "另存为"对话框　　　　　　　　图 3.64 保存后的文件夹

4. 将图片裁剪为形状

在编辑 Word 2010 文档时，为了使图片更美观且好排列，可以用 Word 自带的基本形状对图片进行裁剪。

（1）要在图 3.56 中剪掉多余的部分。单击选中图片，然后单击"图片工具"中"格式"上下文选项卡"大小"组"裁剪"下拉按钮，在弹出的快捷菜单中选择"裁剪为形状"选项，在弹出的下拉列表的"基本形状"栏中选择"椭圆"选项，如图 3.65 所示。

（2）裁剪后的效果如图 3.66 所示。

图 3.65　"裁剪为形状"列表框　　　　　图 3.66　裁剪为椭圆形后效果

5. 设置图片组合

将多个图片组合在一起既便于文档的编辑，又增强了文档的趣味性，美化了版面。

（1）新建 Word 文档。

（2）插入两个图形文件，分别设置两个图形的文字环绕方式为"四周型环绕"。右击图形，在弹出的快捷菜单中选择"位置和大小"选项，打开"布局"对话框，选择"文字环绕"选项卡，选中"四周型"选项，或单击"图片工具"中"格式"上下文选项卡"排列"组"自动换行"下拉按钮，在弹出的下拉列表中选择"四周型环绕"选项。

（3）选中两个图片。选中一个图片，按住"Shift"键，再单击另一个图片。右击图片，在弹出的快捷菜单中选择"组合"下列菜单中"组合"命令，如图 3.67 所示。

图 3.67　"组合"命令

3.6　任务 6：毕业论文排版

3.6.1　任务描述

学生小张就要大学毕业了，他在大学要完成的最后一项"作业"就是对毕业论文进行排版。学校关于"毕业生毕业论文格式"的要求如下。

1. 封面

封面内容包括姓名、专业班级、论文名称和指导老师，请使用黑色钢笔认真填写在论文的封面上。

2. 目录

目录（标题，居中，小二，宋体，段前和段后各 1.5 行）

第一章　选题背景（黑体，四号，段前和段后各 1 行）

　1.1　课题概述

1.2 技术背景

第二章 用户需求分析

2.1

2.2

3. 论文正文

正文章节分三级标题：

第一章 章名（标题1，黑体，四号，段前和段后各1行）

1.1 节名（标题2，黑体，五号，段前和段后各0.5行）

1.1.1 小节名（标题3，首行缩进2字符，黑体，五号，段前和段后各0.5行）

论文正文（五号，仿宋，采用1.25倍行距）

4. 页面设置

上边距3厘米，下边距2.5厘米，左右边距2.2厘米，页眉2.8厘米，页脚2.2厘米，纸张大小为"A4"。

3.6.2 任务目标

根据上述的要求，毕业论文排版。样文为"/2017jnxl/word2010/毕业论文.pdf"，该篇文档中包含的内容有以下几点。

- 插入图片并调整图片的位置、大小、样式。
- 页面设置。
- 将定义好的各种样式分别应用于论文的各级标题、正文。
- 利用具有大纲级别的标题为毕业论文添加目录。
- 设置页眉和页脚。
- 浏览修改、打印浏览。
- 插入并编辑艺术字。
- 设置文字格式，设置段落格式。
- 文档页面的设置。

3.6.3 制作过程

步骤1：打开素材，保存文档。

进入Word 2010编辑环境时，打开"/2017jnxl/word2010/毕业论文（素材）.docx"，另存文件名为"毕业论文.docx"。

步骤2：页面设置。

设置毕业论文的页面格式为：上边距3厘米，下边距2.5厘米，左右边距2.2厘米；页眉2.8厘米，页脚2.2厘米；纸张大小为"A4"。

单击"页面布局"选项卡"页面设置"组的"对话框启动器"按钮，打开"页面设置"对话框。

在"纸张"选项卡，"纸张大小"下拉列表框选择纸张大小为"A4"。

在"页边距"选项卡，设置上边距3厘米，下边距2.5厘米，左右边距2.2厘米。

在"版式"选项卡，设置页眉2.8厘米，页脚2.2厘米。同时选中"奇偶页不同"和"首页不同"复选框。

步骤3：属性设置。

文档属性有助于了解文档的有关信息，如文档的标题、作者、文件长度、创建日期、最后修改日期、统计信息等。

本项目中文档属性设置为：

标题："大学生社会适应能力调查研究"；

作者：自己的学号＋姓名（同学们自己的真实信息）；

单位：所在系、班级。

（1）单击"文件"选项卡，在打开的 Office 后台视图中单击"信息"选项，在窗口的右侧显示文档属性，选择"属性"下拉列表框中的"高级属性"选项，如图 3.68 所示。

（2）打开"毕业论文 属性"对话框，单击"摘要"选项卡，如图 3.69 所示，分别在"标题"、"作者"、"单位"文本框中填入文档的标题、作者和单位等信息。

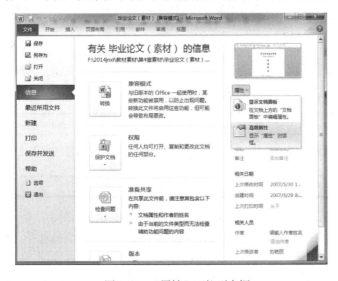

图 3.68　"属性"下拉列表框　　　　　　　图 3.69　"文档属性"对话框

步骤 4：使用样式。

样式有内置样式和新建样式，并且样式可以修改。

1. 应用内置样式

将素材中字体颜色为"橙色"文字（章名）应用"标题 1"，字体颜色为"蓝色"的文字（节名）应用"标题 2"，字体颜色为"橄榄色"（小节名）应用"标题 3"。

（1）单击"开始"选项卡"样式"组"对话框启动器"按钮，打开"样式"窗口，如图 3.70 所示。

（2）选择文档中任意处的红色文字或将插入点置于红色文字所在段落的任意位置，单击"样式"列表框"橙色"下拉按钮，选择"选择所有 6 个实例"选项，此时文档中所有橙色文字部分全部被选中，再单击"样式"列表框中"标题 1"选项，则所有的橙色文字（章名）全部应用了"标题 1"的样式。

（3）当鼠标指向"样式"列表框中"标题 1"选项时，可以看到"标题 1"应用了一组格式：二号、加粗、段前 17 磅、段后 16.5 磅等，如图 3.71 所示。

（4）用相同的方法将论文中的所有节名（蓝色）全部应用为"标题 2"样式，将论文中的所有小节名（橄榄色）全部应用为"标题 3"样式。

2. 修改样式

当 Word 2010 的内置样式不能满足实际要求时，就需要对内置样式进行修改，具体要求如表 3.1 所示。

图 3.70 "样式"下拉列表框

图 3.71 "样式"格式

表 3.1 修改 Word 内置样式

样 式 名 称	字 体 格 式	段 落 格 式
标题 1	黑体、加粗、黑色、四号	段前、段后 1 行，单倍行距，首行缩进 2 字符
标题 2	黑体、加粗、黑色、小四号	段前、段后 0.5 行，单倍行距，首行缩进 2 字符
标题 3	华文中宋、加粗、黑色、小四号	段前、段后 0.5 行，1.25 倍行距，首行缩进 2 字符

（1）打开"样式"窗口，单击样式"标题 1"右侧下拉按钮，选择"修改"选项，如图 3.72 所示。

（2）打开"修改样式"对话框，在"格式"下拉列表框选择"黑色"，字号下拉列表框选择"五号"，单击"加粗"按钮，如图 3.73 所示。

（3）单击"格式"下拉按钮，选择"字体"选项，打开"字体"对话框，设置字体格式。选择"段落"选项，打开"段落"对话框，设置段前、段后 1 行，单倍行距，首行缩进 2 字符。

（4）用同样的方法修改标题 2、标题 3 的样式。

图 3.72 "样式"下拉列表框

图 3.73 "修改样式"对话框

3. 新建样式

（1）新建样式"论文正文"，要求如下：五号、仿宋、多倍行距 1.25、首行缩进 2 字符。

① 选中一段正文，设置字体格式和段落格式为：五号、仿宋、多倍行距 1.25、首行缩进 2 字符。

② 右击，在弹出的快捷菜单中执行"样式"→"将所选内容保存为新快速样式"命令，如图 3.74 所示。

③ 打开"根据格式设置创建新样式"对话框，如图 3.75 所示，在"名称"文本框输入新样式的

名称"论文正文"。

图 3.74　"将所选内容保存为新快速样式"命令　　图 3.75　"根据格式设置创建新样式"对话框

④ 如果在定义新样式的同时，还希望针对该样式进行进一步定义，则可以单击"修改"按钮，打开"根据格式设置创建新样式"对话框，如图 3.76 所示。

在"名称"文本框输入"论文正文"，在"样式类型"下拉列表框选择"段落"，在"样式基准"下拉列表框选择"正文"，在"格式"组设置字体、字号、字形、颜色等。

单击"格式"按钮，分别设置该样式的字体、段落、边框、编号、文字效果、快捷键等。

⑤ 单击"确定"按钮，新定义的样式会出现在快速样式库中，并可以根据该样式快速调整文本或段落的格式。

（2）自定义 Word 样式。导论、结束语、参考文献、致谢等名称和章名一样，出现在目录中，但又不带有章节编号，可为这些内容专门定义一个样式。

① 单击"开始"选项卡"样式"组"对话框启动器"按钮，打开"样式"窗口。

② 单击下方"新建样式"按钮，打开"根据格式设置创建新样式"对话框。

在"名称"文本框输入"导论"，在"样式类型"下拉列表框选择"段落"，在"样式基准"下拉列表框选择"标题 1"，在"后续段落样式"下拉列表框选择"正文"，在"格式"组设置字体、字号、字形、颜色等。

③ 单击"格式"按钮弹出的菜单中选择"编号"选项，打开"编号和项目符号"对话框，如图 3.77 所示。在"编号库"列表框选择"无"，从而取消新建样式的"编号"设置。

图 3.76　"根据格式设置创建新样式"对话框　　图 3.77　"编号和项目符号"对话框

④ 快速定位到"第一章 导论"，在"样式"窗口单击"导论"样式，标题"导论"前面的编号就没有了。

⑤ 用同样的方法将新建样式"导论"应用到结束语、参考文献、致谢。

4. 使用多级编号

本毕业论文篇幅较长，需要使用多种级别的标题编号，如第一章、1.1、1.1.1 或一、（一）、1、（1）等。如果是手工加入编号，一旦对章节进行了增删或移动，就需要修改相应的编号。这时可以用自动设置多级编号的方法来实现，设置要求如表 3.2 所示。

表 3.2　标题样式与对应的编号格式

样 式 名 称	多 级 编 号	编 号 位 置	文 字 位 置
标题 1	第一章、第二章、第三章…	左对齐、0 厘米	
标题 2	1.1、1.2、1.3…	左对齐、0 厘米	
标题 3	1.1.1、1.1.2、1.1.3…	左对齐、0 厘米	

（1）单击"开始"选项卡"段落"组"多级列表"下拉按钮，弹出"多级列表"列表库，如图 3.78 所示。选择"定义新的多级列表"选项，打开"定义新多级列表"对话框，如图 3.79 所示。

图 3.78　"多级列表"列表库　　　　图 3.79　"定义新多级列表"对话框

（2）定义"标题 1"对应编号。在"单击要修改的级别"中选择"1"，在"输入编号的格式"文本框中输入"第一章"；在"此级别的编号样式"列表框中选择"一、二、三（简）…"；在"编号对齐方式"下拉列表框选择"左对齐"，在"对齐位置"数字框设置"0 厘米"；在"文本缩进位置"数字框中设置"0.75 厘米"。

（3）定义"标题 2"对应编号。单击"更多"按钮，如图 3.80 所示。在"单击要修改的级别"中选择"2"，在"包含的级别编号来自"下拉列表框选择"级别 1"，此时在"输入编号的格式"文本框中出现"一"，表明它与级别 1 的编号一致。

在"输入编号的格式"文本框中"一"的后面输入"."作为级别1与级别2的分隔符，这时"编号格式"文本框中出现"一."。

单击"此级别的编号样式"下拉按钮，在下拉列表框中选择"1，2，3，…"，表明它是"级别2"本身的编号，此时"输入编号的格式"文本框中为"一.1"。

选中"正规形式编号"复选框，编号格式"一.1"变为"1.1"的形式。单击"确定"按钮。

（4）定义"标题3"对应编号。

① 单击"更多"按钮，在"单击要修改的级别"中选择"3"，同"标题2"操作，编号格式"一.1"变为"1.1"的形式。

② 在"输入编号的格式"文本框中"1.1"的后面输入"."作为级别2与级别3的分隔符，这时"编号格式"文本框中出现"1.1."。单击"此级别的编号样式"下拉按钮，在下拉列表框中选择"1，2，3，…"，表明它是"级别3"本身的编号，此时"输入编号的格式"文本框中为"1.1.1"。

在"单击要修改的级别"中选择"3"，在"输入编号的格式"文本框中输入"1.1.1"；在"此级别的编号样式"列表框中选择"1，2，3，…"；在"编号对齐方式"下拉列表框选择"左对齐"，在"对齐位置"数字框设置"0.7厘米"；在"文本缩进位置"数字框设置"2.8厘米"，如图3.81所示。单击"确定"按钮。

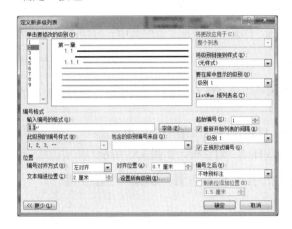

图 3.80 "标题2"对应编号

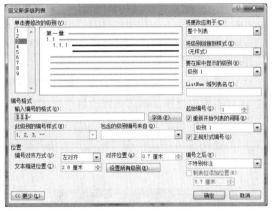

图 3.81 "标题3"对应编号

在编号格式"1.1.1"中，第1个"1"表示随"级别1"变化，第2个"1"表示随"级别2"变化，第3个"1"表示随"级别3"变化。

步骤5：添加目录。

1. 生成目录

目录是长文档必不可少的组成部分，由文章的标题和页码组成。在完成样式和多级编号设置的基础上，巧用样式可以快速生成目录。

（1）将插入点置于"导论"之前的空行，输入文本"目录"，并按回车键，此时插入点仍然位于"导论"之前。

（2）单击"引用"选项卡"目录"组"目录"选项下拉按钮，打开"内置"目录列表，选择"插入目录"选项，如图3.82所示。

（3）打开"目录"对话框，选中"目录"选项卡，如图3.83所示。

在"显示级别"下拉列表框中选择"3"，表明目录中只含有"标题1"、"标题2"和"标题3"三级标题。

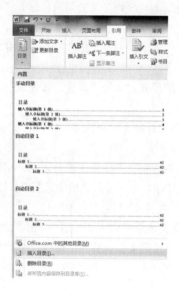

图 3.82　"内置"目录列表

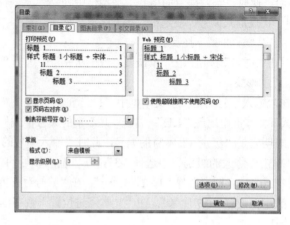

图 3.83　"目录"对话框

（4）单击"修改"按钮，打开"样式"对话框，在"样式"列表框中选中其中一种样式，在对话框下方显示目录的字体、段落等格式，如图 3.84 所示。

2. 修改目录样式

如果要对生成的目录格式做统一修改，和普通文本的格式设置方法一样。如果要分别对目录中的标题进行不同的设置，则需要修改目录样式。

下面以将"目录 1"修改为"黑体，四号，段前、后各 0.5 行，单倍行距"为例。

（1）在图 3.84 中，单击"修改"按钮，打开"修改样式"对话框，如图 3.85 所示。

图 3.84　"样式"对话框

图 3.85　"修改样式"对话框

（2）单击"格式"按钮，选择"字体"设置字体格式，选择"段落"设置段落格式。

3. 使用自定义样式创建目录

用户可以将自定义样式应用于标题。

（1）同前文操作打开"目录"对话框，选中"目录"选项卡，单击"选项"按钮，打开"目录选项"对话框，如图 3.86 所示。如果仅使用自定义样式，则可删除内置样式的"目录级别"框中的数字。

（2）拖动"有效样式"列表框的"滑块"，找到自定义的样式，设置"目录级别"。可以输入 1 到 9 中的一个数字，以指定希望标题样式代表的目录级别，如图 3.87 所示。

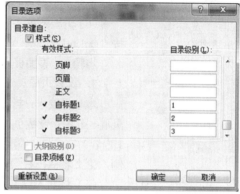

图 3.86 "目录选项"对话框　　图 3.87 指定标题样式代表的目录级别

（3）单击"确定"按钮，返回再单击"确定"按钮。

步骤 6：插入分节符。

我们在阅读一本书时，通常会发现前言、目录、正文等部分设置了不同的页眉和页脚，如封面、目录等部分没有页眉，而正文部分设置了奇偶页不同的页眉页脚；目录部分的页码编号的格式为"Ⅰ、Ⅱ，Ⅲ，…"，而正文部分的页码编号的格式为"1，2，3，…"。如果直接设置页眉页脚，则所有的页眉页脚都是一样的，要设置不同的页眉和页脚就需要使用"分节符"。

"分节符"是为表示"节"结束而插入的标记。利用分节符可以把文档划分为若干个"节"，每个分节为一个相对独立的部分，从而可以在不同的"节"中设置不同的页面格式，如不同的页眉和页脚、不同的页边距、不同的背景图片等。

在本项目中，在目录、导论之前分别插入"分节符"，将论文分为封面和摘要、目录和导论之后等 3 节，如图 3.88 所示。

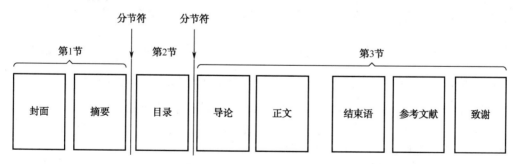

图 3.88 插入"分节符"图示

（1）将视图切换到"页面视图"下。

（2）将插入点放在"目录"文字的前面，单击"页面布局"选项卡"页面设置"组"分隔符"下拉按钮，弹出"分节符"列表框，如图 3.89 所示。

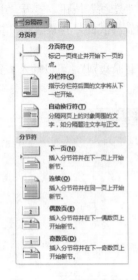

图 3.89　"分隔符"列表

（3）在"分节符"组选择"下一页"选项，分节符就出现在插入点之前，同时 Word 状态栏中节号由原来的"1 节"变为了"2 节"。

（4）在"第一章　导论"之前插入一个"分节符"。

（5）在"中文摘要"和"英文摘要"之前各插入一个"分页符"，保证"中文摘要"和"英文摘要"在同一节不同页中。

说明：分页符是单虚线，分节符是双虚线。

（6）若要删除多余的分页符或分节符，先选中分页符或分节符，然后按"Delete"键。

步骤 7：添加页眉。

1. 设置页眉

本项目要求：封面、摘要和目录页上没有页眉；从论文正文开始设置页眉，其中：奇数页的页眉为论文名称在左侧，章名（标题 1 编号＋标题 1 内容）在右侧；偶数页的页眉为章名（标题 1 编号＋标题 1 内容）在左侧，论文名称在右侧。

（1）将插入点置于论文正文所在的"节"中，本项目为第 3 节。

（2）单击"插入"选项卡"页眉和页脚"组"页眉"下拉按钮，弹出"页眉"内置样式列表，如图 3.90 所示。选择样式"空白"选项，进入页眉页脚编辑状态。系统自动出现"页眉和页脚工具"上下文选项卡，如图 3.91 所示。

图 3.90　"内置页眉"列表

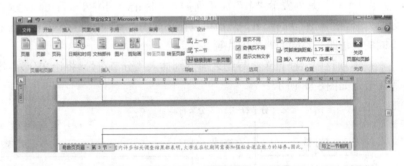

图 3.91　设置页眉

（3）单击"设计"选项卡，选中"首页不同"和"奇偶页不同"复选框。

（4）单击"链接到前一条页眉"，当该按钮弹起时，页面右上角"与上一节相同"的字样消失，此时断开了第 3 节的奇数页与第 2 节奇数页页眉的链接。

（5）按要求在奇数页上输入页眉的内容。

① 单击"开始"选项卡"段落"组"两段对齐"选项。

② 单击"插入"选项卡"文本"组"文档部件"下拉按钮，选择"域"选项。

③ 打开"域"对话框，如图 3.92 所示。在"类别"下拉列表框选择"链接和引用"，在"域名"列表框选择"StyleRef"，在"样式名"列表框选择"标题 1"，选中"插入段落编号"复选框，单击"确

定"按钮。可以看到在奇数页页眉的左端显示章名（标题1编号＋标题1内容）。

④ 按"Tab"键，将插入点移动到页眉右侧，打开"域"对话框，在"类别"下拉列表框选择"文档信息"，在"域名"列表框选择"Title"，单击"确定"按钮，如图3.93所示。可以看到在奇数页页眉的右端显示论文名称"大学生社会适应能力调查研究"。

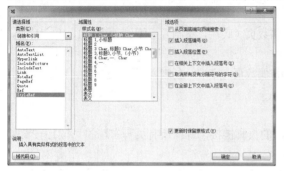
图3.92　"域"对话框插入"标题1"样式

图3.93　"域"对话框插入文档标题

（6）将插入点移动到论文正文偶数页，按照前面的步骤设置偶数页的页眉。

2. 修改页眉的样式

页眉样式是 Word 提供的内置样式，用户可以修改页眉默认的样式。

（1）选中页眉中的文字，可以设置字体格式和段落格式。

（2）选中页眉中文字，单击"页面布局"选项卡"页面背景"组"页面边框"按钮，打开"边框和底纹"对话框，选中"边框"选项卡，如图3.94所示。

在"样式"列表框中选择线型，在"颜色"下拉列表框选择线条的颜色，在"宽度"下拉列表框选择线条的宽度，在"预览"区域单击相应的4个边框按钮，在"应用于"下拉列表框选择"段落"。单击"确定"按钮完成设置。随即看到相应的页眉的底线发生了变化。

说明：如果要去掉页眉中的横线，可以采用以下办法：在图3.94所示的"边框和底纹"对话框中，在"设置"区域选择"无"选项。

3. 调整页眉的位置

（1）将插入点置于论文正文所在的节。

（2）打开"页面设置"对话框，选中"版式"选项卡，设置"页眉"距边界的距离，同时在"应用于"下拉列表框选择"本节"。

步骤8：添加页脚。

1. 设置页脚，添加文档作者

在论文正文的页脚中间添加文档作者。

（1）将插入点置于论文正文所在的"节"中，本项目为第3节。

（2）单击"插入"选项卡"页眉和页脚"组"页脚"下拉按钮，弹出"页脚"内置样式列表，选择样式"空白"选项，进入页眉页脚编辑状态。系统自动出现"页眉和页脚工具"上下文选项卡。

（3）将插入点移到页脚处。

（4）断开本节与上一节的页脚链接，确保所有页脚右端的"与上一节相同"字样消失。

（5）在奇数页页脚上插入文档作者。

① 单击"开始"选项卡"段落"组"居中"选项。

② 将插入点置于页脚中间。

③ 打开"域"对话框，在"类别"下拉列表框选择"文档信息"，在"域名"列表框选择"Author"，

单击"确定"按钮。

（6）重复刚才的插入"域"的步骤，在偶数页页脚添加文档作者。

2. 插入页码

对应页眉的设置，在本项目中页脚页码设置要求：

- 封面没有页码；
- 目录页的页码位置：奇数页（底端，右侧），偶数页（底端，左侧），页码格式为：Ⅰ，Ⅱ，Ⅲ…，起始页码为Ⅰ；
- 论文正文的页码位置：奇数页（底端，右侧），偶数页（底端，左侧），页码格式为：1，2，3…，起始页码为1。

（1）进入"页眉和页脚"编辑状态。

（2）断开奇偶页中第1节、第2节、第3节之间的页脚链接，确保所有页脚右端的"与上一节相同"字样消失。

（3）单击"页眉和页脚"工具栏"设计"上下文选项卡中"页眉和页脚"组"页码"下拉按钮，指向"页面底端"选项，在右侧弹出样式列表，如图3.95所示。

或单击"插入"选项卡"页眉和页脚"组"页码"下拉按钮，指向"页面底端"选项，在右侧弹出样式列表，如图3.95所示。

（4）选择"普通数字3"选项，即底部、外侧，系统会在页脚处添加页码，默认从1开始，默认数字格式。

图3.94 "边框和底纹"对话框

图3.95 "页码"列表

图3.96 "页码格式"对话框

（5）设置"目录"节，选择"页码"下拉菜单选择"设置页码格式"选项，打开"页码格式"对话框，如图3.96所示。

在"编号格式"下拉列表框中选择"Ⅰ，Ⅱ，Ⅲ…"选项；在"页码编号"区域选中"起始页码"单选项，在其后的数字框中设置"Ⅰ"。

如果此页是奇数页，则选中"页码"，单击"开始"选项卡"段落"组"右对齐"选项。

说明：已经选择"奇偶页不同"，需要奇偶页分别设置。

（6）同样方法，设置论文正文的页码，在"页码格式"对话框只需设置：在"编号格式"下拉列表框中选择"1，2，3…"选项；在"页码编号"区域选中"起始页码"单选项，在其后的数字框中设置"1"。

然后分别设置奇数页的页码右对齐，偶数页的页码左对齐。

步骤 9：进一步设置不同的页码格式。

1. 重新分节

由于"导论"、"结束语"、"参考文献"、"致谢"等的标题样式由原来的"标题 1"改为了"导论"，所以"标题 1"样式的最大编号由原来的"第七章"减为了"第三章"。同时在页眉中"导论"、"结束语"、"参考文献"、"致谢"等的样式域名也应由"标题 1"改为"导论"，这就需要重新插入这部分的样式域名，而"第一章"～"第三章"部分的页眉保持不变。为了在页眉中反映这种变化，需要把"导论"、"结束语"、"参考文献"、"致谢"从原来的节中分离出来，成立新节。

同时需要为封面设置背景图片，还需在"摘要"之前加一个"分节符"，如图 3.97 所示。

（1）将插入点置于"摘要"之前，插入一个"分节符（下一页）"。

（2）将插入点置于"第一章…"之前，插入一个"分节符（下一页）"。

（3）将插入点置于"结束语"之前，插入一个"分节符（下一页）"。

这样整个文档中共插入 5 个分节符，整篇论文分为 6 节。

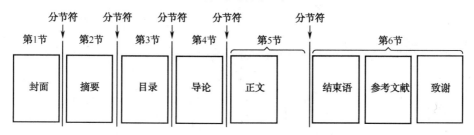

图 3.97　插入"分节符"图示

使"导论"部分、"第一章"～"第三章"部分、最后部分的页眉中具有不同的章名，操作如下。

（1）将插入点置于"第一章"～"第三章"正文所在节，先断开本节的偶数页同前节的偶数页的页眉链接，再断开本节的奇数页同前节的奇数页的页眉链接。

（2）将插入点置于"结束语"所在节，先断开本节的偶数页同前节的偶数页的页眉链接，再断开本节的奇数页同前节的奇数页的页眉链接。

（3）定位在"结束语"所在节的奇数页的页眉右侧，删除原来的域名（标题 1）。打开"域"对话框，在"类别"下拉列表框选择"链接和引用"，在"域名"列表框选择"StyleRef"，在"样式名"列表框选择"导论"，单击"确定"按钮。

（4）重复上述步骤，在"导论"所在节的奇偶页页眉的相应位置，按要求重新插入域名。

2. 重新设置页码

通过检查发现，"第一章"～"第三章"部分、最后部分的页码均从 1 开始，为了使页码的数字续上一节，应重新设置页码格式，操作如下。

（1）将插入点置于"第一章"～"第三章"所在节。

（2）进入"页眉和页脚"编辑状态，单击"页眉和页脚"工具栏"设计"上下文选项卡"页眉和页脚"组"页码"下拉按钮，在下拉列表框中选择"设置页码格式"选项，打开"页码格式"对话框，如图 3.98 所示。

在"页码编号"区域选中"续前节"单选按钮，单击"确定"按钮。

（3）将插入点置于"结束语"所在节，重复上述步骤。

步骤 10：设置背景图片。

（1）断开"封面"所在节与后续的"摘要"节的页眉链接。

（2）将插入点置于"封面"中。

（3）单击"插入"选项卡"插图"组"图片"选项，打开"插入图片"对话框，找到图片文件所在的文件夹，在这里为"F:/2017jnxl/word2010"，单击"教学主楼"图片文件，单击"插入"按钮，如图 3.99 所示。

（4）右击图片，在打开的快捷菜单中选择"位置和大小"选项，打开"布局"对话框，选中"文字环绕"选项卡，在"环绕方式"组中选择"衬于文字下方"选项，如图 3.100 所示，单击"确定"按钮。

（5）将图片拖动到封面的合适位置，并适当调整图片大小。

（6）如果封面的页眉上存在横线，消除横线。

图 3.98　"页码格式"对话框　　　　图 3.99　"插入图片"对话框

步骤 11：添加脚注。

在文档中，有时需要为某些文本内容添加注解以说明该文本的含义和来源，这种注解在 Word 中被称为脚注和尾注。脚注一般位于每一页文档的底端，可以用作对本页内容的解释说明，适用于对文档中的难点进行说明；而尾注一般位于文档的末尾，常用来列出文章或书籍的参考文献等。

（1）将插入点置于要添加脚注的文字之后。

（2）单击"引用"选项卡"脚注"组"对话框启动器"按钮，打开"脚注和尾注"对话框，如图 3.101 所示。

在"位置"区域选中"脚注"单选按钮，在"脚注"下拉列表框选择"页面底端"选项，在"编号格式"下拉列表框选择"1，2，3，…"，在"起始编号"数字框中设置"1"。

单击"插入"按钮，光标自动置于页面底部的脚注编辑位置。

（3）输入脚注内容"大学生包括普通高校的本科生和高职高专的专科学生，统称大学生。"，如图 3.102 所示。

（4）单击文档编辑窗口任意处，退出脚注编辑状态。

步骤 12：制作论文模板。

按"毕业生毕业论文格式"的要求对毕业论文进行了编辑排版后，就可以创建论文模板了，供大家共享，避免重复性的格式设置。

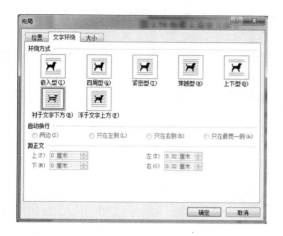

图 3.100　"布局"对话框　　　　　　　　　图 3.101　"脚注和尾注"对话框

图 3.102　插入"脚注"

（1）打开毕业论文文档。

（2）单击"文件"选项卡，在打开的 Office 后台视图中执行"另存为"命令，打开"另存为"对话框。

（3）在"保存类型"下拉列表框选择"文档模板（*.Dot）"。其中"模板"文件夹是"保存位置"的默认文件夹。

（4）在"文件名"文本框键入新模板的名称，如"论文模板"，单击"保存"按钮。

步骤 13：打印文档。

1. 打印设置

（1）单击"文件"选项卡，在打开的 Office 后台视图中执行"打印"命令，如图 3.103 所示。

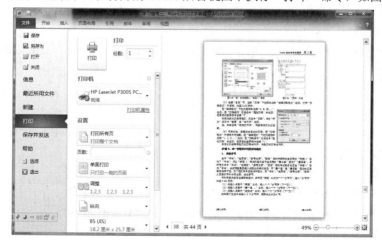

图 3.103　"文件—打印"命令

右侧是打印预览，中间是打印设置选项，在"份数"数字框可以设置打印的份数，在"打印机"下拉列表框中，选择使用的打印机型号。

（2）在"设置"区域可以设置打印的页码范围、单面/双面打印、纵向/横向、纸张大小，以及如果是多份打印，其打印的顺序等。

在"打印范围"下拉列表框可以选择"打印所有页"、"打印当前页"、"打印自定义范围"、"仅打印奇数页"或"仅打印偶数页"。

在"单面打印"下拉列表框可以选择"单面打印"、"双面打印"。

在"调整"下拉列表框可以选择"调整 1、2、3　1、2、3　1、2、3"、"取消排序 1、1、1　2、2、2　3、3、3"。

在"纵向"下拉列表框可以选择"纵向"或"横向"。

在"纸张大小"下拉列表框可以选择纸张大小。

在"自定义边距"下拉表框可以选择页边距大小。

在"版数"下拉表框可以选择每页多少版，可以 1、2、4、8、16 等。

（3）单击"打印"按钮，开始打印。

3.7　Word 操作题

3.7.1　操作题 1

1. 题目要求

在"F:/2017jnxl/word2010"下，打开文档"Word1.docx"，按照要求完成下列操作并以该文档名（Word1.docx）保存文档。

（1）将文档页面的纸张大小设置为"A4"，左右边距各为"3 厘米"；在页面底部插入页码，样式为"普通数字 2"，并将初始页码设置为"5"。

（2）将标题（"诺基亚，移动通信的全球领先者"）文字设置为二号、黑体、加粗、居中，并添加波浪下画线。

（3）将正文第一段（"诺基亚致力于提供……，提升其工作效率。"）设置为悬挂缩进 2 字符、段后间距 0.3 行。

（4）为正文第二、第三段（"诺基亚致力于在中国的长期发展……中国移动通信行业最大的出口企业。"）添加项目符号"◆"。

（5）将正文第四段（"中国也是诺基亚全球……员工逾 4500 人。"）分为带分隔线的等宽两栏，栏间距为 3 字符。

（6）将文中后 5 行文字转换为一个 5 行 5 列的表格，设置表格居中，表格列宽为 2.2 厘米，行高为 0.6 厘米，单元格对齐方式为水平居中（垂直、水平均居中）。

（7）设置表格外框线为 0.75 磅蓝色单实线，内框线为 0.5 磅红色单实线；为"表格"第一行添加"红色"底纹；按"价格"列根据"数字"升序排列表格内容。

2. 操作步骤

步骤 1：打开 Word 2010 应用程序并新建文档。

步骤 2：打开"F:/2017jnxl/word2010/"文件夹下文档"Word1.docx"。

步骤 3：设置页面布局。

（1）单击"页面布局"选项卡"页面设置"组"对话框启动器"对话框，打开"页面设置"对话框，单击"纸张"选项卡，在"纸张大小"下拉列表框选择"A4"，如图 3.105 所示。

（2）单击"页边距"选项卡，在"页边距"栏中，"左"和"右"数字框设置为"3 厘米"，如图 3.106 所示，单击"确定"按钮。

图 3.104　"打开"对话框　　　　　　　图 3.105　"页面设置－纸张"对话框

（3）单击"插入"选项卡"页眉和页脚"组"页码"下拉按钮，选择"页面底部"在弹出的列表中，选择"普通数字 2"，如图 3.107 所示。

图 3.106　"页面设置－页边距"对话框　　图 3.107　"页码－页面底部"列表

（4）单击"插入"选项卡"页眉和页脚"组"页码"下拉按钮，选择"设置页码格式"命令，打开"页码格式"对话框，在"页码编号"栏选中"起始页码"单选按钮，在"数字框"中设置为"5"，如图 3.108 所示，单击"确定"按钮。

步骤 4：设置标题格式。

（1）用鼠标拖动选中文字"诺基亚，移动通信的全球领先者"。

（2）单击"开始"选项卡，在"字体"组"字体"下拉列表框选择"黑体"，在"字号"下拉列表框选择"二号"，单击"加粗"按钮，在"下画线"下拉列表框中选择"波浪线"。

（3）单击"开始"选项卡，在"段落"组，单击"居中"按钮。

步骤 5： 设置正文第一段格式。

（1）用鼠标拖动选择正文第一段文字，或三击正文第一段的任意位置。

（2）单击"开始"选项卡"段落"组"对话框启动器"按钮，打开"段落"对话框，如图 3.109 所示。

在"特殊格式"下拉列表框选择"悬挂缩进"，在"磅值"数字框设置为"2 字符"。在"间距"栏中"段后"数字框中设置为"0.3 行"，单击"确定"按钮。

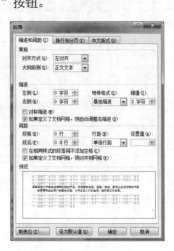

图 3.108 "页码格式"对话框   图 3.109 "段落"对话框

步骤 6： 为正文第二、第三段添加项目符号。

（1）选择正文第二、第三段文字，用鼠标拖动。

（2）单击"开始"选项卡"段落"组"项目符号"下拉按钮，选择项目符号"◆"，如图 3.110 所示。

步骤 7： 设置正文第四段分栏。

（1）用鼠标拖动选择正文第四段文字。

（2）单击"页面布局"选项卡"页面设置"组"分栏"下拉按钮，选择"更多分栏"命令，打开"分栏"对话框，如图 3.111 所示。

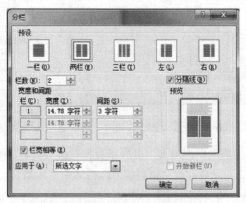

图 3.110 "项目符号"列表框   图 3.111 "分栏"对话框

在"预设"栏单击"两栏"选项，在"宽度和间距"栏"间距"为 3 字符，选中"分隔线"复选框，单击"确定"按钮。

步骤 8： 将文字转换成表格。

（1）用鼠标拖动选择后 5 行文字。

（2）单击"插入"选项卡"表格"下拉按钮，执行"文本转换成表格"命令，打开"将文字转换成表格"对话框，如图 3.112 所示。

（3）单击"确定"按钮。

（4）选择整个表格，系统自动弹出"表格工具"上下文选项卡，单击"布局"选项卡"表"组"属性"按钮，打开"表格属性"对话框。

单击"列"选项卡，选中"指定宽度"复选框，在数字框设置为"2.2 厘米"，如图 3.113 所示。

图 3.112 "将文字转换成表格"对话框　　图 3.113 "表格属性-列"对话框

单击"行"选项卡，选中"指定高度"复选框，在数字框设置为"0.6 厘米"，如图 3.114 所示。

单击"表格"选项卡，在"对齐方式"栏单击"居中"，如图 3.115 所示。

图 3.114 "表格属性-行"对话框　　图 3.115 "表格属性-表格"对话框

单击"单元格"选项卡，在"垂直对齐方式"栏单击"居中"，如图 3.116 所示，单击"确定"按钮。

也可右击，在弹出的快捷菜单中选择"单元格对齐方式"下拉菜单中"水平和垂直居中"，如图 3.117 所示。

步骤 9：为表格第一行添加红色底纹。

（1）选择表格第一行。

（2）打开"表格属性"对话框，在"表格"选项卡，单击"边框和底纹"按钮，打开"边框和底纹"对话框，如图 3.118 所示。

图 3.116　"表格属性-单元格"对话框　　　　　图 3.117　"单元格对齐方式"下拉菜单

（3）单击"底纹"选项卡，在"填充"下拉列表框选择"红色"，单击"确定"按钮，返回"表格属性"对话框，再次单击"确定"按钮。

步骤 10：设置表格框线及排序。

（1）选定整个表格，系统自动弹出"表格工具"上下文选项卡。

（2）单击"设计"上下文选项卡"表格样式"组"边框"下拉按钮，选择"外侧框线"命令，在"笔样式"下拉列表框选择"单实线"，在"笔画粗细"下拉列表框选择"0.75 磅"，在"笔颜色"下拉列表框选择"蓝色"，如图 3.119 所示。

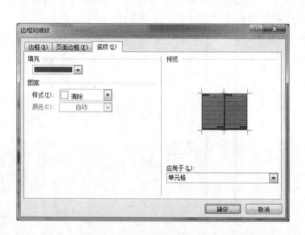

图 3.118　"边框和底纹"对话框　　　　　　图 3.119　"边框"下拉菜单

同样，在"边框"下拉按钮，选择"内侧框线"命令，在"笔样式"下拉列表框选择"单实线"，在"笔画粗细"下拉列表框选择"0.5 磅"，在"笔颜色"下拉列表框选择"红色"。

（3）选定整个表格，单击"布局"选项卡"数据"组"排序"按钮，打开"排序"对话框，如图 3.120 所示。在"主要关键字"下拉列表框选择"价格"，在"类型"下拉列表框选择"数字"，选中"升序"单选按钮，单击"确定"按钮。

步骤 11：保存退出。

图 3.120　"排序"对话框

3.7.2　操作题 2

1. 题目要求

在"F:/2017jnxl/word 2010"文件夹下，打开文档 Word 2.docx，按照要求完成下列操作并以该文件名（Word 2.docx）保存文档。

（1）将文中所有"电脑"替换为"计算机"，将标题段文字（"信息安全影响我国进入电子社会"）设置为三号黑体、红色、倾斜、居中，并添加蓝色底纹。

（2）将正文各段文字（"随着网络经济……高达人民币 2100 万元。"）设置为五号楷体，各段落左、右各缩进 0.5 字符，首行缩进 2 字符，1.5 倍行距，段前间距 0.5 行。

（3）将正文第三段（"同传统的金融管理方式相比……新目标。"）分为等宽两栏，栏宽 18 字符；给正文第四段（"据有关资料……2100 万元。"）添加项目符号"■"。

2. 操作步骤

步骤 1：打开 Word2.docx 文件。

步骤 2：替换文字。

选中正文各段，单击"开始"选项卡"编辑"组"替换"按钮，弹出"查找和替换"对话框，如图 3.121 所示。

在"查找内容"列表框输入"电脑"，在"替换为"列表框输入"计算机"，单击"全部替换"按钮，稍后弹出消息框，提示完成 6 处替换，单击"确定"按钮。

步骤 3：设置标题段字体。

选中标题段，单击"开始"选项卡"字体"组"对话框启动器"按钮，弹出"字体"对话框，如图 3.122 所示。

单击"字体"选项卡，在"中文字体"下拉列表框选择"黑体"，在"字号"列表框选择"三号"，在"字形"列表框选择"倾斜"，在"字体颜色"下拉列表框选择"红色"，单击"确定"按钮。

步骤 4：设置标题段对齐属性。

选中标题段，单击"开始"选项卡"段落"组中 "居中"按钮。

步骤 5：设置标题段底纹属性。

选中标题段，单击"开始"选项卡"段落"分组"底纹"下拉三角按钮，在列表框中选择"蓝色"。

步骤 6：设置正文字体。

选中正文各段，单击"开始"选项卡"字体"组"对话框启动器"按钮，弹出"字体"对话框。在"字体"选项卡中，设置"中文字体"为"楷体"，设置"字号"为"五号"，单击"确定"按钮。

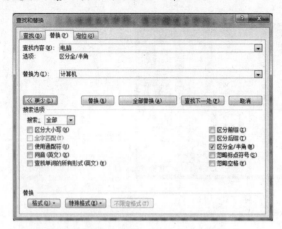

图 3.121　"查找与替换"对话框　　　　　图 3.122　"字体"对话框

步骤 7：设置正文段落属性。

选中正文各段，单击"开始"选项卡"段落"组　"对话框启动器"按钮，弹出"段落"对话框，如图 3.123 所示。

单击"缩进和间距"选项卡，在"缩进"栏，设置"左侧"为"0.5 字符"，设置"右侧"为"0.5 字符"；在"特殊格式"选项组中，选择"首行缩进"选项，设置磅值为"2 字符"；在"间距"栏，设置"段前"为"0.5 行"，设置"行距"为"1.5 倍行距"，单击"确定"按钮。

步骤 8：为段落设置分栏及添加项目符号。

选中正文第三段，单击"页面布局"选项卡"页面设置"组"分栏"按钮，选择"更多分栏"选项，弹出"分栏"对话框，如图 3.124 所示。

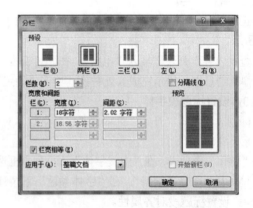

图 3.123　"段落"对话框　　　　　图 3.124　"分栏"对话框

选择"预设"选项组中的"两栏"选项，在"宽度和间距"选项组中设置"宽度"为"18 字符"，勾选"栏宽相等"，单击"确定"按钮。

选中正文第四段，右击，在弹出的快捷菜单中选择"项目符号"右边的小三角按钮，在项目符号库中选择题目要求的项目符号。

步骤 9：保存文件。

3.7.3 操作题 3

1. 题目要求

在"F:/2017jnxl/word 2010"文件夹下，打开文档 Word3.docx，按照要求完成下列操作并以该文件名（Word3.docx）保存文档。

（1）将表格上端的标题文字设置成三号、仿宋、加粗、居中；计算表格中各学生的平均成绩。

（2）将表格中的文字设置成小四号、宋体、对齐方式为水平居中；数字设置成小四号、Times New Roman 体、加粗，对齐方式为中部右对齐；小于 60 分的平均成绩用红色表示。

（3）将表格的行高设置为 0.92 厘米，列宽设置为 2.54 厘米，表格居中；将表格的外边框设置为 3 磅的红色双窄线，内边框设置为 1 磅的红色单实线，第一行与第一列设置为 1.5 磅的红色双窄线。

2. 操作步骤

步骤 1：打开 Word 3.Docx 文件。

步骤 2：设置表格标题字体。

选中表格标题，单击"开始"选项卡"字体"组"对话框启动器"按钮，弹出"字体"对话框。

在"字体"选项卡中，设置"中文字体"为"仿宋"，设置"字号"为"三号"，设置"字形"为"加粗"，单击"确定"按钮。

步骤 3：设置表格标题对齐属性。

选中表格标题，单击"开始"选项卡"段落"组"居中"按钮。

步骤 4：利用公式计算表格内容。

单击"平均成绩"列的第二行，单击"表格工具"中"布局"上下文选项卡"数据"组"f_x 公式"按钮，如图 3.125 所示，弹出"公式"对话框，如图 3.126 所示。

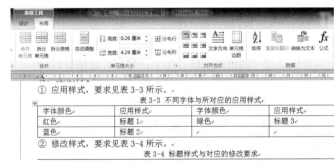

图 3.125 "表格工具"选项卡　　　　图 3.126 "公式"对话框

在"公式"输入框中插入"=AVERAGE(left)"，单击"确定"按钮。

说明："AVERAGE(left)"，中的"left"表示对左方的数据进行求平均值，按此步骤反复进行，直到完成所有行的计算。

步骤 5：设置表格字体。

选中表格中的文字，单击"开始"选项卡"字体"组"对话框启动器"按钮，弹出"字体"对话框。在"字体"选项卡中，设置"中文字体"为"宋体"，设置"字号"为"小四"，设置"字形"为"加粗"，单击"确定"按钮。选中表格中的数字，按照同样的操作设置"西文字体"为"Times New Roman"，设置"字号"为"小四"，设置"字形"为"加粗"，单击"确定"按钮。

步骤 6：设置表格内容对齐方式。

选中表格中的文字，在"布局"上下文选项卡"对齐方式"组中，单击"水平居中"按钮。选中表格中的数字，按照同样的操作设置表格中的数字为"中部右对齐"。

选中"平均成绩"列中成绩小于 60 的单元格，单击"开始"选项卡"字体"组中"对话框启动器"按钮，弹出"字体"对话框。在"字体"选项卡中，设置"字体颜色"为"红色"，单击"确定"按钮。

步骤 7：设置表格的行高和列宽。

选中整个表格，右键单击，在弹出的快捷菜单中选择"表格属性"命令，弹出"表格属性"对话框。

单击"行"选项卡，勾选"指定高度"，在"指定高度"数字框中设置为"0.92 厘米"，在"行高值是"下拉列表框选择"固定值"，如图 3.127 所示。

单击"列"选项卡，勾选"指定宽度"，在"指定宽度"数字框中设置为"2.54 厘米"，如图 3.128 所示。

选中整个表格，在"布局"上下文选项卡"对齐方式"组中，单击"水平居中"按钮。

图 3.127 "表格属性-行"对话框 　　　图 3.128 "表格属性-列"对话框

步骤 8：设置表格的内外框线。

选中整个表格，右击，在弹出的快捷菜单中选择"边框和底纹"命令，弹出"边框和底纹"对话框，如图 3.129 所示。

在"边框"标签下的"设置"选择"全部"，在"样式"列表框选择"双窄线"，在"颜色"下拉列表框选择"红色"，在"宽度"下拉列表框选择"3 磅"，在"预览"效果里单击外边框应用上该效果。

再次设置，在"样式"列表框选择"单实线"，在"颜色"下拉列表框选择"红色"，在"宽度"下拉列表框选择"1 磅"，在"预览"效果里单击内边框应用上该效果，单击"确定"按钮，如图 3.130 所示。

图 3.129 "边框和底纹"对话框 1 　　　图 3.130 "边框和底纹"对话框 2

再次利用"绘制表格"命令，设置"线型"选择为"双窄线"，"颜色"选择为"红色"，"宽度"选择为"1.5 磅"，利用铅笔，把第一行和第一列绘制成该线型即可。

步骤 9：保存文档。

3.7.4　操作题 4

1. 题目要求

在"F:/2017jnxl/word 2010"文件夹下，打开文档"Word 4.docx"，进行编辑、排版和保存，具体要求如下。

（1）将标题段（"虚拟局域网技术.....应用"）文字设置为三号红色黑体、加粗、居中，并添加黄色底纹。

（2）将正文（"校园网覆盖.....裸机子网。"）中的中文文字设置为五号宋体、西文文字设置为五号 Times New Roman 字体；将正文第一段（"校园网覆盖.....三层交换技术。"）设为首字下沉 2 行（距正文 0.2 厘米）；设置正文第二段至第四段（"建筑之间.....裸机子网。"）首行缩进 2 字符。

（3）设置页面纸张大小为"B5（JIS）"，将文中所有错词"裸机子网"替换为"逻辑子网"。

（4）将文中后 5 行文字转换为一个 5 行 3 列的表格。设置表格居中，表格列宽为 3.5 厘米、行高为 0.7 厘米，表格中所有文字水平居中。

（5）将表格标题段文字（"逻辑子网划分"）设置为四号蓝色黑体、居中。设置表格外框线为 1 磅蓝色单实线，内框线为 1 磅绿色单实线；并按"主交换机端口数"列（依据"数字"类型）升序排序表格内容。

2. 操作步骤

步骤 1：打开"**Word 4.Docx**"文件。

步骤 2：设置标题段字体。

选中标题段，单击"开始"选项卡"字体"组"对话框启动器"按钮，弹出"字体"对话框。在"字体"选项卡中，设置"中文字体"为"黑体"，设置"字号"为"三号"，设置"字形"为"加粗"，设置"字体颜色"为"红色"，单击"确定"按钮。

步骤 3：设置标题段对齐属性。

选中标题段，单击"开始"选项卡"段落"组"居中"按钮。

步骤 4：设置标题段底纹属性。

选中标题段，单击"开始"选项卡"段落"组"底纹"下拉三角按钮，选择填充色为"黄色"，单击"确定"按钮。

步骤 5：设置正文字体。

选中正文各段，单击"开始"选项卡"字体"组"对话框启动器"按钮，弹出"字体"对话框。在"字体"选项卡中，设置"中文字体"为"宋体"，设置"西文字体"为"Times New Roman"，设置"字号"为"五号"，单击"确定"按钮。

步骤 6：设置首字下沉。

选中正文第一段，单击"插入"选项卡"文本"组中"首字下沉"按钮，选择"首字下沉选项"选项，弹出"首字下沉"对话框。

单击"下沉"图标，设置"下沉行数"为"2"，设置"距正文"为"0.2 厘米"，单击"确定"按钮。

步骤 7：设置段落属性。

选中正文各段，单击"开始"选项卡"段落"组"对话框启动器"按钮，弹出"段落"对话框，单击"缩进和间距"选项卡，在"特殊格式"选项组中选择"首行缩进"选项，设置磅值为"2 字符"，单击"确定"按钮。

步骤8：设置页面纸张大小。

单击"页面布局"选项卡"页面设置"组"纸张大小"下拉按钮，选择"B5（JIS）"选项。

步骤9：替换文字。

选中全部文本（包括标题段），单击"开始"选项卡"编辑"组"替换"按钮，弹出"查找和替换"对话框，设置"查找内容"为"裸机子网"，设置"替换为"为"逻辑子网"，单击"全部替换"按钮，稍后弹出消息框，单击"确定"按钮。

步骤10：将文字转换成表格。

选中后5行文字，单击"插入"选项卡"表格"组"表格"下拉按钮，选择"文本转换成表格"选项，弹出"将文字转换成表格"对话框，单击"确定"按钮。

步骤11：设置表格对齐属性。

选中表格，在"开始"选项卡"段落"分组中，单击"居中"按钮。

步骤12：设置表格列宽和行高。

选中表格，在"布局"上下文选项卡"单元格大小"组中，单击"表格属性"按钮，弹出"表格属性"对话框。单击"列"选项卡，指定宽度为"3.5厘米"；单击"行"选项卡，指定高度为"0.7厘米"，设置"行高值是"为"固定值"，单击"确定"按钮。

步骤13：设置表格内容对齐方式。

选中表格，在"布局"上下文选项卡"对齐方式"组中，单击"水平居中"按钮。

步骤14：设置表格标题字体。

选中表格标题，单击"开始"选项卡"字体"组"对话框启动器体"按钮，弹出"字体"对话框。在"字体"选项卡中，设置"中文字体"为"黑体"，设置"字号"为"四号"，设置"字体颜色"为"蓝色"，单击"确定"按钮。

步骤15：设置表格标题对齐属性。

选中表格标题，单击"开始"选项卡"段落"组"居中"按钮。

步骤16：设置表格外侧框线和内部框线属性。

单击表格，在"设计"上下文选项卡"绘图边框"组中，设置"笔画粗细"为"1磅"，设置"笔样式"为"单实线"，设置"笔颜色"为"蓝色"，此时鼠标变为"小蜡笔"形状，沿着边框线拖动设置外侧框线的属性。

说明：当鼠标单击"绘制表格"按钮后，鼠标变为"小蜡笔"形状，选择相应的线型和宽度，沿边框线拖动小蜡笔便可以对边框线属性进行设置。按同样操作设置内部框线为"1磅"、"单实线"、"绿色"。

步骤17：为表格排序。

选中"主交换机端口数"列的内容，在"布局"上下文选项卡"数据"组中，单击"排序"按钮，弹出"排序"对话框，在"主要关键字"选项组中设置"类型"为"数字"，然后选中"升序"；在"列表"选项组中选中"有标题行"，单击"确定"按钮。

步骤18：保存文件。

3.7.5　操作题5

1. 题目要求

在"F:/2017jnxl/word2010"文件夹下，打开文档Word5.docx，进行编辑、排版和保存，具体要求如下。

（1）将标题段（"第二代计算机网络——多个计算机互联的网络"）文字设置为三号楷体、红色、加粗、居中，并添加蓝色底纹。将表格标题段（"某公司某年度业绩统计表"）文字设置为小三号、加粗、加下画线。

（2）将正文各段落（"20 世纪 60 年代末.....硬件资源。"）中的西文文字设置为小四号 Times New Roman 字体，中文文字设置为小四号仿宋；各段落首行缩进 2 字符、段前间距为 0.5 行。在"某公司某年度业绩统计表"前进行段前分页。

（3）设置正文第二段（"第二代计算机网络的典型代表.....硬件资源。"）行距为 1.3 倍，首字下沉 2 行；在页面底端（页脚）居中位置插入页码（首页显示页码），将正文第一段（"20 世纪 60 年代末......计算机网络。"）分成等宽的三栏。

（4）计算"季度总计"行的值；以"全年合计"列为排序依据（主要关键字）、以"数字"类型降序排序表格（除"季度总计"行外）。

（5）设置表格居中，表格第一列宽为 2.5 厘米；设置表格所有内框线为 1 磅蓝色单实线，表格所有外框线为 3 磅黑色单实线；为第一个单元格（第一行、第一列）画斜下框线（1 磅蓝色单实线）。

2. 操作步骤

步骤 1：打开 Word5.Docx 文件。

步骤 2：设置标题段的字体。

选中标题段，单击"开始"选项卡"字体"组"对话框启动器"按钮，弹出"字体"对话框。在"字体"选项卡中，设置"中文字体"为"楷体"，设置"字号"为"三号"，设置"字形"为"加粗"，设置"字体颜色"为"红色"，单击"确定"按钮。

步骤 3：设置标题段对齐属性。

选中标题段，单击"开始"选项卡"段落"组"居中"按钮。

步骤 4：设置标题段底纹属性。

选中标题段，单击"开始"选项卡"段落"组"底纹"下拉三角按钮，选择填充色为"蓝色"，单击"确定"按钮。

步骤 5：设置表格标题字体。

选中表格标题，单击"开始"选项卡"字体"组"对话框启动器"按钮，弹出"字体"对话框。在"字体"选项卡中，设置"字号"为"小三"，设置"字形"为"加粗"，设置"下画线线型"为"下画线"，单击"确定"按钮。

步骤 6：设置正文字体。

选中正文各段，单击"开始"选项卡"字体"组"对话框启动器"按钮，弹出"字体"对话框。在"字体"选项卡中，设置"中文字体"为"仿宋"，设置"西文字体"为"Times New Roman"，设置"字号"为"小四"，单击"确定"按钮。

步骤 7：设置正文段落属性。

选中正文各段，单击"开始"选项卡"段落"组"对话框启动器"按钮，弹出"段落"对话框。单击"缩进和间距"选项卡，在"特殊格式"选项组中，选择"首行缩进"选项，设置磅值为"2 字符"；在"间距"选项组中，设置"段前"为"0.5 行"，单击"确定"按钮。

步骤 8：设置正文第二段段落属性。

选中正文第二段，单击"开始"选项卡"段落"组"对话框启动器"按钮，弹出"段落"对话框。单击"缩进和间距"选项卡，在"间距"选项组中，设置"行距"为"多倍行距"，设置"设置值"为"1.3"，单击"确定"按钮。

步骤 9：设置首行下沉。

选中正文第二段，单击"插入"选项卡"文本"组"首字下沉"按钮，选择"首字下沉选项"，弹出"首字下沉"对话框，单击"下沉"图标，设置"下沉行数"为"2"，单击"确定"按钮。

步骤10： 插入页码。

步骤11： 为段落设置分栏。

选中正文第一段，单击"页面布局"选项卡"页面设置"组"分栏"按钮，选择"更多分栏"选项，弹出"分栏"对话框。选择"预设"选项组中的"三栏"图标，勾选"栏宽相等"，单击"确定"按钮。

步骤12： 利用公式计算表格内容。

单击"季度总计"行的第二列，在"布局"上下文选项卡"数据"分组中，单击"f_x公式"按钮，弹出"公式"对话框，在"公式"输入框中输入"=SUM(above)"，单击"确定"按钮。

步骤13： 设置表格对齐属性。

选中表格，单击"开始"选项卡"段落"组"居中"按钮。

步骤14： 设置表格列宽。

选中表格第1列，在"布局"上下文选项卡"单元格大小"分组中，单击"表格属性"按钮，弹出"表格属性"对话框。单击"列"选项卡，指定宽度为"2.5厘米"，单击"确定"按钮。

步骤15： 设置表格外侧框线和内部框线属性。

单击表格，在"设计"上下文选项卡"绘图边框"分组中，设置"笔画粗细"为"3磅"，设置"笔样式"为"单实线"，设置"笔颜色"为"黑色"，此时鼠标变为"小蜡笔"形状，沿着边框线拖动设置外侧框线的属性。

说明： 当鼠标单击"绘制表格"按钮，鼠标变为"小蜡笔"形状，选择相应的线型和宽度，沿边框线拖动小蜡笔便可以对边框线属性进行设置。按同样操作设置内部框线为"1磅"、"单实线"、"蓝色"。

步骤16： 为表格的单元格添加对角线。

选中表格第一行第一列的单元格，在"设计"上下文选项卡"表格样式"分组中，单击"边框"按钮，选择"斜下框线"选项，按照步骤15设置其框线类型为"1磅"、"单实线"、"蓝色"。

步骤17： 保存文件。

习　　题

一、单项选择题

1. 在简体中文版 Word 2010 中，最多可同时打开（　　）个文档。

    A. 5　　　　　　　　B. 3　　　　　　　　C. 9　　　　　　　　D. 任意个

2. 不属于 Microsoft Office 集成办公套件的软件是（　　）。

    A. Word　　　　　　B. Excel　　　　　　C. Windows　　　　　D. Mail

3. 文字处理软件 Word 属于（　　）软件。

    A. 秘书软件　　　　B. 系统软件　　　　C. 通信软件　　　　D. 应用软件

4. 启动 Word 的可执行文件名（默认）是（　　）。

    A. win.com　　　　B. win.exe　　　　C. word.exe　　　　D. winword.exe

5. 在 Windows 7 下，可通过双击（　　）直接启动 Word 应用程序。

    A. Word 桌面快捷方式图标　　　　　　　　B. "我的电脑"图标

    C. "开始"按钮　　　　　　　　　　　　　D. "我的文件夹"图标

6. 下面哪一种不属于 Word 的文档显示模式（　　）。

    A．普通视图　　　　　B．页面视图　　　　　C．大纲视图　　　　　D．邮件合并

7. 用 Word 进行文字录入和编排时，可使用（　　）键实现在段内强行换行。

    A．Enter　　　　　　B．Shift+Enter　　　　C．Ctrl+Enter　　　　D．Alt+Enter

8. 中文版 Word 的汉字输入功能是由（　　）实现的。

    A．Word 本身　　　　　　　　　　　　　　B．Windows 中文版或其外挂中文平台

    C．Super CCDOS　　　　　　　　　　　　D．DOS

9. 要选定全部文本，可在页面左侧空白区（　　）鼠标。

    A．单击　　　　　　　B．双击　　　　　　　C．三击　　　　　　　D．右击

10. 通常在建立 Word 文档时，按如下流程进行：首先创建新文件，接着进行（　　）设置，然后才录入内容。

    A．字体　　　　　　　B．字号　　　　　　　C．段落　　　　　　　D．页面

11. 在 Word 中不可以用（　　）生成完整表格。

    A．标尺　　　　　　　B．工具栏按钮　　　　C．手动制表　　　　　D．菜单命令

12. 下面操作中，不能实现光标定位的是（　　）。

    A．滚动条　　　　　　B．鼠标　　　　　　　C．键盘　　　　　　　D．菜单命令

13. 在 Word 中称表格的每一个内容填空单元为（　　）。

    A．栏　　　　　　　　B．容器　　　　　　　C．单元格　　　　　　D．空格

14. 按组合键（　　），可激活"打印预览"窗口。

    A．Shift+F3　　　　　B．Ctrl+F8　　　　　　C．Alt+F9　　　　　　D．Ctrl+F2

15. 删除选定的文本或对象，可以使用（　　）键。

    A．F3　　　　　　　　B．Ctrl+Y　　　　　　C．Del　　　　　　　D．Home

16. 图文框只能在（　　）模式下使用。

    A．普通视图　　　　　B．大纲视图　　　　　C．编辑视图　　　　　D．页面视图

17. 要选定一块矩形文本区域，可（　　）鼠标，沿对角线拖动鼠标。

    A．单击　　　　　　　B．双击　　　　　　　C．三击　　　　　　　D．右击

18. 在（　　）显示模式下，不显示 Word 的窗口元素。

    A．大纲视图　　　　　B．全屏显示　　　　　C．页面视图　　　　　D．打印预览

19. 要打开一个最近使用过的文件，应选择"文件"选项卡中的（　　）选项。

    A．保存　　　　　　　B．另存为　　　　　　C．最近所用文件　　　D．属性

20. Word 文档存盘时的默认文件扩展名为（　　）。

    A．txt　　　　　　　　B．wps　　　　　　　　C．dot　　　　　　　　D．docx

21. 在 word 编辑状态下，按先后顺序依次打开了 d1.docx、d2.docx、d3.docx、d4.docx 四个文档，则当前的活动窗口是（　　）。

    A．d1.docx 的窗口　　　　　　　　　　　B．d2.docx 的窗口

    C．d3.docx 的窗口　　　　　　　　　　　D．d4.docx 的窗口

二、操作题

1. 在"F:/2017jnxl/word2010"文件夹下，打开文档 czxt1.docx，进行编辑、排版和保存，具体要求如下。

（1）将标题段（"第 29 届奥运会在北京圆满闭幕"）文字设置为三号、红色、黑体、加粗、字符间距加宽 3 磅，并添加阴影效果，阴影效果的"预设"值为"内部右上角"。

（2）将正文各段落文字设置为五号、宋体、左右缩进各 4 厘米，首行缩进 2 字符。

（3）在页脚插入页码，居中，并设置起始页码为"Ⅲ"。

（4）将文中后 6 行文字转换为 6 行 5 列的表格，设置表格居中，表格列宽 2.5 厘米，行高 0.6 厘米，表格中所有文字水平居中。

（5）设置表格外框线为 0.5 磅、蓝色、双窄线；内框线为 0.5 磅、单实线；按"总数"列（依据"数字"类型）降序排列表格内容。

2．在"F:/2017jnxl/word2010"文件夹下，打开文档 czxt2.docx，进行编辑、排版和保存，具体要求如下。

（1）将文中所有错字"燥声"替换为"噪声"。

（2）将标题文字"燥声的危害"设置为二号、黑体、红色、加粗、居中，并添加双波浪下画线。

（3）设置正文第一段首字下沉 2 行（距正文 0.2 厘米）；设置正文其余各段落首行缩进 2 字符，并添加编号"一、二、三、"。

（4）设置上下页边距各为 3 厘米。

（5）将文中后 8 行转换成一个 8 行 2 列的表格，设置表格居中，表格列宽为 4.5 厘米、行高为 0.7 厘米，表格中所有文字水平居中。

（6）设置表格外框线为 1.5 磅、绿色、单实线；内框线为 0.5 磅、绿色、单实线；按"人体感受"列（依据"拼音"类型）降序排列表格内容。

3．在"F:/2017jnxl/word2010"文件夹下，打开文档 czxt3.docx，进行编辑、排版和保存，具体要求如下。

（1）将文中所有错词"摹拟"替换为"模拟"。

（2）将标题段设置为二号、黑体、加粗、居中、倾斜，并添加浅绿色底纹。

（3）设置正文各段落为 1.25 倍行距，段后间距 0.5 行，首行缩进 2 字符。

（4）为正文第二段和第三段添加项目符号"□"。

（5）设置页面"纸张"为 16 开。

（6）将文中后 7 行转换成一个 7 行 3 列的表格，设置表格居中，表格列宽为 4 厘米、行高为 0.8 厘米，表格中所有文字水平居中。

（7）设置表格外框线为 0.75 磅、红色、双窄线；为表格第一行添加"白色、背景 1、15%"的灰色底纹；按"比较内容"列（依据"拼音"类型）升序排列表格内容。

三、综合实训

1．制作求职简历

小王就要大学毕业了，需要制作一份求职简历，包含以下内容。

（1）用适当的图片、文字等对象，制作与自己的专业或学校相关的封面。

（2）根据自己的实际情况输入一份"自荐书"，并对自荐书的内容排版。

（3）将你的学习经历以及个人信息（班级、出生年月、政治面貌、通信地址、专业课程、荣誉证书、爱好特长）等，用表格直观地分类列出，并插入一张自己的照片。

2．制作一份小报，素材在"F:/2017jnxl/word2010"文件夹中，参考"F:/2017jnxl/word2010/小报.pdf"，要求如下。

（1）用 A4 纸，共 4 个版面进行排版。

（2）为每一页设置页眉。

（3）报头插入艺术字。

（4）插入图片，设置图片对其方式。

（5）分栏。

3．参照"中日动画片比较研究.pdf"对"中日动画片比较研究.docx"进行排版，另存为"中日动画片比较研究（学号+姓名）.docx"文件，具体要求如下。

（1）设置页面纸张大小：A4；设置页边距：上 2.5 厘米，下 2 厘米，左右各 3 厘米；页眉和页脚：奇偶页不同。

（2）设置文档属性：

标题："中日动画片比较研究"；

作者："学号+姓名"；

单位：所在班级。

（3）使用样式。

① 应用样式，要求见表 3.3 所示。

表 3.3　不同字体与所对应的应用样式

字 体 颜 色	应 用 样 式	字 体 颜 色	应 用 样 式
红色	标题 1	绿色	标题 3
蓝色	标题 2		

② 修改样式，要求见表 3.4 所示。

表 3.4　标题样式与对应的修改要求

样 式 名 称	字 体 格 式	段 落 格 式
标题 1	黑体、四号	段前、段后各 12 磅
标题 2	华文中宋、四号	段前、段后各 0.5 行
标题 3	仿宋、四号	段前、段后各 12 磅

③ 设置多级编号，要求见表 3.5 所示。

表 3.5　标题样式与对应的编号

样 式 名 称	编 号 格 式	编 号 位 置	文 字 位 置
标题 1	"第×章"字体为黑体	左对齐，对齐位置 0 厘米	缩进 0 厘米
标题 2	"第×节"	左对齐，对齐位置 0 厘米	缩进 0 厘米
标题 3	"1.、2.、3."	左对齐，对齐位置 0.75 厘米	缩进 0 厘米

（4）为文档添加目录。在文字"目录"之后，利用三级标题样式生成目录，并将目录 1 的格式设置为"黑体、四号、1.5 倍行距"。将文字"目录"的格式设置为"华文中宋，一号，居中对齐，段前段后各 1 行"。

（5）插入分隔符。插入 2 个分节符，将整篇文档按封面、目录和正文各 1 节。分别在第二、第三及第四章前插入一个分页符，使每章从新的一页开始。

（6）为文档添加页眉。

① 封面页和目录页没有页眉。

② 从文档正文开始设置页眉，要求：必须利用"域"完成。

其中：奇数页的页眉"左侧为章号和章名（标题 1 编号+标题 1 内容），右侧为小节号和小节名（标题 2 编号+标题 2 内容）"；偶数页的页眉为"文章标题"，居中。

（7）为文档添加页脚。

① 封面页没有页脚。

② 目录页的页码位置：底端、外侧。页码格式为：Ⅰ、Ⅱ、Ⅲ，起始页码为"Ⅰ"。

③ 正文页的页码位置：底端、外侧。页码格式为：1、2、3，起始页码为"1"。

④ 在正文的页脚插入作者姓名及所在班级，要求利用"域"来完成。

（8）封面的制作。

① 参照"中日动画片比较研究.pdf"设置封面页标题的字体、颜色。

② 为封面页添加"艺术型"页面边框，边框的度量依据为"文字"。

③ 参照"中日动画片比较研究.pdf"为正文的奇偶页分别添加背景图片，适当地调整图片的大小和位置，并将图片的格式设置为"衬于文字下方"。

学习情境四 Excel 2010 电子表格制作与数据处理

Excel 是 Microsoft Office 2010 最主要的应用程序之一。使用 Excel 2010 可以完成表格输入、统计、分析等多项工作，可生成精美直观的表格、图表，提高企业员工的工作效率。目前大多数企业使用 Excel 对大量数据进行计算分析，为公司相关政策、决策、计划的制定，提供有效的参考。

通过以下 6 个任务的学习，来学习和巩固 Excel 2010 如何对数据进行组织、计算、分析和统计等数据库操作。

任务 1：制作并编辑学生名单。

任务 2：制作学生成绩单并进行统计分析。

任务 3：制作学生成绩单图表。

任务 4：对学生成绩单进行数据处理。

任务 5：模拟分析和运算。

任务 6：学生名单浏览及其打印设置。

4.1 任务 1：制作并编辑学生名单

4.1.1 任务描述

某校新生开学，班主任为了有效地管理本班学生的信息，选择用 Excel 2010 录入学生的信息并进行后期的编辑和处理。为了后期打印学生信息，需要为学生名单添加表格边框线和底纹。

4.1.2 任务目的

■ 学会中文 Excel 2010 应用程序的启动、退出。

■ 掌握 Excel 2010 工作簿的保存、工作表的插入和删除等。

■ 掌握中文 Excel 2010 表格内容的输入、编辑和格式设置。

■ 学会在 Excel 2010 中对单元格的格式进行设置。

■ 学会在 Excel 2010 中对表格的边框进行设置。

■ 学会在 Excel 2010 中对表格的底纹进行设置。

4.1.3 任务要求

（1）新建 Excel 工作簿，制作如图 4.1 所示的学生名单，其中标题（"学生名单"）字体为"黑体"，字号为"18 号"，字段名（如"学号"、"姓名"等）字体为"宋体"，字号为"15 号"，对齐方式为"居中对齐"；学生具体信息内容字体为"宋体"，字号为"12 号"，对齐方式为"居中对齐"；工作表的行高为"20"。 列宽为每列"自动调整列宽"。

（2）在"姓名"之后插入"性别"，隐藏"身份证号码"字段。

（3）将"班级"字段列的内容和"学号"字段列内容交换位置，就是将表格中的字段顺序调整为"班级"、"学号"、"姓名"等。

（4）在 A1：G10 范围内设置表格边框，外边框线颜色为"红色"、双实线；内框线颜色为"蓝色"、单实线。

（5）在 A1：G10 范围内设置表格背景颜色，背景颜色为"浅绿"。效果如图 4.2 所示。

学生名单

学号	姓名	班级	家庭住址	联系电话	身份证号码	宿舍
200802030201	石辉立	网络081	河北省临城县	03192271000	130503198401020123	3－201
200802030202	王建曼	网络081	河北省柏乡县	03192271000	130503198304120126	3－201
200802030203	司艳杰	网络081	河北省临西县	03192271000	130503198410030133	3－201
200802030204	曾冬雪	网络081	河北省邢台市	03192271000	130503198406270122	3－201
200802030205	郑嫒嫒	网络081	河南省郑州市	03192271000	130503198409010111	3－201
200802030206	张秋月	网络081	山西省太原市	03192271000	130503198410100011	3－201
200802030207	阎敏	网络081	湖北省武汉市	03192271000	130503198411260667	3－201
200802030208	刘春燕	网络081	湖南省长沙市	03192271000	130503198412200188	3－201

图 4.1 学生名单

	A	B	C	D	E	F	G
1	学生名单						
2	学号	姓名	班级	家庭住址	联系电话	身份证号码	宿舍
3	200802030201	石辉立	网络081	河北省临城县	03192271000	130503198401020123	3－201
4	200802030202	王建曼	网络081	河北省柏乡县	03192271000	130503198304120126	3－201
5	200802030203	司艳杰	网络081	河北省临西县	03192271000	130503198410030133	3－201
6	200802030204	曾冬雪	网络081	河北省邢台市	03192271000	130503198406270122	3－201
7	200802030205	郑嫒嫒	网络081	河南省郑州市	03192271000	130503198409010111	3－201
8	200802030206	张秋月	网络081	山西省太原市	03192271000	130503198410100011	3－201
9	200802030207	阎敏	网络081	湖北省武汉市	03192271000	130503198411260667	3－201
10	200802030208	刘春燕	网络081	湖南省长沙市	03192271000	130503198412200188	3－201
11							

图 4.2 学生名单表格编辑效果图

4.1.4 操作步骤

步骤 1：启动 Excel 2010。

在 Windows7 环境下，执行"开始→所有程序→Microsoft Office→Microsoft Excel 2010"命令，就可以打开 Excel 2010 应用程序并创建一个新的工作簿。

还可以双击桌面上 Excel 的快捷方式启动 Excel 应用程序，同时新建一个工作簿。

第一次打开 Excel 时会自动新建文件名为"工作簿 1"的电子表格文件，未关机的前提下再次打开 Excel 时会自动新建文件名为"工作簿 2"的电子表格文件，以此类推。

步骤 2：单元格内容的输入。

1. 输入标题

用鼠标单击 A1 单元格，使其成为活动单元格后输入"学生名单"文本内容。

2. 输入表头字段

分别在 A2、B2、C2、D2、E2、F2、G2 单元格输入"学号"、"姓名"、"班级"、"家庭住址"、"联系电话"、"身份证号码"、"宿舍"文本内容。

3. 输入表格内容

（1）在 A3 单元格输入学号"200802030201"。单击 A3 单元格，使其成为活动单元格后，将鼠标指标放在 A3 单元格边框右下角的填充拖动柄上，当鼠标指针变成"十字角"时，按住"Ctrl"键的同时，按住鼠标左键拖动鼠标到 A20，则 A4:A20 单元格内会自动填入数据。

或在 A3 单元格输入学号"200802030201"，选择 A3：A20 单元格区域，打开"开始"选项卡下

"编辑"命令组中的 填充 下拉菜单，如图 4.3 所示，单击菜单中的"系列"子命令，打开"序列"对话框，如图 4.4 所示。选择序列产生在"列"、类型"等差序列"、步长值"1"。单击"确定"按钮，就完成了 A4:A20 单元格内学号的输入操作。

　　还可以在 A3 单元格输入学号"200802030201"，A4 单元格输入学号"200802030202"，选中 A3 和 A4 单元格，如图 4.5 所示。将鼠标指针放在单元格边框右下角的填充拖动柄上，当鼠标指针变成"十字角"时，按住鼠标左键拖动鼠标到 A20，也可以完成学号的输入操作。

　　（2）在 E 列输入联系电话，一般都带有区号，如 0319，在单元格中如直接输入 03192271000，则变为 3192271000，这时可以输入"'03192271000"（单引号为英文输入法下的）或首先将该单元格"数字"格式改为"文本"类型。

　　（3）在 F 列单元格输入身份证号码，身份证号是 18 位，如果单元格中数字超过 12 位，就会以科学记数方式表示，如"1.2345E＋11"，而身份证号是 18 位用科学计数法表示不符合应用要求。此时单击列标题 F（即选中 F 列），再执行"格式→单元格"命令，打开"单元格格式"对话框，单击"数字"选项卡，如图 4.6 所示，在"数字"列表框中选择"文本"选项，即可输入身份证号码。

　　（4）其他没有特殊要求的单元格内容按照常规方式录入。

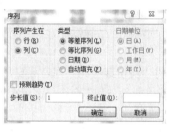

图 4.3　"填充"下拉菜单　　　　图 4.4　"序列"对话框　　　　图 4.5　单元格填充

4. 表格内容的编辑和设置

　　（1）选中单元格 A1 到 G1，即标题行，单击"开始"选项卡下的"对齐方式"组中的 "合并后居中"按钮，使标题行成为一个单元格。

　　（2）选中 A1 单元格并右击，在弹出的快捷菜单中单击"设置单元格格式……"命令，打开"设置单元格格式"对话框，选中"字体"选项卡，如图 4.7 所示。在"字体"下拉列表框中选择"黑体"，在"字形"下拉列表框中选择"常规"，在"字号"下拉列表框中选择"18"，单击"确定"按钮。

　　（3）单击 A2 单元格并按住鼠标左键拖动到 G2 单元格，即可选中 A2 到 G2 的单元格区域，按照上述方法设置 A2：G2 单元格区域的内容字体为"宋体"，字号为"15"。单击图 4.7 中"对齐"选项卡，设置水平对齐方式为"居中对齐"，垂直对齐方式为"居中对齐"。

　　（4）选中 A3 到 G10 之间的所有单元格，按照上述方法设置 A3：G10 单元格区域内容字体为"宋体"，字号为"12"，在"对齐"选项卡中设置水平对齐方式为"居中对齐"，垂直对齐方式为"居中对齐"。

　　（5）用鼠标单击行号 1 并按住鼠标左键拖动到行号 10（选择第二行到第十行），单击"开始"选项卡下"单元格"命令组中的"格式"命令，选择"行高"对话框，在"行高"文本框中输入要设置的行高"20"，单击"确定"按钮返回。也可以在选定设置行高区域后右击，在弹出的快捷菜单中选择

"行高"命令，输入行高，单击"确定"按钮返回。还可以在行分割线处拖曳鼠标上下移动改变行高，进行粗略设置。

图4.6 "单元格格式"对话框　　　　　　　图4.7 "设置单元格格式"对话框

（6）用鼠标单击列号 A 并按住鼠标左键拖动到列号 G（选择第一列到第七列），单击"开始"选项卡下"单元格"命令组中的"格式"命令，选择"自动调整列宽"命令，则可将每列的列宽设置为和内容匹配的列宽。还可以通过下面3种方式改变列宽。

① 将鼠标放到列标题的分割线处快速双击，列宽自动调整到适合单元格内容的宽度。

② 用鼠标拖曳方式调整。

③ 用与行高设置方法相同的方法进行列宽值的精确设置。

5. 插入/隐藏列

在"姓名"列后插入"性别"列，并将"身份证号码"列隐藏起来。

（1）右击"班级"列，执行"插入"或"插入→列"命令，都可在当前列的前面插入空列，在C2单元格输入列标题"性别"，输入各学生的性别。

（2）右击"身份证号码"列，执行"隐藏"命令，实现隐藏"身份证号码"列。

插入/隐藏行的操作方法与列类似。

6. 互换两列的内容位置

选取要交换的其中一列数据，鼠标指向选取数据的列边界处，当鼠标变成"十"字形时，按住"shift"键的同时按住鼠标左键，拖动鼠标到要交换位置的左边界，此时鼠标旁边会有一个虚的"工"字形（工字型的位置就是交换后的位置），松开鼠标即可实现交换。

当然通过复制粘贴也可以实现交换，但上述方法效率更高。

步骤3：设置表格边框。

选中表格内容并右击，在弹出的菜单中执行"设置单元格格式"命令，在打开的"单元格格式"对话框中选择"边框"选项卡。颜色设为"红色"，单击线条中的"双线"，然后单击"预置"栏下的"外边框"；将颜色设为"蓝色"，单击线条中的"细线"，然后单击"预置"栏下的"内部"，如图4.8所示。

步骤4：设置表格底纹图案。

单击"填充"选项卡，在"图案颜色"下拉列表框中选中"浅绿"，如图4.9所示，单击"确定"按钮。

步骤5：表格保存。

执行"文件→另存为"命令，打开"另存为"对话框，如图4.10所示。选定保存位置，默认文件名为"工作簿1"，输入文件名，如"网络081学生名单"，单击"保存"按钮，文件就保存到指定的位置，需要时可以打开并进行浏览或修改。

图 4.8 设置表格边框

图 4.9 设置表格图案

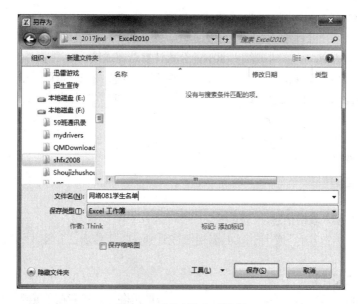

图 4.10 "另存为"对话框

步骤 6：插入删除工作表

"开始"菜单下"单元格"组中有插入、删除单元格、行、列、工作表的命令，可进行相应的操作。也可以右击工作表名进行插入、删除工作表。

步骤 7：退出 Excel 应用程序。

文件处理完后就需要退出 Excel，退出 Excel 应用程序的方法主要有以下几种。

（1）执行"文件→退出"命令。

（2）单击屏幕右上角的"关闭"按钮。

（3）双击标题栏的应用软件图标。

（4）按"Alt+F4"组合键。

4.2　任务 2：制作学生成绩单并进行统计分析

4.2.1　任务描述

学期期末，任课教师录入学生本学期课程平时成绩、期末考试成绩，需要计算总评成绩、名次，并对成绩进行汇总和统计分析。

4.2.2　任务目的

- 学会 Excel 2010 中公式、函数的使用。
- 学会 Excel 2010 中条件格式的设置。

4.2.3　任务要求

（1）打开任务 1 新建的"网络 081 学生名单"，复制学号列、姓名列内容至 sheet2 工作表，重命名 sheet2 工作表为"××课程第一学期期末成绩单"。录入课程平时成绩、期末成绩。

（2）用平时成绩占 20%，期末成绩占 80% 的公式计算总评成绩。

（3）在"名次"列的对应位置上用函数计算出各学生总评成绩在全班同学中的名次。

（4）用函数和公式统计出应考人数、实考人数、各分数段的学生人数、最高分、最低分、平均分、优秀率和及格率。

（5）把成绩为 90 分及以上的设为蓝色，60 分以下的设为红色。

（6）将文件保存到适当位置。

4.2.4　操作步骤

步骤 1：复制并输入表格信息。

复制"网络 08 学生名单"学号列、姓名列信息至 sheet2 工作表，并输入平时成绩、期末成绩、总评、名次等信息。

步骤 2：总评成绩计算。

（1）使用鼠标选定 E6 单元格，输入等号"="，单击单元格 C6，接着在单元格 E6 中输入"*0.2＋"，单击单元格 D6，再在单元格 E6 中输入"*0.8"，在编辑栏中得到的公式为"=C6*0.2＋D6*0.8"，如图 4.11 所示。单击编辑栏前的"输入"按钮或按"Enter"键，单元格 E6 就用该公式计算出总评成绩。

（2）计算其他学生的"总评"成绩，即单元格 E7：E47 的内容，可以用填充方式计算，将鼠标放在 E6 单元格边框右下角的填充拖动柄上，当鼠标指针变成"十字角"时，按住左键拖动鼠标到 E47 后松开，则单元格 E7：E47 区域就计算出了"总评"成绩。

说明： 在公式中的运算符应在英文半角状态下输入。

步骤 3：名次计算。

（1）选中单元格 F6，单击"公式"菜单下的"插入函数"命令，打开"插入函数"对话框，在"或选择类别"下拉列表框中选择"全部"或"统计"选项，在"选择函数"下拉列表框中选择"RANK"函数，如图 4.12 所示。鼠标定位到每一参数的输入栏处时，对话框下部都会有一个简要的提示，也可以单击"有关该函数的帮助"链接，打开该函数的帮助窗口，如图 4.13 所示。

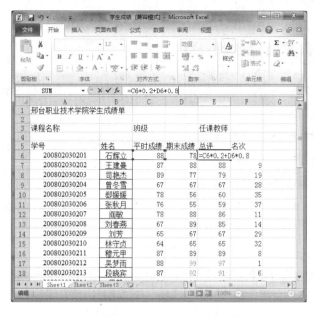

图 4.11 邢台职业技术学院学生成绩单

图 4.12 "插入函数"对话框

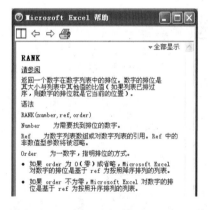

图 4.13 函数帮助窗口

（2）单击"确定"按钮，打开"函数参数"对话框，如图 4.14 所示，鼠标指向"Number"输入栏，单击单元格 E6。鼠标指向"Ref"输入栏，拖动选取 E6 到 E47 单元格，在"Order"栏中输入"0"，表示以降序排列。

（3）单击"确定"按钮，单元格 F6 就显示出该行学生的总评成绩排名，单元格 F7 到 F47 用填充方式采用鼠标拖动也可得到，如图 4.15 所示。

（4）若发现名次排列不准确。这时左键分别单击单元格 F8、F9、F10 等，看到编辑栏的公式分别为"RANK（F8,F8:F47,0）"、"RANK（F9,F9:F47,0）"、"RANK（F10,F10:F47,0）"，就会发现 F8 单元格的内容是指 F8 到 F47 的名次，而不是 F6 到 F47 的名次。其他单元格也是从当前单元格到最后单元格的排名而不是从第一个学生到最后一个学生成绩的排名。这时需要使用绝对引用，即单击 F6 单元格，在编辑栏的公式中选择"E6：E47"，单击 F4 键则可直接加入绝对引用符号"$"，如图 4.16 所示。按"Enter"键或单击编辑栏前的"输入"按钮，单元格 F6 就显示出该行学生的总评成绩排名，单元格 F7 到 F47 再用填充方式采用鼠标拖动也可得到。

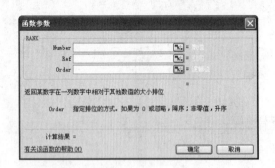

图 4.14　"函数参数"对话框

图 4.15　相对引用

步骤 4：其他统计。

1．各分数段人数统计

（1）选中单元格 I9，单击编辑栏前的"插入函数"按钮，打开"插入函数"对话框，在"或选择类别"下拉列表框中选择"全部"或"统计"选项，在"选择函数"下拉列表框中选择"COUNTIF"函数，打开"函数参数"对话框，在"Range"处输入"E6:E47"，在"Criteria"处输入"≥90"，如图 4.17 所示，单击"确定"按钮后，单元格就会出现统计值。

图 4.16　绝对引用

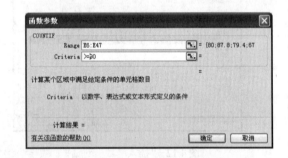

图 4.17　COUNTIF 函数参数

（2）选中单元格 I10，单击编辑栏前的"插入函数"按钮，打开"插入函数"对话框，在"或选择类别"下拉列表框中选择"全部"或"统计"选项，在"选择函数"下拉列表框中选择"COUNTIF"函数，打开"函数参数"对话框，在"Range"处输入"E6:E47"，在"Criteria"处输入"≥80"，单击编辑栏输入减号"-"，再单击"I9"，在编辑栏中完成的公式为"=COUNTIF(E6:E47,">=80")-I9"，如图 4.18 所示，单击"确定"按钮后，单元格就会出现统计值。

（3）I11、I12、I13 几个分数段的统计方法和 I10 类似，公式为：

I11：=COUNTIF(E6:E47,">=70")-I9-I10

I13：=COUNTIF(E6:E47,"<60")

I12：=COUNTIF(E6:E47,"<=69")-I13

2．应考人数统计

应考人数统计到单元格 I5 中，使用"COUNT"函数对学生名字进行非空单元格计数。

选中单元格 I5，单击编辑栏前的"插入函数"按钮，打开"插入函数"对话框，在"或选择类别"

下拉列表框中选择"全部"或"常用函数"选项，在"选择函数"下拉列表框中选择"COUNT"函数，打开"函数参数"对话框，在"Value1"处输入"B6:B47"，如图 4.19 所示，单击"确定"按钮返回后，单元格就会出现统计值。

图 4.18　统计各分数段人数

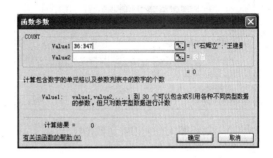
图 4.19　COUNT 函数参数

3. 实考人数统计

实考人数统计到单元格 I6 中，使用"COUNT"函数对学生名字进行非空单元格计数。

选中单元格 I6，单击编辑栏前的"插入函数"按钮，打开"插入函数"对话框，在"或选择类别"下拉列表框中选择"全部"或"常用函数"选项，在"选择函数"下拉列表框中选择"SUM"函数，打开"函数参数"对话框，在"Number1"处输入"I9:I13"，如图 4.20 所示，单击"确定"按钮后，单元格就会出现统计值。

4. 考试情况统计

最高分、最低分、平均分、优秀率和及格率这几种统计比较简单，操作过程在这里不再详述。

在这里把每个单元格的函数及参数列出来，请同学们自己验证。

最高分 K5 单元格："=MAX(E6:E47)"

最低分 K7 单元格："=MIN(E6:E47)"

平均分 K9 单元格："=AVERAGE(E6:E47)"

优秀率 K11 单元格："=I9/I6"

及格率 K5 单元格："=SUM(I9:I12)/I6"

步骤 5：条件格式设置。

（1）按住鼠标左键拖动方式选定单元格 C6:E47 区域，执行"开始→样式→条件格式→突出显示单元格规则→其他规则"命令，打开"新建格式规则"对话框，如图 4.21 所示。在"选择规则类型"中单击"只为包含以下内容的单元格设置格式"命令，在"编辑规则说明"下设置如图 4.21 所示的格式，单元格值的条件大于或等于 90，单击"格式"按钮，打开"设置单元格格式"对话框，如图 4.22 所示。选择"字体"颜色为"蓝色"，单击"确定"按钮返回。

（2）再次按住鼠标左键拖动方式选定单元格 C6:E47，执行"开始→样式→条件格式→突出显示单元格规则→其他规则"命令，打开"新建格式规则"对话框，如图 4.23 所示，在"选择规则类型"中的"只为包含以下内容的单元格设置格式"命令，在"编辑规则说明"下设置如图 4.23 所示的格式，单元格值的条件小于 60，单击"格式"按钮，打开"设置单元格格式"对话框，如图 4.22 所示。选择"字体"颜色为"红色"，单击"确定"按钮返回。

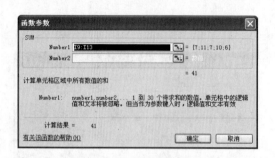

图 4.20　SUM 函数参数

图 4.21　"新建格式规则"对话框

图 4.22　"设置单元格格式"对话框

图 4.23　"新建格式规则"对话框

步骤 6： 保存统计分析结果。

4.3　任务 3：制作学生成绩单图表

4.3.1　任务描述

某校随机抽查各系个别学生的各科考试成绩，为了直观地对各系学生的成绩进行比较，需要用 Excel 2010 制作图表。

4.3.2　任务目的

■ 学会在 Excel 2010 中制作图表。
■ 学会在 Excel 2010 中修改图表。

4.3.3　任务要求

（1）打开"某职业技术学院学生名单.xlsx"工作簿。
（2）用公式计算平均成绩和总成绩。
（3）用簇状柱形图方式表示姓名、数学、英语、计算机的关系，标题名称为"学生成绩表"，并把图表放在当前工作表的空白处。

（4）用饼图表示系别、平均成绩的关系，标题名称为"平均成绩表"，并把图表放在当前工作表的空白处。

（5）用簇状柱形图方式表示姓名、总成绩的关系，标题名称为"学生总成绩表"，并把图表放在新工作表，并把新工作表命名为"总成绩表"。

4.3.4 操作步骤

步骤 1：打开工作簿。

打开"邢台职业技术学院学生名单"工作簿。

步骤 2：用公式计算平均成绩和总成绩。

计算过程不再细述，最后结果如图 4.24 所示。

	A	B	C	D	E	F	G	H	I	J	K
1	学号	姓名	性别	系别	籍贯	出生日期	英语	数学	计算机	平均分	总成绩
2	97101008	张立华	女	电子系	承德	1981/3/23	91	86	74	83.67	251
3	97101009	曹雨生	男	电子系	秦皇岛	1979/2/12	78	80	90	82.67	248
4	97101010	李芳	女	电子系	张家口	1980/5/23	91	82	89	87.33	262
5	97101011	徐志华	男	电子系	唐山	1981/8/20	81	98	91	90.00	270
6	97101006	刘丽冰	女	计算机系	天津	1980/12/8	56	67	78	67.00	201
7	97101003	高文博	男	计算机系	北京	1979/8/10	75	64	88	75.67	227
8	97101002	王强	男	计算机系	北京	1981/1/24	67	98	87	84.00	252
9	97101001	张晓林	男	计算机系	保定	1980/12/9	76	78	91	81.67	245
10	97101007	李雅芳	女	建筑系	张家口	1981/7/1	76	78	92	82.00	246
11	97101012	李晓力	男	建筑系	邢台	1979/3/2	69	90	78	79.00	237
12	97101013	罗明	男	建筑系	天津	1980/7/22	78	67	78.33	235
13	97101014	段平	男	建筑系	保定	1981/5/2	79	91	75	81.67	245

图 4.24 邢台职业技术学院学生名单

步骤 3：创建"姓名、英语、数学和计算机"学生成绩表图表。

（1）单击"插入"选项卡"图表"组右下角箭头按钮，打开"插入图表"对话框，如图 4.25 所示。在"图表类型"列表框中选定"柱形图"，在"子图表类型"框中选定"簇状柱形图"，单击"确定"按钮。

（2）单击"图表工具→设计→数据→选择数据"，打开"选择数据源"对话框，如图 4.26 所示，单击"图表数据区域"文本框后的红色箭头，在工作表的数据区选择"姓名、英语、数学、计算机"列（包括字段名）。首先用鼠标拖曳选定"姓名"列，按下"Ctrl"键，再用鼠标拖曳选定其他列。单击"确定"按钮。

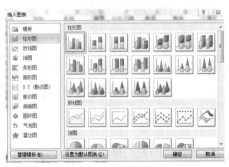
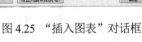

图 4.25 "插入图表"对话框

图 4.26 "选择数据源"对话框

（3）单击"图表工具→布局→标签→图表标题"，打开"图表标题"下拉菜单，选择"图表上方"命令，输入图表标题"学生成绩表"，如图 4.27 所示。

（4）单击"图表工具→设计→位置→移动图表"，打开"移动图表"对话框，如图 4.28 所示，选择"对象位于"单选按钮，选择图表所在的工作表，单击"确定"按钮。

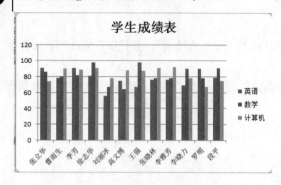

图 4.27　图表标题　　　　　　　　　　　　图 4.28　"移动图表"对话框

（5）单击"图表工具→布局→标签→坐标轴标题、图例"，设置图表横/纵坐标轴标题和图例的位置。输入图表横/纵坐标轴标题，选择图例的位置，如图 4.29 所示，学生名称和各门课程成绩关系的图表创建完成。

步骤 4：创建"平均成绩表"图表。

平均成绩表创建方式和学生成绩表类似，在"图表类型"对话框中选定"饼图"，在"选择数据源"对话框中选定"系别"列和"平均分"列，在"图表标题"文本框中输入"平均成绩表"。其余操作与上述相同。创建完成后的效果如图 4.30 所示。

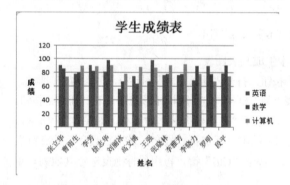

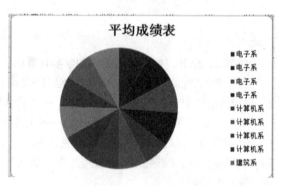

图 4.29　学生成绩表　　　　　　　　　　　图 4.30　平均成绩表

步骤 5：创建"总成绩表"图表。

总成绩表创建方式和学生成绩表类似，在"图表类型"对话框中选定"柱形图"，在"子图表类型"框中选定"簇状柱形图"，在"选择数据源"对话框中选定"姓名"列、"总成绩"列，在"图表标题"文本框中输入"学生总成绩"，在"移动图表"对话框中选中"新工作表"单选按钮。新工作表名为"学生总成绩表"。创建完成后的效果如图 4.31 所示。

步骤 6：编辑图表。

单击创建好的图表，则标题栏上会出现"图表工具"菜单，通过"图表工具"下的"设计"命令可以对图表的类型、图表的数据、图表布局、图表样式进行设置；通过"图表工具"下的"布局"命令可以对图表的标签、坐标轴、背景等进行设置。例如，如果想让图 4.31 图上显示数据值，可先单击图表，然后执行"图表工具→布局→数据标签→其他数据标签选项..."命令，打开"设置数据标签格式"对话框，则可根据需要进行设置。

步骤 7：删除图表。

如果创建的图表不符合要求，可以选择图表后按"Delete"键，或执行"开始→编辑→清除→全部清除"菜单命令删除图表。

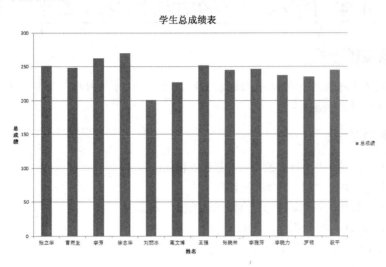

图 4.31　学生总成绩表

步骤 8：修改图表。

图表创建后往往需要进行修改，选定图表后，单击"图表工具"菜单，如图 4.32 所示，或右击图表，弹出快捷菜单，如图 4.33 所示，其中包含了"更改图表类型"、"选择数据"、"设置绘图区格式"和"删除"等命令，通过这几个命令可以进行图表类型的转换、数据源的调整，以及对图表绘图区数据格式的调整。

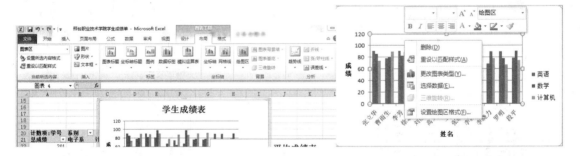

图 4.32　"图表工具"菜单　　　　　　　　图 4.33　修改图表快捷菜单

在"学生成绩表"图表中发现图表的标题有误时，可以进行修改，修改的过程如下。

（1）单击"图表工具→布局→标签→图表标题"，输入新的标题即可。

（2）单击"图表工具→布局→标签→坐标轴标题"，重新输入图表横/纵坐标轴标题和图例的位置。

（3）单击"图表工具→布局→坐标轴→网格线"，可以进行主要"横/纵网格线"的设置。

（4）单击"图表工具→布局→标签→图例"，可以设置图例的放置位置。

（5）单击"图表工具→布局→标签→数据标志"，可以设置数据标签。

（6）右击"纵坐标轴（Y 轴）"如 60，选择"快捷菜单"中的"设置坐标轴格式"命令，在打开的对话框中可以设置 Y 轴的最小值、最大值和主要刻度等。

（7）右击"横坐标轴（X 轴）"如罗明，选择"快捷菜单"中的"设置坐标轴格式"命令，在打开的对话框中可以设置 X 轴的刻度线间隔、填充和线条颜色等。

4.4 任务4：对学生成绩单进行数据处理

4.4.1 任务描述

某校想了解随机抽查的学生各科考试成绩的最高分、最低分、不及格人数等信息，Excel 2010 数据处理功能可以解决上述问题。

4.4.2 任务目的

- 学会在 Excel 2010 中工作表的命名、复制、移动操作。
- 学会在 Excel 2010 中的排序操作方法。
- 学会在 Excel 2010 中自动筛选、高级筛选的操作方法。
- 学会在 Excel 2010 中分类汇总的操作方法。
- 学会在 Excel 2010 中制作数据透视表。

4.4.3 任务要求

（1）新建 Excel 工作簿，输入如图 4.34 所示的"邢台职业技术学院学生成绩单"内容。

（2）把工作表"Sheet1"命名为"基本数据"。

（3）设置学生各门课程成绩数据区的有效性为"<=100"，按照如图 4.35 所示内容输入成绩，按"学号"升序进行排序。

图 4.34 学生基本数据

图 4.35 课程成绩

（4）把整个数据区复制到"Sheet2"，并命名为"自动筛选"，使用自动筛选功能筛选出计算机系中计算机成绩高于 80 分的同学。

（5）把整个数据区复制到"Sheet3"，并命名为"高级筛选"，使用高级筛选功能筛选出有一门课程不及格的同学，将筛选结果复制到其他地方。

（6）将"基本数据"工作表复制到一张新插入的工作表中，并命名为"分类汇总"，按系别进行各门课程平均分的分类汇总。

（7）建立按系别和学号分析总成绩的数据透视表。

（8）以"数据处理"为文件名把文件保存到 D 盘根目录下。

4.4.4 操作步骤

步骤 1：输入表格信息。

录入相关信息，将鼠标置于"Sheet1"处右击，在弹出的快捷菜单中选择"重命名"命令，如图 4.36 所示，此时"Sheet1"处于可编辑状态，输入"基本数据"后按"Enter"键，工作表名就变为"基本数据"。

步骤 2：设置数据有效性并输入数据。

（1）使用鼠标拖曳方式选中要输入数据的区域，即 G2:I13，执行"数据→数据有效性"命令，打开"数据有效性"对话框，如图 4.37 所示，在"允许"下拉列表框中选择"整数"选项，在"数据"下拉列表框中选择"小于或等于"选项，在"最大值"文本框中输入"100"。

图 4.36　重命名工作表

图 4.37　"数据有效性"对话框

（2）单击"输入信息"选项卡，输入提示信息，在"标题"文本框中输入"有效数据"，在"输入信息"文本框中输入"<=100"，如图 4.38 所示。单击"确定"按钮返回。

此时单击数据单元格时都有提示信息"有效数据<=100"，如图 4.39 所示。

图 4.38　"数据有效性"对话框

图 4.39　数据输入提示信息

（3）输入成绩。在输入过程中如果输入大于 100 的数据时，会弹出"输入值非法"窗口，提示用户重新输入数据。

（4）按"学号"排序。选中"学号"列，执行"数据→排序"命令，打开"排序警告"对话框，选择"给出排序依据"下的"扩展选定区域"单选项，如图 4.40 所示。

单击"排序"按钮，打开"排序"对话框，如图 4.41 所示。选择排序"主要关键字"为"学号"，选中"升序"单选按钮，接着选中"有标题行"单选按钮，最后单击"确定"按钮。

图 4.40 "排序警告"对话框　　　　　　　　图 4.41 "排序"对话框

说明： 如在"排序警告"对话框中选中"以当前选定区域排序"单选按钮，则只为选定的数据区域进行排序。

步骤 3： 自动筛选数据。

（1）用鼠标拖曳选定 A1:I13，单击工具栏的"复制"按钮。用鼠标单击工作表"Sheet2"进入该工作表界面，选定单元格 A1，单击工具栏上的"粘贴"按钮，"基本数据"工作表中的所有数据就复制到工作表"Sheet2"中了。

（2）将鼠标置于工作表"Sheet2"并右击，执行"重命名"命令，输入"自动筛选"，工作表名就更改为"自动筛选"。

（3）执行"数据→排序和筛选→筛选"命令，选中"自动筛选"（前有"√"），数据表的字段如图 4.42 所示，每个字段右边都出现一个黑色箭头，使用鼠标单击某字段的黑色箭头出现该字段的取值，默认情况下是所有值都显示出来，可以选择或设定条件，只显示符合条件的部分。

单击"系别"字段的黑色箭头，出现如图 4.43 所示的选择取值，选择"计算机系"，则显示的是系别是计算机系的学生信息，如图 4.44 所示。

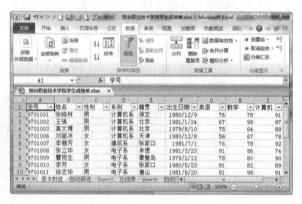

图 4.42 自动筛选　　　　　　　　　　　图 4.43 选择取值

单击"计算机"字段的黑色箭头，在选择取值中选择"自定义"选项，打开"自定义自动筛选方式"对话框，如图 4.45 所示，在"计算机"选项下选择"大于或等于"，在后面的文本框中输入"80"。单击"确定"按钮，筛选出计算机成绩高于 80 分的学生。

步骤 4： 高级筛选数据。

高级筛选主要是用来实现条件比较复杂或者自动筛选不好实现的筛选。进行高级筛选时，首先需要把条件放到数据表的适当位置上，并且多个条件放置的位置不同会得到不同的结果。

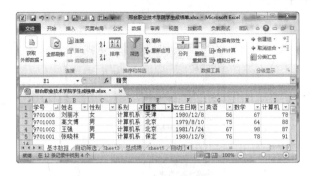

图 4.44　筛选结果　　　　　　　　　图 4.45　"自定义自动筛选方式"对话框

（1）筛选条件。在这里列出几个高级筛选的条件区域示例，如图 4.46 所示，各个筛选条件的含义如下。

（a）：筛选出"计算机系或电子系"的学生，即单列上具有多个条件。

（b）：筛选出"英语成绩低于 60 分与数学成绩低于 60 分"的学生，为多列上具有单个条件。

（c）：筛选出"英语成绩低于 60 分或数学成绩低于 60 分"的学生，即某一列或另一列上具有单个条件。

（d）：筛选出"计算机系总分高于 260 分与电子系总分高于 260 分"的学生，即两列上具有两个条件。

在这里设定如图 4.47 所示的筛选条件。

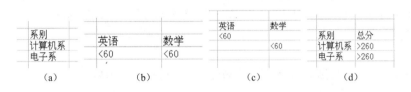

系别		英语	数学		英语	数学		系别	总分		英语	数学	计算机
计算机系		<60	<60		<60			计算机系	>260		<60		
电子系						<60		电子系	>260			<60	
													<60
(a)		(b)			(c)			(d)					

图 4.46　高级筛选条件示例　　　　　　　　　　图 4.47　高级筛选条件

（2）用鼠标拖曳选定 A1:I13，单击工具栏的"复制"按钮。用鼠标单击工作表"Sheet3"进入该工作表界面，选定单元格 A1，单击工具栏上的"粘贴"按钮，"基本数据"工作表中的所有数据就复制到工作表"Sheet3"了。将鼠标置于工作表"Sheet3"并右击，执行"重命名"命令，输入"高级筛选"，工作表名就更名为"高级筛选"。

（3）执行"数据→排序和筛选→高级"按钮，打开"高级筛选"对话框，选中"将筛选结果复制到其他位置"单选按钮，单击"列表区域"栏，选择数据区域 A1:I13，单击"条件区域"栏选择条件区域 F23:H26，单击"复制到"栏，选择筛选结果复制到"A33"，单击"确定"按钮，如图 4.48 所示。筛选结果就显示出有一门课程不及格的学生列表了。

步骤 5：分类汇总。

（1）执行"开始→单元格→插入→插入工作表"命令，就会在当前工作表的前面插入一个新工作表，自动命名为"Sheet4"。或右击"高级筛选"工作表名，执行"插入"菜单命令，再选择"工作表"，就会在"高级筛选"工作表前插入"Sheet4"工作表。

对"Sheet4"重命名为"分类汇总"。用鼠标拖动"分类汇总"工作表到"高级筛选"工作表之后。

（2）把"基本数据"工作表的数据复制到"分类汇总"工作表。

（3）对分类字段进行排序。在这里按"系别"进行分类，选中"系别"列，进行排序。

（4）选定数据区中的任意单元格，执行"数据→分级显示→分类汇总"命令，打开"分类汇总"

对话框，如图 4.49 所示。

图 4.48　高级筛选对话框

图 4.49　"分类汇总"对话框

在"分类字段"下拉列表框中选择"系别"。

在"汇总方式"下拉列表框中选择"平均值"。

在"选定汇总项"下拉列表框中选中需要汇总的字段，在这里选中"英语"、"数学"、"计算机"。

单击"确定"按钮，汇总结果如图 4.50 所示。

单击汇总窗口左侧"–"号，将按分类字段进行记录折叠，折叠后"–"号变为"+"号，单击"+"号可以还原。

（5）如果要回到分类汇总前的状态，选中"分类汇总"数据区的任意单元格，执行"数据→分级显示→分类汇总"命令，在打开的"分类汇总"对话框下部单击"全部删除"按钮，即删除现有的分类汇总结果并返回到原始数据状态。

步骤6：建立数据透视表。

（1）在"平均分"列后插入一列"总成绩"，并利用公式和自动填充功能填充总成绩。

（2）单击数据区域的任一单元格，执行"插入→表格→数据透视表→数据透视表"命令，打开"创建数据透视表"对话框，如图 4.51 所示。

（3）在"创建数据透视表"对话框中，单击"选择一个表或区域"，单击"表/区域"文本框后的红色箭头，选择待做数据透视表的数据源区域，单击"选择放置数据透视表的位置"下的"现有工作表"，单击"位置"文本框后的红色箭头，选择放置结果的起始单元格，如图 4.51 所示。

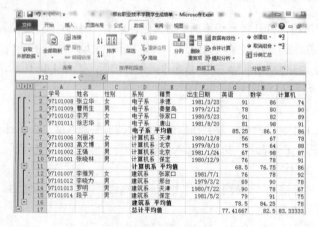

图 4.50　汇总结果

图 4.51　"创建数据透视表"对话框

（4）执行完第（3）步后，选择 Excel 窗口中出现的"数据透视表工具选项→数据透视表工具→选项"命令，打开"数据透视表选项"对话框，单击"显示"选项卡，勾选"经典数据透视表布局（启用网格中的字段拖放）（L）"项，如图 4.52 所示。单击"确定"按钮返回。

（5）打开如图 4.53 所示"数据透视表布局"话框。

图 4.52　"数据透视表选项"对话框　　　　　　　图 4.53　"数据透视表布局"对话框

"将报表选项字段拖至此处"区指做数据透视的字段。"将行字段拖至此处"区用来指定透视表按行显示的数据项名（字段名称），选择"总成绩"为行字段；"将列字段拖至此处"区用来指定透视表按列显示的数据项名（字段名称），选择"系别"为列字段。"将值字段拖至此处"区用来指定透视表按行显示的数据，选择"学号"值字段，表示计算学号的个数。

在对话框右边列出的字段名中单击相应的数据项名按钮，用鼠标拖动至对应的位置，即将"总成绩"拖动到"行"，"系别"拖动到"列"，"学号"拖动到"数据"，这时发现拖动到"数据"区的"学号"是计数，如图 4.54 所示。双击计数项"学号"，打开"值字段设置"对话框，在"值汇总方式"中可以改变汇总方式，单击"确定"按钮，返回"数据透视表布局"对话框，单击"确定"按钮，再单击"完成"按钮，完成后的数据透视表如图 4.55 所示。

图 4.54　"值字段设置"对话框

计数项:学号	系别			
总成绩	电子系	计算机系	建筑系	总计
201		1		1
227		1		1
235			1	1
237			1	1
245		1	1	2
246			1	1
248	1			1
251	1			1
252		1		1
262	1			1
270	1			1
总计	4	4	4	12

图 4.55　数据透视表结果

（6）改变显示数据的范围。单击"系别"右边向下的箭头，打开其下拉菜单，如图 4.56 所示，选中或取消某个系别的复选框，则在图中消失。

单击"总成绩"右边向下的箭头，打开其下拉菜单，如图 4.57 所示，选中或取消某个总成绩的复选框，则在图中消失。

图 4.56　选择列（系列）

图 4.57　选择行（总成绩）

（7）对数据透视表重新布局。单击数据透视表中任意位置，如果"数据透视表字段列表"窗口未打开，右击数据透视表中任意位置，在打开的快捷菜单中选择"显示字段列表"命令。

　　将"总成绩"向右拖出图表显示区，再将"计算机"拖到"总成绩"原来的位置，观察显示结果的变化。

4.5　任务5：模拟分析和运算

4.5.1　任务描述

　　模拟分析是指通过更改单元格中的值来查看这些更改对工作表中引用被更改单元格的公式结果的影响的过程。通过使用模拟分析工具，可以在一个或多个公式中使用不同的几组值来分析所有不同的结果。

　　Excel 中包含 3 种模拟分析工具：方案管理器、模拟运算表和单变量求解。方案管理器和模拟运算表根据各组输入值来确定可能的结果。单变量求解与方案管理器和模拟运算表的工作方式不同，它获取结果并确定生成该结果的可能的输入值。

4.5.2　任务目的

■ 学会 Excel 2010 单变量求解的使用。
■ 学会 Excel 2010 模拟运算器的使用。
■ 学会 Excel 2010 方案管理器的使用。

4.5.3　任务要求

1. 单变量求解任务要求

　　职工的年终奖金是全年销售额的 20%，前三个季度的销售额如图 4.58 所示，该职工想知道第四季度的销售额为多少时，才能保证年终奖金为 1200 元。要求利用模拟分析工具的单变量求解来解决问题。

　　单变量求解是解决假定一个公式要取的某一结果值，其中变量的引用单元格应取值为多少的问题。在 Excel 中根据所提供的目标值，将引用单元格的值不断调整，直至达到所需要求的公式的目标值时，变量的值才确定。单变量求解的具体操作步骤如下。

（1）如图 4.58 所示的表格，其中单元格 E2 中的公式为"=（B2+B3+B4+B5）*20%"。

（2）打开"数据→数据工具→模拟分析→单变量求解"对话框，如图 4.59 所示。

（3）在"目标单元格"框中输入想产生特定数值公式的单元格。例如，单击单元格 E2。

图 4.58 单变量求解

（4）在"目标值"框中输入想要的解。例如，输入"1200"

（5）在"可变单元格"框中输入"$B$5"或"B5"。

（6）单击"确定"按钮，出现如图 4.60 所示的"单变量求解状态"对话框。在这个例子中，计算结果"1845"显示在单元格 B5 内。要保留这个值，单击"单变量求解状态"对话框中的"确定"按钮即可。

默认的情况下，"单变量求解"命令在它执行 100 次求解与指定目标值的差在 0.001 之内时停止计算。

图 4.59 "单变量求解"对话框   图 4.60 "单变量求解状态"对话框

2. 模拟运算表任务要求

一个简单的数学方程式 $Y=6X^3+5X-20$ 里含有一个变量 X，当 X 的值：-4、-3、-2、-1、0、0.768123、1、2、3、4 这 10 个数值时，要求用 Excel 的模拟运算表计算 Y 值答案。

模拟运算表就是将工作表中的一个单元格区域的数据进行模拟计算，测试使用一个或两个变量对运算结果的影响。单变量模拟运算表是在工作表中输入一个变量的多个不同值，分析这些不同变量值对一个或多个公式计算结果的影响。具体步骤如下。

（1）在 A2：A11 单元格区域内要代入变量 X 的各个数据。

（2）在单元格 B1 中输入方程公式"=6 *D1^3+5*D1-20"。

（3）用鼠标选择包括常数区域与公式在内的矩形区域，也就是 A1：B11 单元格区域。

（4）打开"数据→数据工具→模拟分析→模拟运算表"对话框。

（5）在"输入引用列的单元格"中输入 D1。

单击"确定"按钮，如图 4.61 所示。

3. 双变量模拟运算表任务要求

已知某企业所生产产品的单位售价、销售量、固定成本、单位变动成本，如图 4.62 所示。假设产品单价分别为 320 元、325 元、330 元、345 元、350 元、360 元；产品销售量分别是：500、550、650、700、760、800；求其他条件不变时的利润变动额。

双变量模拟运算表用于分析两个变量的几组不同的数值变化对公式计算结果的影响。在应用时，这两个变量的变化值分别放在一行与一列中，而两个变量所在的行与列交叉的那个单元格反映的是将这两个变量代入公式后得到的计算结果。双变量模拟运算表中的两组输入数值使用同一个公式。这个公式必须引用两个不同的输入单元格。在输入单元格中，源于数据表的输入值将被替换。

具体步骤如下。

（1）先设计好模拟运算表的模板，如图 4.62 所示，两个变量的变化值分别填在一行与一列中，而两个变量所在的行与列交叉的那个单元格反映的是将这两个变量代入公式后得到的计算结果。

图 4.61　模拟运算

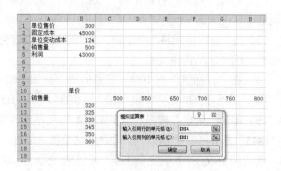

图 4.62　双变量模拟运算表

（2）在 B12:B17 和 C11:H11 单元格区域输入两个变量的取值。

（3）在 B11 单元格中输入公式 "=B1*B4-B3*B4-B2"，要注意的是，公式必须放在两组变量交叉的单元格 B11 中。

（4）选定包含两组变量和公式的单元格区域 B11:H17。

（5）打开 "数据→数据工具→模拟分析→模拟运算表" 对话框。

（6）在 "输入引用行的单元格" 编辑栏中引用行系列数据变量的位置，这里是 B4；在 "输入引用列的单元格" 编辑栏中引用列系列数据变量的位置，这里是 B1。

（7）单击 "确定" 按钮即得到结果。

4．方案管理器任务要求

假设某人投资一项目，投入本金和年增长率分 3 种方案，方案 1：本金 100，年增长率 10；方案 2：本金 90，年增长率 12；方案 3：本金 110，年增长率 8。现在要模拟计算在不同年利率（回报率）：0.04、0.045、0.05、0.055、0.06、0.065、0.07、0.075 下的本息总额。

模拟运算表无法容纳两个以上的变量。如果要分析两个以上的变量，需要使用方案管理器。一个方案最多可以获取 32 个不同的值，但是却可以创建任意数量的方案。方案管理器作为一种分析工具，每个方案允许建立一组假设条件、自动产生多种结果，并可以直观地看到每个结果的显示过程。还可以将多个结果存放在一个工作表中进行比较。

具体步骤如下。

（1）建立分析方案，在 Excel 工作表中输入如图 4.63 所示的数据。

	A	B	C	D	E	F	G	H	I
1	本金	100							
2	年增长率	10							
3									
4	年利率	0.04	0.045	0.05	0.055	0.06	0.065	0.07	0.075
5	到期本息								

图 4.63　输入方案管理的基础数据

（2）在 B5 中输入公式：=$B$1*(1+B4)^$B$2（注意对 B1、B2 单元格的引用为绝对引用）后单击回车键确认，使用 B5 的填充柄自动填充 B5～I5 单元格如图 4.64 所示。

（3）打开 "数据→数据工具→模拟分析→方案管理器…" 对话框。

（4）在 "方案管理器" 对话框中单击 "添加" 按钮。打开 "编辑方案" 对话框，输入如图 4.65 所示的 "方案名" 和 "可变单元格" 的内容。单击 "确定" 按钮。

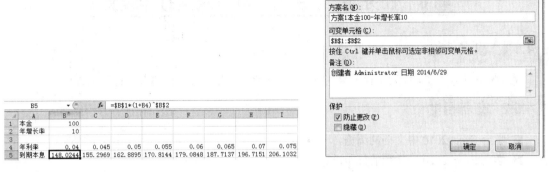

图 4.64 输入公式并自动填充　　　　　　　图 4.65 "编辑方案"对话框

（5）打开"方案变量值"对话框，输入第一个方案的变量值（方案 1 输入 100 和 10，方案 2 输入 90 和 12，方案 3 输入 110 和 8），如图 4.66 所示，单击"确定"按钮，则成功添加方案 1。

（6）重复步骤（3）至（5），添加方案 2 和方案 3，如图 4.67 所示。

图 4.66 "方案变量值"对话框　　　　　　　图 4.67 添加 3 个方案

（7）单击图 4.67 所示对话框中的"摘要"按钮，打开"方案摘要"对话框，单击"确定"按钮，即可生成方案摘要，如图 4.68 所示。

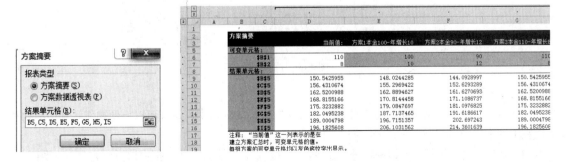

图 4.68 方案摘要报表

4.6 任务 6：学生名单浏览及其打印设置

4.6.1 任务描述

学校新生开学，班主任为了管理学生方便，需要将“网络 081 学生名单”打印在 A4 纸上。

4.6.2 任务目的

- 学会 Excel 2010 中文档的浏览。
- 学会 Excel 2010 中文档的打印设置。

4.6.3 任务要求

（1）打开“学生名单”Excel 工作簿。

（2）浏览工作表。

（3）设置分页并打印输出。

4.6.4 操作步骤

步骤 1：打开“学生名单”工作簿。

步骤 2：浏览文档。

1. 冻结窗格

当文件宽度超过了屏幕的可视范围，可改变显示比例缩小文档，但文字看不清楚，通过移动水平和垂直滑块把不可视的部分显示出来，但又有新的信息看不见了。

这时可以采用冻结窗格方式使行标题、列标题固定。

选中行、列交叉的第一个单元格，执行“窗口冻结窗格”命令，移动水平、垂直滑块，如图 4.69 所示。

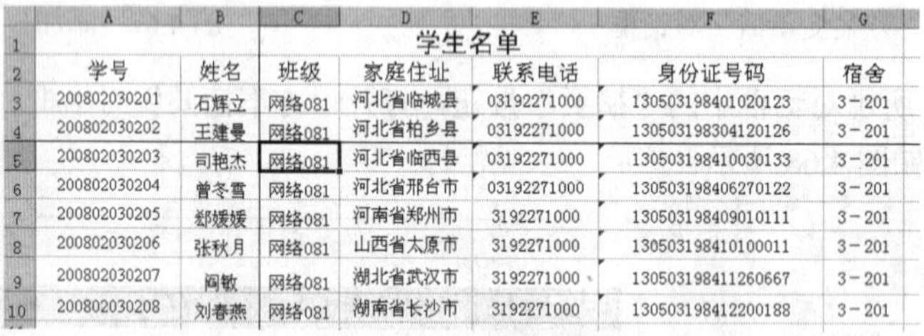

	A	B	C	D	E	F	G
1			学生名单				
2	学号	姓名	班级	家庭住址	联系电话	身份证号码	宿舍
3	200802030201	石辉立	网络081	河北省临城县	03192271000	130503198401020123	3－201
4	200802030202	王建曼	网络081	河北省柏乡县	03192271000	130503198304120126	3－201
5	200802030203	司艳杰	网络081	河北省临西县	03192271000	130503198410030133	3－201
6	200802030204	曾冬雪	网络081	河北省邢台市	03192271000	130503198406270122	3－201
7	200802030205	郄媛媛	网络081	河南省郑州市	3192271000	130503198409010111	3－201
8	200802030206	张秋月	网络081	山西省太原市	3192271000	130503198410100011	3－201
9	200802030207	阎敏	网络081	湖北省武汉市	3192271000	130503198411260667	3－201
10	200802030208	刘春燕	网络081	湖南省长沙市	3192271000	130503198412200188	3－201

图 4.69 冻结窗格

2. 拆分窗格

可以利用“拆分”命令把一张工作表同时显示在不同的窗口中，这样可以方便操作。利用滚动条可以在不同窗口中显示同一工作表中的不同部分。

（1）选定一行，执行“窗口→拆分”命令，将以选定行的上方为界，把窗口拆分为上、下两部分。

（2）选定一列，执行“窗口→拆分”命令，将以选定列的左侧为界，把窗口拆分为左、右两部分。

（3）选定某一单元格，执行“窗口→拆分”命令，将以选定单元格的顶部和左侧为界，把窗口拆分为上、下、左、右四部分。

执行“窗口→取消拆分”命令，将撤销拆分的窗口。

步骤 3：预览文档。

在打印输出前先进行打印预览，内容和页面完全设置好后再开始打印。

（1）打开"学生名单"文件。单击"文件→打印"命令，打印预览示意图如图 4.70 所示。

图 4.70　打印预览

（2）页面设置。单击"文件→打印"命令，在图 4.70 所示窗口中部最底下，单击"页面设置"命令，打开"页面设置"对话框，如图 4.71 所示。在"页面"选项卡中，页面"方向"默认状态为"纵向"，可根据具体需要改变方向，这里改为"横向"。在"纸张大小"列表框中选择纸张大小，默认为"A4"。

（3）页边距设置。单击"页边距"选项卡，如图 4.72 所示，通过"微调"按钮调整页边距、页眉和页脚的大小，设置被打印表格在页面中的位置。在"居中方式"栏中选中"水平"选项，则表格会被打印在版心的水平中央。

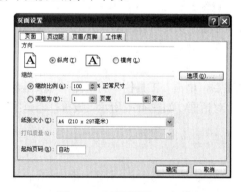

图 4.71　"页面设置"对话框

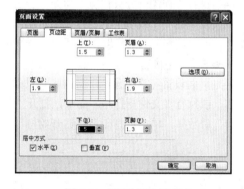

图 4.72　"页边距"选项卡

（4）页眉/页脚设置。单击"页眉/页脚"选项卡，如图 4.73 所示，在"页眉"框和"页脚"框中设置页眉、页脚的一般内容和格式。还可以自定义页眉和页脚。单击"自定义页眉"按钮，打开"页眉"对话框，如图 4.74 所示。

（5）打印区域/打印标题设置。单击"工作表"选项卡，如图 4.75 所示，单击"打印区域"右侧的输入栏，在工作表中选择要打印的区域。

对于较大的表格需要在每一页都打印"上标题"或"左标题"以便阅读，在这里打印"上标题"，单击"顶端标题行"右侧的输入栏，在工作表中选择要打印的顶端标题行。

（6）打印预览。单击"打印预览"按钮，查看打印预览示意图。

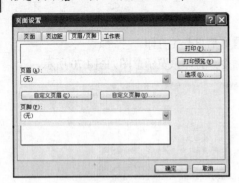

图 4.73　"页眉/页脚"选项卡　　　　　　　图 4.74　"页眉"对话框

步骤 4：自定义分页。

当表格中的数据超出了打印区域，必须进行分页打印，Excel 会对表格进行自动分页，将第一页不能显示的数据分割到后面的页中进行显示。如果用户想要自定义分页位置，可以插入分页符。

（1）选中要进入下一页的第一个单元格，如 A20，执行"插入→分页符"命令，会在单元格上方显示一条虚亮线，表示将工作表上、下分为两页。如果选中的单元格在表格中间位置，则在单元格左上方创建水平和垂直两个分页符。

（2）单击"打印预览"按钮，查看打印预览示意图。

（3）只有选中紧邻"分页符"下方或左侧的单元格，单击"插入"菜单，才显示"删除分页符"命令。

（4）执行"视图→分页预览"命令，查看打印预览示意图。

如果发现有一个或多个单元格超出了左侧边线，被置于下一页，可以拖动页分割线来增加页面的宽度，也可以调整每列的宽度，将超出左侧线的单元格放在一页。

步骤 5：打印输出。

经过页面设置和打印预览，将内容和页面的位置调整后，单击"工具栏"的"打印"按钮开始打印操作，或执行"文件→打印"命令，打开"打印内容"对话框，如图 4.76 所示。设置打印范围、打印内容、份数等，单击"打印"按钮开始打印。

图 4.75　"工作表"选项卡　　　　　　　图 4.76　"打印"对话框

4.7　Excel 操作题

4.7.1　操作题 1

1. 在"F:/2017jnxl/excel2010"文件夹中，打开"Excel 1.xlsx"文件，如图 4.77 所示。

（1）将 sheet1 工作表的 A1:D1 单元格合并为一个单元格，内容水平居中；计算费用的合计和所占比例列的内容（百分比型，保留小数点后两位）；按费用额的递增顺序计算"排名"列的内容（利用 RANK 函数）；将 A2:D9 区域格式设置为自动套用格式"表样式浅色 2"。

（2）选取"销售区域"列和"所占比例"列（不含"合计"行）的内容建立"分离型三维饼图"，在图表上方插入图表标题为"销售费用统计图"，图例靠上，数据标志显示百分比，设置图表区填充颜色为黄色；将图插入到表的 A11:F20 单元格区域内，将工作表命名为"销售费用统计表"，保存 Excel 1.xlsx 文件。最终结果如图 4.78 所示。

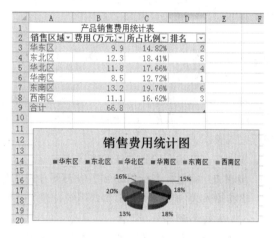

图 4.77　产品销售费用统计表　　　　　　　　　　图 4.78　最终结果

2. 打开工作簿文件 EXC.xlsx，对工作表"洗衣机销售情况表"内数据清单的内容按主要关键字"销售单位"的递增次序和次要关键字"产品名称"的递减次序进行排序，计算不同销售单位的销售总额和销售数量是多少（采用分类汇总方式计算，汇总结果显示在数据下方），保存为 EXC.xlsx 文件。

3. 解题步骤

（1）公式、函数计算。

步骤 1：选中工作表 sheet1 中的 A1:D1 单元格，单击"开始"选项卡"对齐方式"组中的"合并后居中"按钮，设置选中单元格合并，单元格中的文本水平居中对齐。

步骤 2：选择 B3:B8 单元格，单击"开始"选项卡"编辑"分组中的"自动求和"按钮，将自动计算出选择单元格的合计值。

步骤 3：鼠标光标直接定位到 C3 单元格中，在"编辑栏"中输入"=B3/B9"，按"Enter"键即可计算出所占比例，并使用相同的方法计算出其他项的所占比例。

步骤 4：选定 C3:C8 单元格区域，在"开始"选项卡"单元格"分组中，单击"格式→设置单元格格式"命令，在弹出的"单元格格式"对话框"数字"的"分类"中选择"百分比"，在"小数位数"中输入"2"。

步骤 5：在 D3 中输入"=RANK(B3,$B$3:$B$8,1)"。其中，RANK 是排名函数，公式

"=RANK(B3,B3:B8,1)"的功能为"B3"中的数据放在 B3：B8 的区域中参加排名，"除 0 以外的其他数字"表示将按升序排名（即最小值排名第一，降序就是最大值排第一）。

步骤 6：复制 D3 中的公式到其他单元格中。特别注意：在复制公式的过程中，要注意公式中的相对地址发生变化。

步骤 7：选择 A2:D8 单元格区域，在"开始"选项卡"样式"分组中单击"套用表格格式"命令，在弹出列表中选择"表样式浅色 2"，弹出"套用表格式"对话框，勾选"表包含标题"，单击"确定"按钮完成操作。

（2）插入图表。

步骤 1：选取"销售区域"列和"所占比例"列（不含"合计"行），执行"插入→图表→饼图→分离型三维饼图"命令。

步骤 2：执行"图表工具→布局→标签→图表标题→图表上方"命令，在图表标题框中输入文本"销售费用统计图"。

步骤 3：单击"图表工具→布局→标签→图例"下拉按钮，在打开的列表中选择"在顶部显示图例"命令。

步骤 4：单击"图表工具→布局→标签→数据标签"下拉按钮，在打开的列表中选择"其他数据标签选项"命令。弹出"设置数据标签格式"对话框，在"标签选项"选项卡"标签包括"中勾选"百分比"并取消其他选项，单击"关闭"按钮退出对话框。

步骤 5：右击图表区，在弹出的快捷菜单中选择"设置图表区格式"命令，弹出"设置图表区格式"对话框，在"填充"选项卡中，选择"纯色填充"，在"填充颜色"中选择"黄色"，单击"关闭"按钮完成操作。

步骤 6：拖动图表到 A11:F20 区域内。

步骤 7：将鼠标光标移动到工作表下方的表名处，右击，在弹出的快捷菜单中选择"重命名"命令，直接输入表的新名称"销售费用统计表"并保存表格。

（3）数据管理与分析。

步骤 1：选择工作表 EXC.xlsx 中带数据的单元格，执行"开始→编辑→排序和筛选→自定义排序"命令，在弹出的"排序"对话框的"主要关键字"中选择"销售单位"，在其后选中"升序"；单击"添加条件"按钮，在"次要关键字"中选择"产品名称"，在其后选择"降序"，单击"确定"按钮完成排序。

步骤 2：选择工作表 EXC.xlsx 中带数据的单元格，单击"数据→分级显示→分类汇总"按钮，在弹出对话框的"分类字段"中选择"销售单位"，在"汇总方式"中选择"求和"，在"选定汇总项"中选择"数量"和"销售额（元）"，并选中"汇总结果显示在数据下方"复选框，单击"确定"按钮即可。

4.7.2　操作题 2

1．在"F:/2017jnxl/excel 2010"文件夹中打开 Excel2.xlsx 文件，将 sheet1 工作表的 A1:E1 单元格合并为一个单元格，内容水平居中；在 E4 单元格内计算所有学生的平均成绩（保留小数点后 1 位），在 E5 和 E6 单元格内计算男生人数和女生人数（利用 COUNTIF 函数），在 E7 和 E8 单元格内计算男生平均成绩和女生平均成绩（先利用 SUMIF 函数分别求总成绩，保留小数点后 1 位）；将工作表命名为"课程成绩表"，保存 Excel2.xlsx 文件。

2．打开工作簿文件 EXC.xlsx，对工作表"某商城服务态度考评表"内数据清单的内容进行自动筛选，条件为日常考核、抽查考核、年终考核 3 项成绩大于或等于 75 分；对筛选后的内容按主要关键字"平均成绩"的降序次序和次要关键字"部门"的升序排序，保存 EXC.xlsx 文件。

3．解题步骤

（1）表格基本操作。

步骤 1：选中工作表 sheet1 中的 A1:E1 单元格，单击"开始"选项卡中的"合并后居中"按钮，设置选中单元格合并，单元格中的文本水平居中对齐。

步骤 2：将鼠标光标直接定位到 E4 单元格中，在"编辑栏"中输入"=AVERAGE(C3：C32)"，按"Enter"键即可计算出所有同学的平均成绩。

步骤 3：选定 E4 单元格，在"开始"选项卡"单元格"分组中，执行"格式→设置单元格格式"命令，打开"单元格格式"对话框，在"数字"下"分类"中选择"数值"，在"小数位数"中选择"1"，单击"确定"按钮完成操作。

（2）COUNTIF 函数。

步骤 1：选定 E5 单元格，输入公式"=COUNTIF(B3:B32,"男")"。其中，COUNTIF 是条件函数，公式"=COUNTIF(B3:B32,"男")"的功能为"B3:B32"中的数据参加筛选，"男"表示筛选条件。

步骤 2：将 E5 中的公式复制到 E6 中并修改筛选条件为"女"，即可得出表格中的女生人数。

步骤 3：选定 E7 单元格，输入公式"=SUMIF(B3:B32,"男",C3:C32)/E5"，即可得出男生的平均成绩。其中，SUMIF 是条件函数，公式=SUMIF(B3:B32,"男",C3:C32)/E5"的功能为"B3:B32"中的数据参加筛选，"男"表示筛选条件，"C3:C32"中计算筛选后的合计值，E5 为男生人数。

步骤 4：将 E7 中的公式复制到 E8 中并依次修改相应的参数，即可得出表格中女生的平均成绩。

步骤 5：选定 E7:E8 单元格，执行"开始→单元格→格式→设置单元格格式"命令，打开"单元格格式"对话框，在"数字"下"分类"中选择"数值"，在"小数位数"中选择"1"，单击"确定"按钮。

步骤 6：将鼠标光标移动到工作表下方的表名处，右击，在弹出的快捷菜单中选择"重命名"命令，直接输入表的新名称"课程成绩表"并保存表格。

（3）自动筛选。

打开需要编辑的工作簿 EXC.xlsx，首先对其进行筛选操作，再设置其排序，其具体操作如下。

步骤 1：单击工作表中带数据的单元格（任意一个），在"数据"选项卡的"排序和筛选"分组中，单击"筛选"命令，在第一行单元格的列标题中将出现下拉按钮。

步骤 2：单击"日常考核"列的下拉按钮，在下拉菜单中选择"数字筛选→自定义筛选"命令，在"自定义自动筛选方式"对话框的"日常考核"中选择"大于或等于"，在其后输入"75"。

步骤 3：用相同的方法设置"抽查考核"列和"年终考核"列的筛选条件，其设置方法和设置值同"日常考核"列相同，完成自动筛选的效果。

（4）排序。

步骤 1：单击工作表中带数据的单元格（任意一个），执行"开始→编辑→排序和筛选→自定义排序"命令，弹出"排序"对话框，勾选"数据包含标题"。

步骤 2：在"主要关键字"中选择"平均成绩"，在"排序依据"中选择"数值"，在"次序"中选择"降序"。

步骤 3：单击"添加条件"按钮，在"次要关键字"中选择"部门"，在"排序依据"中选择"数值"，在"次序"中选择"升序"。

步骤 4：保存文件 EXC.xlsx。

4.7.3　操作题3

1．在"F:/2017jnxl/excel2010"文件夹中打开 Excel3.xlsx 文件。

（1）将 sheet1 工作表的 A1:E1 单元格合并为一个单元格，内容水平居中；计算学生的平均成绩（保留小数点后2位，置 C23 单元格内）；按成绩的递减顺序计算"排名"列的内容（利用 RANK 函数）；在"备注"列内给出以下信息：成绩在 105 分及以上为"优秀"，其他为"良好"（利用 IF 函数）；利用条件格式将 E3:E22 区域内容为"优秀"的单元格字体颜色设置为红色。

（2）选取"学号"列和"成绩"列（不含"平均成绩"行）内容，建立"带数据标记的折线图"（数据系列产生在"列"），在图表上方插入图表标题为"竞赛成绩统计图"，图例置底部；将图插入到表的 F8:K22 单元格区域内，将工作表命名为"竞赛成绩统计表"，保存 Excel3.xlsx 文件。

2．打开工作簿 EXC.xlsx，对工作表"人力资源情况表"内数据清单的内容进行高级筛选，条件区域放置在以 J3 单元格开始的区域，筛选结果放置在以 J7 单元格开始的区域。

3．解题步骤

（1）基本操作。选中工作表 sheet1 中的 A1:E1 单元格，单击"开始"选项卡中的"合并后居中"按钮，设置选中单元格合并，单元格中的文本水平居中对齐。

（2）函数计算。

步骤1：在 C23 中输入公式"=AVERAGE(C3:C22)"，按"Enter"键将自动计算出 C3:C22 区域内所有数据的平均值。

步骤2：选定 C23 单元格区域，在"开始"选项卡"单元格"分组中，执行"格式→设置单元格格式"命令，在弹出的"设置单元格格式"对话框"数字"的"分类"中选择"数值"，在"小数位数"中输入"2"。

步骤3：在 D3 中输入公式"=RANK(C3,$C$3:$C$22,0)"。其中，RANK 是排名函数，公式"=RANK(C3,C3:C22,0)"的功能为"C3"中的数据放在 C3：C22 的区域中参加排名，"0"表示将按降序排名（即最大值排名第一，升序就是最小值排第一）。

步骤4：复制 D3 中的公式到其他单元格中。特别注意：在复制公式的过程中，要注意公式中的相对地址发生变化。

步骤5：将鼠标光标定位在 E3 单元格中，在"编辑栏"中单击"插入函数"按钮，在弹出对话框的"选择函数"列表中选择"IF"，并单击"确定"按钮。

步骤6：在弹出"函数参数"对话框的第一个逻辑文本框中输入"C3>=105"，在第二个文本框中输入"优秀"，在第三个文本框中输入"良好"，并单击"确定"按钮。

步骤7：将鼠标移动到 E3 单元格的右下角，按住鼠标左键不放向下拖动即可为其他列加上备注。

（3）条件格式使用。选择"备注"列，在"开始"选项卡"样式"分组中，单击"条件格式"，在弹出的下拉列表中选择"突出显示单元格规则→其他规则"命令，打开"新建格式规则"对话框。

在第1个下拉框中选择"单元格值"，第2个下拉框中选择"等于"，在第3个下拉框中输入"优秀"。单击"格式"按钮，弹出"设置单元格格式"对话框，在"颜色"中选择"红色"，单击"确定"按钮返回前一对话框，单击"确定"按钮完成操作。

（4）插入图表。

步骤1：选取"学号"列和"成绩"列（不含"平均成绩"行），单击"插入→图表→折线图→带数据标记的折线图"按钮。

步骤2：单击"图表工具→布局"选项卡→"标签→数据标签"下拉菜单，执行"图表标题→图表上方"命令，在图表标题框中输入文本"竞赛成绩统计图"。

步骤 3：打开"图表工具→布局"选项卡，在"标签"分组中单击"图例"下拉按钮，在打开的列表中选择"在底部显示图例"。

步骤 4：拖动图表到 F8:K22 区域内，鼠标光标移动到工作表下方的表名处，单击鼠标右键，在弹出的快捷菜单中选择"重命名"命令，直接输入表的新名称"竞赛成绩统计表"并保存表格。

（5）高级筛选。

步骤 1：写筛选条件。拷贝 F2 和 G2 单元格的内容至 J3 和 K3 单元格，在 J4 单元格输入"本科"，在 J5 单元格输入"硕士"，在 K4 和 K5 单元格均输入"工程师"。

步骤 2：高级筛选。将光标放置在原始数据区域的任意单元格中，在"数据"选项卡的"排序和筛选"分组中，单击"高级"命令，会弹出"高级筛选"对话框，在其中进行设置。

步骤 3：单击"确定"按钮，得到筛选结果。

习　　题

一、单项选择题

1．Excel 的汉字输入功能是由（　　）实现的。

 A．Excel 中文版   B．Windows 中文版或其外挂中文平台

 C．Super CCDOS   D．WPS

2．Excel 中文版中创造的图表与数据（　　）。

 A．只能在同一工作表中

 B．不能在同一工作表中

 C．既可在同一工作表中，也可以分别作为单独的工作表

 D．只有当工作表在屏幕上有足够的显示区域时才可在同一工作表上

3．在 Excel 2010 中，工作表是一个由行和列组成的表格，工作簿默认由（　　）张独立的工作表组成。

 A．6   B．16   C．10   D．7

4．在 Excel 2010 中，使用"编辑"菜单的"清除"命令不可以用来（　　）。

 A．删除单元格或区域的内容

 B．删除单元格或区域的格式

 C．既可删除单元格或区域的内容，也可删除其格式

 D．删除单元格区域

5．在 Excel 2010 中，工作表的列数最大为（　　）。

 A．255   B．256   C．1 024   D．16 384

6．在 Excel 2010 中，工作表的行数最大为（　　）。

 A．1 024   B．5 566   C．16 384   D．65 536

7．不属于 Microsoft office 集成办公套装软件的组件是（　　）。

 A．Word   B．WPS 97   C．Excel   D．PowerPoint

8．在 Excel 2010 中，一个工作簿中的工作表最多可扩充至（　　）个。

 A．180   B．250   C．256   D．无数

9．在用工作表名称和单元格编号来命名单元格时，工作表名称与单元格编号间以（　　）做分隔符号。

 A．$ B．#   C．!   D．~

10．默认情况下启动 Excel 的可执行文件名是（　　）。

 A．winexcel.com   B．winexcel.exe

　　C. excel.exe　　　　　　　　　　　　　　D. excel.lnk

11. 可通过双击桌面（　　）图标，直接启动 Excel。

　　A. 我的电脑　　　　　B. Office　　　　　　C. Excel 快捷方式　　　　D. 我的文件夹

12. Excel 属于（　　）软件。

　　A. 财务　　　　　　　B. 金融　　　　　　　C. 系统　　　　　　　　　D. 应用

13. 在 Excel 中向单元格输入公式时，必须以（　　）开头。

　　A. $　　　　　　　　B. =　　　　　　　　　C. <　　　　　　　　　　D. 无一定格式

14. 在 Excel 中选定全部单元格时，应按（　　）组合键。

　　A. Alt+Shift+Space　　　　　　　　　　　　B. Ctrl+Shift+Space

　　C. Ctrl+Shift+F1　　　　　　　　　　　　　D. Ctrl+Alt+Del

15. 选定不连续的单元格时，应先按下（　　）组合键。

　　A. Alt　　　　　　　　B. Shift　　　　　　　C. Ctrl　　　　　　　　　D. Enter

16. 在 Excel 中，选定整行应按（　　）组合键。

　　A. Shift+Space　　　　B. Ctrl+Space　　　　C. Alt+Space　　　　　　 D. Ctrl+BackSpace

17. 在 Excel 中，选定整列应按（　　）组合键。

　　A. Shift+Space　　　　B. Ctrl+Space　　　　C. Alt+Space　　　　　　 D. Ctrl+BackSpace

18. Excel 2010 中的工作簿文件扩展名约定为（　　）。

　　A. .exe　　　　　　　 B. .xlsx　　　　　　　C. .docx　　　　　　　　 D. .txt

19. Excel 2010 工作簿文件的保护口令最多可设为（　　）个字符。

　　A. 20　　　　　　　　B. 8　　　　　　　　　C. 6　　　　　　　　　　 D. 15

20. 向单元格中输入分数时，为避免与日期型数据混淆，应在分数前加（　　）。

　　A. f　　　　　　　　 B. Q　　　　　　　　　C. 0　　　　　　　　　　 D. 无须添加额外符号

21. 在 Excel 2010 中，一个单元格最多可以容纳（　　）个字符。

　　A. 288　　　　　　　 B. 256　　　　　　　　C. 266　　　　　　　　　 D. 255

22. 在 Excel 2010 中，字符型数据在单元格中自动（　　）。

　　A. 左对齐　　　　　　B. 居中　　　　　　　C. 右对齐　　　　　　　　D. 位置随机

23. 在 Excel 2010 中，以字符串方式输入全数字时，可以在数据项前面先输入一个（　　），再输入该数字串，以示与数字的区别。

　　A. 双引号　　　　　　B. 分号　　　　　　　C. 单引号（西文）　　　　D. 斜杠

24. 在 Excel 2010 中，以字符串方式输入全数字时，可以在数据项前面先输入一个（　　），然后再用双引号括住数字串，以示与数字的区别。

　　A. ?　　　　　　　　 B. :　　　　　　　　　C. ;　　　　　　　　　　 D. =

25. 在 Excel 2010 中，向单元格中输入负数时，可以将数据置于（　　）中。

　　A. [ ]　　　　　　　 B. （　）　　　　　　 C. {　}　　　　　　　　 D. /*　　　*/

26. 在 Excel 2010 中，用公式引用非连续单元格数据时，应以（　　）分隔单元格标识符。

　　A. :　　　　　　　　 B. ;　　　　　　　　　C. ,　　　　　　　　　　 D. 、

27. 在向 Excel 单元格中输入数据前应先（　　）。

　　A. 查找单元格　　　　　　　　　　　　　　 B. 选择活动单元格

　　C. 删除单元格　　　　　　　　　　　　　　 D. 直接输入数据

28. 向工作簿中添加新的工作表时，应使用（　　）菜单的"工作表"选项。

　　A. 编辑　　　　　　　B. 视图　　　　　　　C. 格式　　　　　　　　　D. 插入

29. 重命名工作表时，应（　　）要更名的工作表标签。

    A. 单击　　　　　　B. 双击　　　　　　C. 三击　　　　　　D. 右击

二、综合实训

1. 制作本班同学高考成绩表

（1）在第 1 行：合并及居中表格所占列数的单元格，输入文本"成绩单"：字体为"黑体"，字号为"20"，对齐方式为"垂直居中"。

（2）自动填充每一个学生所有课程的平均分。

（3）将编辑好的 Sheet1 工作表依次复制到 Sheet2、Sheet3。

（4）排序：Sheet2 工作表。① 主要关键字：班级、递增。② 次要关键字：平均分、递减。

（5）筛选：Sheet3 工作表。① 条件：筛选出每门课程的最高分。② 要求：使用高级筛选，并将筛选结果复制到其他位置。条件区：该区起始单元格定位在 B30。复制区：该区起始单元格定位在 A35。

（6）建立图表工作表。① 根据 Sheet2 工作表中的数据，生成前 10 名同学所有课程的考试成绩图表。② 图表类型：簇状柱形图。③ 添加标题。图表标题：×××班高考入学成绩表。分类轴标题："姓名"。④ 图例：置于底部。⑤ 图表位置：作为新工作表插入；工作表名：高考成绩。

最后将此工作簿以"×××班高考入学成绩表.xls"文件名进行保存。

2. 为某公司出纳制作手工记账单

为了节省时间并保障记账准确性，请同学们用 Excel 编制银行存款日记账，如图 4.79 所示。图中所列是该公司 1 月份的银行流水账。根据下列要求，建立银行存款日记账。

	A	B	C	D	E	F	G	H
1	月	日	凭证号	摘要	本期借方	本期贷方	方向	余额
2	1	1	记-0000	上期结转余额			借	14748.01
3	1	5	记-0001	缴纳12月份增值税	0.00	1 186.88		
4	1	5	记-0002	缴纳12月份城建税和教育附加	0.00	125.29		
5	1	18	记-0005	收到贷款冲应收	29900.00	0.00		
6	1	18	记-0006	公司购买办公家具	0.00	5 500.00		
7	1	25	记-0009	公司支付城控电话费	0.00	354.00		
8	1	25	记-0010	提现	0.00	20 000.00		
9	1	25	记-0016	收到甲公司所欠贷款	160000.00	0.00		
10	1	31	记-0017	银行发放员工工资	0.00	45 364.00		
11	1	31	记-0018	公司支付房租	0.00	5 000.00		

图 4.79　行存款日记账单

（1）按表中所示依次输入原始数据，其中：在"月"列中填充数字 1，将其数据格式设置为数值，保留 0 位小数。

（2）输入并填充公式：在"余额"列输入计算公式，余额=上期余额+本期借方−本期贷方，以自动填充方式生成数据。

（3）"方向"列中只能有借、贷、平 3 种选择，首先用数据有效性可控制该列的输入范围为借、贷、平 3 种，然后通过 IF 函数输入"方向"列中内容，判断条件如下：

余额	大于 0	等于 0	小于 0
方向	借	平	贷

（4）设置格式：将标题行居中显示，将本期借方、本期贷方、余额 3 列的数据格式设为"会计专用"。

（5）通过分类汇总，按日计算本期借方、本期贷方发生额合计并将汇总行放于明细数据下方。

学习情境五　PowerPoint 2010 应用

PowerPoint 2010（以下简称 PowerPoint）是微软公司推出的 Office 2010 办公系列软件的重要组成工具之一，主要用于演示文稿的制作。本节介绍的"大学生职业生涯规划"演示文稿的制作过程使用的是较基本的幻灯片制作方法，主要涉及 PowerPoint 的基础应用。

通过以下两个任务的学习，了解和掌握利用 PowerPoint 来制作演示文稿的方法和过程。

任务 1：基础版"大学生职业生涯规划"演示文稿的制作。

任务 2：提高版"大学生职业生涯规划"演示文稿的制作。

5.1　任务 1：基础版"大学生职业生涯规划"演示文稿的制作

5.1.1　任务描述

近年来，各级各类高校针对在校大学生普遍开设了"职业生涯规划"类课程，以提高其职业意识和职业生涯规划能力，而"大学生职业生涯规划"汇报演示文稿往往是这门课程的老师留给学生的一项大作业，这里就以该演示文稿的制作为例，向大家介绍 PowerPoint 在实际中的基本应用。

5.1.2　任务目的

■ PowerPoint 的启动、退出。

■ 演示文稿的创建、打开、关闭和保存。

■ 演示文稿视图的使用。

■ 幻灯片的基本操作：版式、插入、移动、复制和删除等。

■ 幻灯片的基本制作：文本、图片、艺术字、形状、表格等的插入及其格式化。

■ 演示文稿主题的选用与幻灯片背景的设置。

■ 演示文稿的放映设计：动画设计、放映方式、切换效果、音频的使用。

■ 演示文稿的打印。

■ 幻灯片备注的使用。

5.1.3　任务要求

一个完整的演示文稿，要有符合主题的形式和内容，当然，这需要预先进行较为周密的设计和构思，并搜集和制作必需的素材。这里假设上述工作已经做好，剩下的工作是如何制作它。具体要求如下：

（1）幻灯片的风格样式等要与大学生职业生涯规划的主题足够贴切；

（2）演示文稿要包含足够数量的幻灯片，以完整表达其含义；

（3）每张幻灯片中的文字不要过多，文字素材请从文件"《大学生职业生涯规划》文字素材.docx"中选取；

（4）可以考虑使用图片、形状、艺术字、表格和动画等来辅助表情达意；

（5）根据需要设置合理的放映效果和幻灯片切换效果；

（6）制作完成的演示文稿要具备图、文、声并茂的效果；

（7）对演示文稿做打包处理，以便在其他软、硬件条件下放映和使用。

以下所用到的素材均可在"《大学生职业生涯规划》演示文稿所需素材"文件夹中找到。

5.1.4　操作步骤

步骤 1：试做

（1）启动 PowerPoint，系统自动新建只有一张空白标题幻灯片的演示文稿——"演示文稿 1"。

（2）单击"幻灯片放映"选项卡的"开始放映幻灯片"组的"从头开始"或"从当前幻灯片开始"命令，看到的是一张完全空白的放映状态下的幻灯片。

（3）按"ESC"键返回"普通视图"，文字"单击此处添加标题"和"单击此处添加副标题"及它们周围的虚线框依然存在。

（4）在"单击此处添加标题"的任一位置（包括虚线框）上单击，虚线框变为蓝色虚线框，同时线框周围出现圆或方的控点，框内中央位置出现闪动的光标，在光标处输入"创造一片天空 让我自由飞翔"。

（5）再按（2）的方法放映幻灯片，可以看到放映状态下的幻灯片中出现"创造一片天空 让我自由飞翔"几个字，这说明"单击此处添加标题"和"单击此处添加副标题"及它们周围的虚线框均为虚拟的占位符。

（6）在"单击此处添加副标题"中输入"××职业技术学院 刘翔"。

（7）单击"开始"选项卡的"幻灯片"组的"新建幻灯片"下拉按钮，选择"标题和内容"命令。

（8）在新建幻灯片的"单击此处添加标题"占位符中输入"个人基本信息"，在"单击此处添加文本"中依次输入文件《大学生职业生涯规划》文字素材.docx 中"二、个人基本信息"标题下的内容。

（9）单击"开始"选项卡的"幻灯片"组的"新建幻灯片"下拉按钮，选择"空白"命令。单击"开始"选项卡的"幻灯片"组的"版式"下拉按钮，选择"标题和竖排文字"命令。

（10）在新建幻灯片的"单击此处添加标题"占位符中输入"职业生涯规划设计书目录"，在"单击此处添加文本"中依次输入文件《大学生职业生涯规划》文字素材.docx 中"三、职业生涯规划设计书目录"标题下的内容。

（11）按"F5"键从头开始放映幻灯片，按鼠标左键或向下翻页键/向下光标键/向右光标键，逐页浏览刚刚制作的 3 张幻灯片。

至此，我们发现一个问题，即按这一套路制作的演示文稿，其放映效果过于单调乏味，原因是幻灯片的背景、版式等过分单一和朴素，极易引起观众的视觉疲劳，根本没有什么吸引力，显然这是一次失败的尝试。

（12）为了后面做效果对比，请以"《大学生职业生涯规划》试验稿.pptx"为文件名保存演示文稿，方法如下。

方法一：按组合键"Ctrl+S"。

方法二：单击"快速访问工具栏"的"保存"按钮。

方法三：执行"文件"选项卡的"保存"或"另存为"命令。

（13）执行"文件"选项卡的"关闭"命令，关闭演示文稿，但不退出 PowerPoint。

步骤 2：正式制作

其实，PowerPoint 已经提供了一些现成的幻灯片主题供我们选用。因此，在制作演示文稿时完全可以从中选择与自己的主题相适应的主题来美化我们的作品。此外，幻灯片的背景、版式、放映、切换等效果也可以由自己来定义。下面，我们就沿着这一思路来重新制作"大学生职业生涯规划"演示文稿。

以下制作过程中所用到的文字素材均来自于文件《大学生职业生涯规划》文字素材.docx，该文件以下简称"文字素材文件"。

（1）执行"文件"选项卡的"新建"命令，选择"可用的模板和主题"下的"主题"命令，其中选择"跋涉"主题，然后选择"创建"命令。也可以在找到想要的主题后双击它创建该主题的演示文稿。

（2）在"单击此处添加标题"中输入"创造一片天空 让我自由飞翔"，在"单击此处添加副标题"中输入"××职业技术学院 刘翔"。

（3）单击"开始"选项卡的"幻灯片"组的"新建幻灯片"下拉按钮，选择"标题和内容"命令。

（4）在新幻灯片的"单击此处添加标题"中输入"个人基本信息"，在"单击此处添加文本"中输入文字素材文件中的"二、个人基本信息"标题下的内容，并做适当调整以对齐相关文字。

（5）单击"开始"选项卡的"幻灯片"组的"新建幻灯片"下拉按钮，选择"仅标题"命令。

（6）在第3张幻灯片的"单击此处添加标题"中输入"职业生涯规划设计书目录"。

（7）单击"插入"选项卡的"文本"组的"文本框"下拉按钮，选择"横排文本框"命令，在第3张幻灯片标题下面的空白处拖画出文本框，重复"复制→粘贴"操作4次；单击"开始"选项卡的"绘图"组的"排列"下拉按钮，选择"选择窗格"命令，按住"Ctrl"键，在"选择和可见性"窗格中依次单击"TextBox 2"、"TextBox 3"、"TextBox 4"、"TextBox 5"，选中刚刚插入的5个文本框。（系统自动按插入顺序命名为"TextBox x"，再次单击"选择和可见性"窗格中已选中的文本框，进入名称编辑状态，可修改这一名称。）

（8）单击"开始"选项卡的"字体"组的"字号"下拉按钮，删除原默认字号设置值，输入"26"；单击"开始"选项卡的"字体"组的"字体颜色"下拉按钮，选择"褐色，文字 2"命令；单击"开始"选项卡的"绘图"组，选择右下角的"设置形状格式"命令，在"设置形状格式"对话框的左侧列表中单击"位置"，在右侧修改具体位置值为"水平：0.84厘米，自：左上角"（其他不变）；在"设置形状格式"对话框的左侧列表中单击"大小"，在右侧修改具体大小尺寸值为"宽度：21.46厘米"（其他不变），单击"关闭"按钮。

（9）按住"Ctrl"键，在"选择和可见性"窗格中单击"标题 1"，使"TextBox 2"、"TextBox 3"、"TextBox 4"、"TextBox 5"、"TextBox 6"和"标题 1"均被选中；单击"开始"选项卡的"绘图"组的"排列"下拉按钮，选择"对齐"下的"对齐幻灯片"命令；单击"开始"选项卡的"绘图"组的"排列"下拉按钮，选择"对齐"下的"纵向分布"命令。

（10）单击幻灯片窗格空白处，在"选择和可见性"窗格中单击选中"标题 1"；单击"开始"选项卡的"绘图"组，选择右下角的"设置形状格式"命令，在"设置形状格式"对话框的左侧列表中单击"位置"，在右侧修改具体位置值为"垂直：1.27厘米，自：左上角"（其他不变），单击"关闭"按钮。

（11）在"选择和可见性"窗格中选中"TextBox 2"，输入"前言"二字；仿照此方法，依次在另外4个文本框中输入文字素材文件中"三、职业生涯规划设计书目录"标题下的其他内容。

（12）单击"开始"选项卡的"幻灯片"组的"新建幻灯片"下拉按钮，选择"标题和内容"命令；在新幻灯片的"单击此处添加标题"中输入"前言"；复制文字素材文件中"四、前言"标题下的文字"岁月匆匆...适合自己的职业规划道路。"（注意：不要复制回车符）。

返回PowerPoint，在"选择和可见性"窗格中单击选中"内容占位符 2"；单击"开始"选项卡的"剪贴板"组的"粘贴"下拉按钮，选择"选择性粘贴"下的"无格式文本"命令。

（13）单击"开始"选项卡的"段落"组，选择"项目符号"命令；单击"开始"选项卡的"段落"组，选择"段落"命令，在"段落"对话框的"缩进和间距"选项卡的"特殊格式"中选择"首行缩进"，将"度量值"修改为"2厘米"，单击"确定"按钮。

（14）单击"开始"选项卡的"幻灯片"组的"新建幻灯片"下拉按钮，选择"仅标题"命令；复制文字素材文件中"五、自我分析"标题下的文字"要做好职业生涯的规划……有时会缺乏自信。"和表格（注意：不要复制回车符）。

返回 PowerPoint，单击幻灯片窗格空白处，按组合键"Ctrl+V"。

此时发现粘贴到幻灯片中的文字字号和表格都很小，文字也无任何格式可言，放映一下，效果混乱、很不好。因此，可以说这样做是不成功的幻灯片制作策略，主要原因是文字数量太多，而且与表格混排，导致相互重叠覆盖。读者可以试着用其他粘贴方式来处理，看一下效果对比。下面我们将这些文字和表格分配到多张幻灯片中来处理，看效果是否有改观。

（15）观察发现，文字素材文件中"五、自我分析"标题下的"要做好职业生涯的规划……我很喜欢现在所学的专业。"这部分文字的数量与第 4 张幻灯片"前言"下的文字数量差不多，因此可以复制第 4 张幻灯片的版式来制作第 5 张幻灯片。

单击"幻灯片/大纲浏览"窗格中的第 4 张幻灯片，将其选为当前幻灯片；单击"开始"选项卡的"幻灯片"组的"新建幻灯片"下拉按钮，选择"复制所选幻灯片"命令，将"前言"二字替换为"自我分析"；复制文字素材文件中"五、自我分析"标题下的"要做好职业生涯的规划……我很喜欢现在所学的专业。"（注意：不要复制回车符）。

返回 PowerPoint，单击"开始"选项卡的"绘图"组的"排列"下拉按钮，选择"选择窗格"命令，如果"选择和可见性"窗格已经处于显示状态，则此步略过；在"选择和可见性"窗格中单击"内容占位符 2"，使其处于被选中状态；单击"开始"选项卡的"剪贴板"组的"粘贴"下拉按钮，选择"选择性粘贴"下的"无格式文本"命令。

这时，新插入幻灯片（即第 5 张幻灯片）的版式和第 4 张幻灯片一样，文字的字号适中，基本符合演示的需要。

（16）接下来把文字素材文件中"五、自我分析"标题下的"2. 360 度测评"中的表格放到一张独立的幻灯片中，有以下两种常用方法。

方法一：将第 5 张幻灯片选为当前幻灯片；单击"开始"选项卡的"幻灯片"组的"新建幻灯片"下拉按钮，选择"标题和内容"命令；在"单击此处添加标题"中输入"自我分析"，在"单击此处添加文本"中输入"2. 360 度测评"；复制文字素材文件中"五、自我分析"标题下的"2. 360 度测评"中的表格；返回 PowerPoint，按"Ctrl+V"。

方法二：单击"开始"选项卡的"幻灯片"组的"新建幻灯片"下拉按钮，选择"标题和内容"命令；在"单击此处添加标题"中输入"自我分析"；指向"内容占位符 2"中的"插入表格"图标，单击它；在弹出的"插入表格"对话框中设置列数为 3，行数为 7；单击"确定"按钮，一个 7 行 3 列的空白表格自动插入到当前幻灯片中，其样式默认为"中度样式 2-强调 1"，并自动被命名为"内容占位符 3"，同时"内容占位符 2"被其取代；在该表格的各单元格中输入"2. 360 度测评"下表格的对应内容；选中"内容占位符 3"（即表格），在其上右击，在弹出的快捷菜单中选择"设置形状格式"命令，在"设置形状格式"对话框的左侧列表中选择"位置"，设置为"垂直：6.5 厘米，自：左上角"（其他不变）；复制文字素材文件中"五、自我分析"标题下的"2. 360 度测评"几个字符；返回 PowerPoint，单击幻灯片空白处，按组合键"Ctrl+V"，"2. 360 度测评"几个字符被粘贴到幻灯片中，其周围带有虚线框，并可编辑，同时"选择和可见性"窗格中出现"矩形 4"对象；选中"矩形 4"，将字号设为"28"，字体颜色设为"褐色，文字 2"；单击"开始"选项卡的"绘图"组，选择右下角的"设置形状格式"命令，在"设置形状格式"对话框的左侧列表中单击"位置"，在右侧修改具体位置值为"水平：1.2 厘米，自：左上角；垂直：4.5 厘米，自：左上角"（其他不变），单击"关闭"按钮。

放映并对比一下用方法一和方法二制作的具有同样内容的两张幻灯片，发现用方法一制作的幻灯片中的表格不如方法二中的好，下面对其进行一下修改。

（17）将第 6 张幻灯片选为当前幻灯片，在"选择和可见性"窗格中选择"表格 3"；单击"开始"选项卡的"字体"组的"字号"下拉按钮，选择"18"；单击"开始"选项卡的"字体"组的"字体颜色"下拉按钮，选择"褐色，文字 2"。鼠标指向幻灯片中被选中表格的四个边角中的任意一个，当指针变成双向空心箭头形状时按下左键并拖动鼠标，可以缩放表格，请放大表格至适当大小。（注意：不要放大到超出幻灯片区域，也不要覆盖到其他文字。）鼠标指向表格四边的任意一边，当指针变成实线十字箭头形状时按下左键并拖动鼠标，可以移动表格，请将表格移动到适当位置，以不超出幻灯片区域，不覆盖其他文字为宜。

此时，放映一下第 6 张幻灯片，并与第 7 张幻灯片的放映效果做一下对比，不难发现两个表格的效果已经比较接近了。

（18）在"幻灯片/大纲浏览"窗格中右击第 5 张幻灯片，在弹出的快捷菜单中选择"复制"命令。或选中"幻灯片/大纲浏览"窗格中的第 5 张幻灯片，按组合键"Ctrl+C"；在"幻灯片/大纲浏览"窗格中第 7 张幻灯片之后单击，出现闪动的横向光标；按组合键"Ctrl+V"，则与第 5 张幻灯片完全一样的一张幻灯片被复制为第 8 张幻灯片。

（19）复制文字素材文件中"五、自我分析"标题下的"3. 自我分析小结……有时会缺乏自信。"。返回 PowerPoint，在"选择和可见性"窗格中单击"内容占位符 2"；单击"开始"选项卡的"剪贴板"组的"粘贴"下拉按钮，选择"选择性粘贴"下的"无格式文本"命令；单击"开始"选项卡的"段落"组，设置"两端对齐"命令，可以使文字左右两边对得更齐整。

这样，就用 3 张幻灯片把文字素材文件中"五、自我分析"标题下的内容承载下来了，放映效果显然比把这部分所有的文字和表格全部放在一张幻灯片中要好得多！

再进一步看一下文字素材文件中后面的内容，发现"六、职业分析"、"七、职业生涯规划"两部分的内容也是文字较多且有表格，显然把它们都放到一张幻灯片中是不合适的。但具体用几张幻灯片来承载，要根据内容多少来定，总原则是单张幻灯片中的文字或其他对象不能太多，占得太满。下面分别处理"六、职业分析"、"七、职业生涯规划"两部分的内容。

（20）单击"开始"选项卡的"幻灯片"组的"新建幻灯片"下拉按钮，选择"复制所选幻灯片"；复制文字素材文件中的"职业分析"4 个字。返回 PowerPoint，在"选择和可见性"窗格中选择"标题 1"；单击"开始"选项卡的"剪贴板"组的"粘贴"下拉按钮，选择"选择性粘贴"下的"无格式文本"命令；复制文字素材文件中的"六、职业分析"标题下的"1. 家庭...非常适合学习这个专业。"。返回 PowerPoint，在"选择和可见性"窗格中选择"标题 1"；单击"开始"选项卡的"剪贴板"组的"粘贴"下拉按钮，选择"选择性粘贴"下的"无格式文本"命令。

（21）复制第 9 张幻灯片，在"幻灯片/大纲浏览"窗格中第 9 张幻灯片后单击，连续粘贴两次。

（22）复制文字素材文件中的"六、职业分析"标题下的"2. 学校……我相信我的明天会更好。"。返回 PowerPoint，将第 10 张幻灯片选为当前幻灯片；选中"内容占位符 2"，单击"开始"选项卡的"剪贴板"组的"粘贴"下拉按钮，选择"选择性粘贴"下的"无格式文本"命令。

（23）复制文字素材文件中的"六、职业分析"标题下的"3. 专业……所以本专业的发展前景十分看好。"。返回 PowerPoint，将第 11 张幻灯片选为当前幻灯片；选中"内容占位符 2"，单击"开始"选项卡的"剪贴板"组的"粘贴"下拉按钮，选择"选择性粘贴"下的"无格式文本"命令。

（24）单击"开始"选项卡的"幻灯片"组的"新建幻灯片"下拉按钮，选择"标题和内容"命令；在"单击此处添加标题"中输入"职业分析—SWOT"；指向"内容占位符 2"中的"插入 SmartArt图形"图标并单击；在"选择 SmartArt 图形"对话框的左侧列表中单击"矩阵"，单击中间的"循环矩阵"，单击"确定"按钮；单击各圆角矩形框，适当调整其大小和位置；按图 5.1 所示输入相应文字，将各圆角矩形框中文字设置为 16 号，若矩形框大小不合适，可进一步调整。

（25）单击"开始"选项卡的"幻灯片"组的"新建幻灯片"下拉按钮，选择"仅标题"命令；在"标题 1"中输入"职业生涯规划"；单击"插入"选项卡；单击"表格"，在"插入表格"区域画出一个"3×5 表格"，如图 5.2 所示，然后单击鼠标左键，即在幻灯片中自动生成一个 5 行 3 列的表格；在表格中输入文字素材文件中"七、职业生涯规划"下的表格内容；将表格在幻灯片上的位置设置为"垂直：6 厘米，自：左上角"（其他不变）；单击"插入"选项卡的"文本"组的"文本框"下拉按钮，选择"横排文本框"命令，在幻灯片标题下面的空白处拖画出文本框，在其中输入"1. 设定目标"；选中该文本框，设置其大小为"宽度：8 厘米"，在幻灯片上的位置为"水平：3 厘米，自：左上角"（其他不变），字号"28"，字体颜色"褐色，文字 2"。

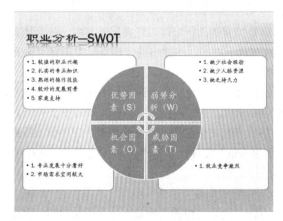

图 5.1 制作 SWOT 图表　　　　　图 5.2 插入 3×5 表格

（26）单击"开始"选项卡的"幻灯片"组的"新建幻灯片"下拉按钮，选择"标题和内容"命令；在新幻灯片的"单击此处添加标题"中输入"职业生涯规划"；复制文字素材文件中"七、职业生涯规划"标题下的文字"2. 规划实施……以尽快适应社会。"。返回 PowerPoint，选中"内容占位符 2"，单击"开始"选项卡的"剪贴板"组的"粘贴"下拉按钮，选择"选择性粘贴"下的"无格式文本"命令；修改字号为"21"，去掉项目符号。

（27）将第 14 张幻灯片在"幻灯片/大纲浏览"窗格中复制/粘贴两次，生成第 15、第 16 张幻灯片；将第 15 张幻灯片中的文字"（1）近期规划……以尽快适应社会。"替换为文字素材文件中"七、职业生涯规划"标题下的文字"（3）远期规划……③ 注意资金的积累和有效利用。"。将"内容占位符 2"在幻灯片上的位置设置为"垂直：3.5 厘米"（其他不变）。

（28）复制文字素材文件中"七、职业生涯规划"标题下的文字"3. 评估与调整……以利顺利实施规划和健康发展。"。返回 PowerPoint，将第 16 张幻灯片选为当前幻灯片，选择"内容占位符 2"，单击"开始"选项卡的"剪贴板"组的"粘贴"下拉按钮，选择"选择性粘贴"下的"无格式文本"命令；设置字号为"28"，段落"首行缩进 2 厘米"。

（29）单击"开始"选项卡的"幻灯片"组的"新建幻灯片"下拉按钮，选择"标题和内容"命令；在新幻灯片的"单击此处添加标题"中输入"结束语"；复制文字素材文件中"八、结束语"标题下的文字"一个完整的职业生涯规划……我相信我一定会创造出一片属于自己的天空！"。返回 PowerPoint，选中"内容占位符 2"；单击"开始"选项卡的"剪贴板"组的"粘贴"下拉按钮，选择"选择性粘贴"下的"无格式文本"命令；设置段落"首行缩进 2 厘米"。

（30）单击"开始"选项卡的"幻灯片"组的"新建幻灯片"下拉按钮，选择"空白"命令；单击"插入"选项卡的"文本"组的"艺术字"下拉按钮，选择"填充→褐色，强调文字颜色 2，暖色粗糙棱台"命令（位于第 5 行第 3 列）；直接输入"Thank you!"。

至此，"大学生职业生涯规划"演示文稿在内容上讲其实已经制作完毕，整个演示文稿含有 18 张幻灯片。放映一下，感觉还是有不满意之处，可以再做一些小的修改。

（31）由于幻灯片数量已经比较多，切换到"幻灯片浏览"视图来整体查看和处理演示文稿会更方便，这可以有两种常用方法来实现。

方法一：单击状态栏右边的"幻灯片浏览"按钮。

方法二：单击"视图"选项卡的"演示文稿视图"组，选择"幻灯片浏览"命令。

在"幻灯片浏览"视图下，可以看到每张幻灯片在缩小比例状态下的样子和大致效果，可以复制、移动和删除幻灯片，方便调整幻灯片的位置。

（32）由于第 6 张和第 7 张幻灯片的内容是重复的，所以可以选择删除其中一张，比如删除第 6 张。选中后直接按删除键（"Delete/Del"），或在其上右击，在弹出的快捷菜单中选择"删除幻灯片"命令即可。

（33）对于第 2 张幻灯片（即"个人基本信息"幻灯片）这种纯文字的形式感觉不满意，可以考虑使用图片来表达，我们事先已经制作了相应的图片，下面直接使用即可。双击第 2 张幻灯片，返回"普通视图"；删除"内容占位符 2"；单击"插入来自文件的图片"图标按钮，在"插入图片"对话框中找到"02-图片素材"文件夹下的"个人信息.png"文件，单击"插入"按钮，图片被插入到幻灯片中。

（34）下面可以给该图片设置一下动画效果：选中图片，单击"动画"选项卡的"动画"组的"进入"，选择"飞入"命令；单击"动画"选项卡的"动画"组的"效果选项"下拉按钮，选择"自右下部"命令；单击"动画"选项卡的"动画"组，选择"显示其他效果选项"命令，在"飞入"对话框中选择"计时"选项卡，设置"期间"为"中速（2 秒）"；单击"动画"选项卡的"计时"组的"开始"下拉按钮，选择"与上一动画同时"命令。

（35）虽然整个演示文稿使用一样的主题，风格统一，但也会略显单调，因此，完全可以将某些幻灯片的背景设置得比较独特，从而更吸引人。而一般演示文稿的最后一张幻灯片往往是向观众表达致谢含义的内容，不妨将这张幻灯片的背景做一下特殊设置，看能否起到画龙点睛的作用。

将最后一张幻灯片（这里为第 17 张幻灯片）选为当前幻灯片，在幻灯片空白处右击，在弹出的快捷菜单中选择"设置背景格式"命令；在弹出的"设置背景格式"对话框左列中选择"填充"，在右侧选择"图片或纹理填充"，单击下面的"纹理"按钮，从中选择"羊皮纸"（位于第 3 行第 5 列），单击"关闭"按钮。

（36）有时适当使用图形也可以起到丰富和美化幻灯片的作用。

将第 16 张幻灯片选为当前幻灯片，单击"开始"选项卡的"幻灯片"组的"新建幻灯片"下拉按钮，选择"仅标题"命令；在"单击此处添加标题"中输入"结束语"；单击"插入"选项卡的"插图"组的"形状"下拉按钮，选择"星与旗帜"中的"横卷形"命令，在幻灯片空白处拖画出"横卷形"；单击"开始"选项卡的"绘图"组，选择右下角的"设置形状格式"命令，设置其大小为"高度：6.4 厘米；宽度：20.6 厘米"（其他不变），设置其位置为"水平：2.5 厘米，自：左上角；垂直：4.12 厘米，自：左上角"（其他不变）；设置字号为"24"，段落为"两端对齐"、"首行缩进 2 厘米"；复制文字素材文件中"八、结束语"标题下的文字"一个完整的职业生涯规划……执行好每一个细分计划。"。返回 PowerPoint，在"选择和可见性"窗格中选中"横卷形 2"，单击"开始"选项卡的"剪贴板"组的"粘贴"下拉按钮，选择"选择性粘贴"下的"无格式文本"命令。

仿照上述步骤，在幻灯片中拖画出一个"竖卷形"；设置其大小为"高度：6 厘米；宽度：21.6 厘米"（其他不变），设置其位置为"水平：2.1 厘米，自：左上角；垂直：11.73 厘米，自：左上角"（其他不变）；设置字号为"24"，段落为"两端对齐"、首行缩进"2 厘米"；复制文字素材文件中"八、结束语"标题下的文字"奇迹来源于自身的努力创造……创造出一片属于自己的天空！"。返回 PowerPoint，在"选择和可见性"窗格中选中"竖卷形 3"，单击"开始"选项卡的"剪贴板"组的"粘贴"下拉按钮，选择"选择性粘贴"下的"无格式文本"命令。

对比第 16 张和第 17 张幻灯片的放映效果，显然第 17 张幻灯片的效果要好很多。这样的话可以删除第 16 张幻灯片，因为已经有更好的方案可以取代它。

（37）如果有音箱或耳机，请打开或带上，再完整放映一遍演示文稿，总感觉还缺点什么？对，是声音。下面就给演示文稿添加上音乐。

将第 1 张幻灯片选为当前幻灯片；单击"插入"选项卡的"媒体"组的"音频"下拉按钮，选择"文件中的音频"命令；在"插入音频"对话框中找到"03-声音素材"中的"隐形的翅膀.mp3"文件并选中，单击"插入"按钮；这时，在幻灯片中自动出现如图 5.3 所示的喇叭图标和播放控制图标，单击"播放/暂停"键可以播放或暂停音频；放映幻灯片，指向喇叭，单击"播放"按键，开始播放音频，但是切换到下一张幻灯片，音乐则自动停止播放。下面修改一下音频的设置，使得放映幻灯片时一直自动播放音乐。

将第 1 张幻灯片选为当前幻灯片；在"选择和可见性"窗格中选中"隐形的翅膀.mp3"，单击"播放"选项卡；在"音频选项"组中分别将"循环播放，直到停止"、"放映时隐藏"复选框选中，将"开始"设置为"跨幻灯片播放"，当幻灯片放映时间较长时，最好再把"播完返回开头"复选框选中，如图 5.4 所示。再次放映幻灯片，音乐就会一直自动播放下去直到停止放映。

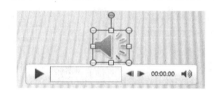　

图 5.3　插入音频　　　　　　　　　　图 5.4　音频选项设置

（38）幻灯片在放映时还可以有各种切换效果，使得观看时更有趣味。下面给演示文稿设置切换效果。

将第 1 张幻灯片选为当前幻灯片；单击"切换"选项卡的"切换到此幻灯片"组的"华丽型"中，选择"百叶窗"命令，这时当前幻灯片自动按"百叶窗"切换效果预览一遍，也可以随时单击"切换"选项卡的"预览"组，选择"预览"命令；放映一遍幻灯片，发现只有第 1 张幻灯片有此切换效果，说明该切换效果设置只对当前幻灯片有效。当然演示文稿中的每一张幻灯片都可以单独设置其切换效果，这对幻灯片数量较少的演示文稿来说设置起来还不算麻烦，但一旦幻灯片数量多了就不那么方便了，而且也没有必要为每张幻灯片都设置不同的切换效果；若让所有幻灯片都具有同样的切换效果，只需将已经设置了切换效果的幻灯片选为当前幻灯片，单击"切换"选项卡的"计时"组，选择"全部应用"命令；放映一遍演示文稿，可以看到所有幻灯片都有该切换效果了。

（39）演示文稿在正式放映之前可以做预先排练并计时，待正式放映时就可以按事先排练的方式放映了，可以这样做排练计时。

单击"幻灯片放映"选项卡的"设置"组，选择"排练计时"命令，开始从头放映幻灯片，并在屏幕左上角出现"录制"对话框，如图 5.5 所示；根据需要控制每张幻灯片的放映时间，放映结束弹出"是否保留新的幻灯片排练时间？"对话框，如图 5.6 所示，单击"是"按钮；如果在"幻灯片放映"选项卡的"设置"组中选择了"使用计时"复选框，或在"幻灯片放映"选项卡的"设置"组中选择"设置放映方式"命令中选择了"换片方式"为"如果存在排练时间，则使用它"，那么放映幻灯片时就会按照保存的排练计时方式放映。

图 5.5　"录制"对话框　　　　　　图 5.6　"是否保留新的幻灯片排练时间"对话框

如果需要清除排练计时，可以单击"幻灯片放映"选项卡"设置"组的"录制幻灯片演示"命令，指向"清除"，单击需要清除的项目即可。

（40）在幻灯片中适当的使用备注，可以备忘和辅助提示。将第 1 张幻灯片选为当前幻灯片；单击"备注窗格"，输入"该幻灯片中插入了'隐形的翅膀'这首歌曲的 mp3 文件，放映时请打开音箱或戴上耳机。"。如图 5.7 所示。

单击"视图"选项卡的"演示文稿视图"组的"备注页"命令，在"选择和可见性"窗格中选中"备注占位符 2"，将字体设置为"华文琥珀"，字号设置为"24"，如图 5.8 所示。备注页可以打印输出，如图 5.12 所示。

该幻灯片中插入了"隐形的翅膀"这首歌曲的mp3文件，放映时请打开音箱或戴上耳机。

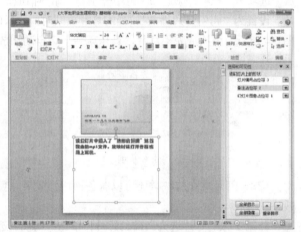

图 5.7　插入备注　　　　　　　　　图 5.8　"备注页"视图

（41）演示文稿的各组成部分多数可以打印输出，下面举几个例子。

单击"文件"选项卡，窗口分成 3 部分，左边为命令选项，中部为命令的子选项或设置项，右边一般为第 3 级命令（选项）或终端显示信息；单击"打印"按钮，如图 5.9 所示，默认打印"整页幻灯片"，即每页打印一张幻灯片，有时这样比较浪费纸张。所以，也可以设置每页打印多张幻灯片，如单击中部"设置"下面的第 3 个对象，选择"讲义"中的"3 张幻灯片"，如图 5.10 所示，打印效果如图 5.11 所示。选择图 5.10 中"打印版式"下的"备注页"也可以打印输出备注页，打印效果如图 5.12 所示。

（42）将演示文稿以《大学生职业生涯规划》基础版.pptx 为文件名保存。

至此，对"大学生职业生涯规划"演示文稿的修改也告一段落，尽管不够完美，但也算小有进步，要想制作出更加漂亮和新颖的演示文稿还需进一步学习。

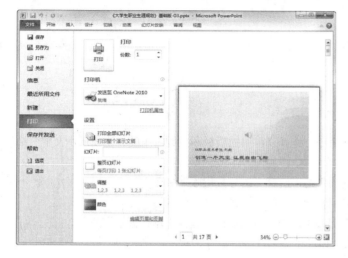

图 5.9　整页幻灯片打印

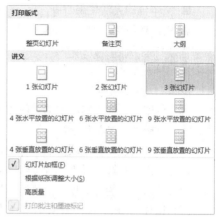

图 5.10　选择打印 3 张幻灯片

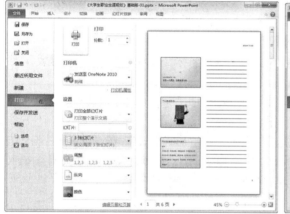

图 5.11　打印 3 张幻灯片预览

图 5.12　打印备注页

5.2　任务 2：提高版"大学生职业生涯规划"演示文稿的制作

5.2.1　任务描述

　　放映一下前面制作的演示文稿，显然效果又有所提高。总体而言，整个演示文稿已经制作完成，但这些还只是最基本的 PowerPoint 使用技术，要想制作更有创意的幻灯片，还需要进一步提高才行。

　　基础版"大学生职业生涯规划"演示文稿虽然内容和形式均已完整，可以基本表情达意。但总感觉缺乏创意，也显呆板，而且所涉及的技术也只是入门水平。下面我们再制作一个提高版的"大学生职业生涯规划"演示文稿，力争有所创新，并在实际学习的过程中把自身的 PowerPoint 应用水平提高一个层次。

5.2.2　任务目的

　　■　幻灯片母版的设计和使用。
　　■　复杂动画的设置。

■ 图片的精细设置。
■ 文本框的灵活使用。
■ 图形的组合应用。

5.2.3　操作步骤

步骤1：自定义母版

（1）单击"文件"选项卡的"新建"命令，选择"可用的模板和主题"下的"空白演示文稿"命令，然后选择"创建"命令。

（2）单击"视图"选项卡的"母版视图"组，选择"幻灯片母版"命令。

（3）单击"幻灯片母版"选项卡的"编辑母版"组，选择"插入版式"命令。

（4）单击"开始"选项卡的"绘图"组的"排列"下拉按钮，选择"选择窗格"命令。

（5）按住"Ctrl"键，依次单击"选择和可见性"窗格中的各个对象，使它们均被选中，并将其全部删除。

（6）单击"幻灯片母版"选项卡的"编辑母版"组，选择"重命名"命令，或在左侧母版查看窗格中的当前母版缩略图上右击，在弹出的快捷菜单中选择"重命名版式"命令，在弹出的"重命名版式"对话框中修改"版式名称"为"自定义标题母版"。

（7）重复（3）、（5）、（6）步，但在第（6）步中要将"版式名称"改为"自定义内页母版"，否则提示名称已在使用，需修改。

（8）单击"插入"选项卡的"图像"组，选择"图片"命令，在"插入图片"对话框中找到"02-图片素材"下的"蓝天白云.png"，单击"插入"按钮。

（9）单击"开始"选项卡的"绘图"组，选择右下角的"设置形状格式"，在"设置图片格式"对话框中设置位置为"水平：0厘米，自：左上角；垂直：0厘米，自：左上角"，单击"关闭"按钮。

（10）单击"幻灯片母版"选项卡的"关闭"组，选择"关闭母版视图"命令。

步骤2：制作标题幻灯片

（1）删除当前幻灯片。

（2）单击"开始"选项卡的"幻灯片"组的"新建幻灯片"下拉按钮，选择"自定义标题母版"命令。

（3）单击"开始"选项卡的"绘图"组的"排列"下拉按钮，选择"选择窗格"命令。

（4）单击"插入"选项卡的"图像"组，选择"图片"命令，在"插入图片"对话框中找到"02-图片素材"下的"苍穹.jpeg"，单击"插入"按钮。

（5）单击"开始"选项卡的"绘图"组，选择右下角的"设置形状格式"，在"设置图片格式"对话框中，设置其大小为"高度：10.58厘米，宽度：33.87厘米"，设置其位置为"水平：0厘米，自：左上角；垂直：0厘米，自：左上角"，单击"关闭"按钮。

（6）单击"插入"选项卡的"图像"组，选择"图片"命令，在"插入图片"对话框中找到"02-图片素材"下的"飞翔的鹰.gif"，单击"插入"按钮；设置其大小为"高度：1.25厘米，宽度：1.4厘米"，位置为"水平：26.3厘米，自：左上角；垂直：2.73厘米，自：左上角"。

（7）插入"02-图片素材"下的"流云.png"；设置其位置为"水平：-4.9厘米，自：左上角；垂直：5.12厘米，自：左上角"。

（8）插入"02-图片素材"下的"成长之路.png"；设置其位置为"水平：12.33厘米，自：左上角；垂直：2.71厘米，自：左上角"。

（9）选中"图片3"，单击"动画"选项卡的"动画"组，选择"动作路径"中的"直线"命令；

单击"动画"选项卡的"动画"组的"效果选项"下拉按钮,选择"右"命令;调整"直线"动画标示线的长度和位置,如图5.15所示。单击"动画"选项卡的"高级动画"组,选择"动画窗格"命令;在"动画窗格"中单击动画项目右侧的下拉按钮,选择"效果"选项,设置如图5.13、图5.14所示。注意:图5.14中"期间"右侧的值"02:00秒"是手工输入的。

图5.13 直线向右动画效果设置 　　　　　图5.14 直线向右动画计时设置

(10)选中"图片2",单击"动画"选项卡的"动画"组,选择"其他动作路径"中的"S形曲线2"命令;调整动画"S形曲线2"的轨迹线的位置(红绿箭头),如图5.15所示;在"动画窗格"中单击"S形曲线2"动画项目右侧的下拉按钮,选择"效果"选项,设置如图5.16、图5.17所示。注意:图5.17中"期间"右侧的值"20秒"是手工输入的。

图5.15 直线与S形曲线2动画 　　　　图5.16 S型曲线2动画效果设置

(11)单击"插入"选项卡的"插图"组的"形状"下拉按钮,选择"矩形"命令,在幻灯片中拖画出矩形,在"设置形状格式"对话框左侧列表中选择"填充",在右侧选择"纯色填充",单击"颜色"下拉按钮,选择"蓝色";设置"线条颜色"为"无线条";设置大小为"高度:7.13厘米,宽度:25.4厘米",设置位置为"水平:0厘米,自:左上角;垂直:11.92厘米,自:左上角"。

(12)单击"插入"选项卡的"文本"组的"文本框"下拉按钮,选择"横排文本框"命令,在幻灯片中拖画出文本框;设置文本框的大小为"高度:1.95厘米,宽度:21.7厘米",位置为"水平:1.1厘米,自:左上角;垂直:12.58厘米,自:左上角";设置字体为"微软雅黑",字号为"40",字体颜色为"白色,背景1";段落设置:对齐方式为"分散对齐",文本左缩进"1.27厘米";输入文字"创造一片天空 让我自由飞翔"。

（13）单击"插入"选项卡的"插图"组的"形状"下拉按钮，选择"直线"命令，在水平红色连接点之间画出贯通整个幻灯片的直线；在"设置形状格式"对话框中，设置"线条颜色"为"实线"、"白色，背景1"，"线型"的"宽度"为"3磅"，位置为"水平：0厘米，垂直：14.72厘米"。

（14）单击"插入"选项卡的"文本"组的"文本框"下拉按钮，选择"横排文本框"命令，在幻灯片中拖画出文本框；设置文本框的大小为"高度：1.02厘米，宽度：20.6厘米"，位置为"水平：2.3厘米，自：左上角；垂直：14.72厘米，自：左上角"；设置字体为"Arial"，字号为"18"，字体颜色为"白色，背景1"；段落设置：对齐方式为"分散对齐"，段前间距"10.8磅"；输入字符"CHUANGZAO YIPIAN TIANKONG RANG WO ZIYOUFEIXIANG"。

（15）单击"插入"选项卡的"文本"组的"文本框"下拉按钮，选择"横排文本框"命令，在幻灯片中拖画出文本框；设置文本框的大小为"高度：1.1厘米，宽度：13厘米"，位置为"水平：9.7厘米，自：左上角；垂直：16.13厘米，自：左上角"；设置字体为"黑体"，字号为"20"，字体样式为"加粗"，字体颜色为"白色，背景1"；段落设置：对齐方式为"右对齐"；输入字符"××职业技术学院 刘翔"。

（16）单击"插入"选项卡的"插图"组的"形状"下拉按钮，选择"矩形"命令，在幻灯片中拖画出矩形，在"设置形状格式"对话框左侧列表中选择"填充"，在右侧选择"纯色填充"，单击"颜色"下拉按钮，选择"蓝色"；设置"线条颜色"为"无线条"；设置大小为"高度：11.92厘米，宽度：25.4厘米"，设置位置为"水平：0厘米，自：左上角；垂直：0厘米，自：左上角"。

（17）单击"插入"选项卡的"文本"组的"文本框"下拉按钮，选择"横排文本框"命令，在幻灯片中拖画出文本框；设置文本框的大小为"高度：1.95厘米，宽度：21.7厘米"，位置为"水平：1.1厘米，自：左上角；垂直：12.58厘米，自：左上角"；设置字体为"微软雅黑"，字号为"40"，字体颜色为"白色，背景1"；段落设置：对齐方式为"分散对齐"，文本左缩进"1.27厘米"；输入文字"创造一片天空 让我自由飞翔"。

（18）选中"TextBox 6"，单击"动画"选项卡的"动画"组，选择"更多进入效果"中的"切入"命令，该动画的效果/计时选项设置如图5.18、图5.19所示。

图5.17 S型曲线2动画计时设置　　　图5.18 切入动画效果设置　　　图5.19 切入动画计时设置

（19）选中"TextBox 11"，单击"动画"选项卡的"动画"组，选择"更多进入效果"中的"擦除"命令，该动画的效果/计时选项设置如图5.20、图5.21所示。

（20）选中"TextBox 11"，单击"动画"选项卡的"高级动画"组的"添加动画"下拉按钮，选择"更多退出效果"中的"擦除"命令，该动画的效果/计时选项设置如图5.22、图5.23所示。

图 5.20　TextBox 11 擦除（进入）
动画效果设置

图 5.21　TextBox 11 擦除（进入）
动画计时设置

图 5.22　TextBox 11 擦除（退出）
动画效果设置

（21）选中"直接连接符 7"，单击"动画"选项卡的"动画"组，选择"更多进入效果"中的"擦除"命令，该动画的效果/计时选项设置如图 5.24、图 5.25 所示。

图 5.23　TextBox 11 擦除（退出）
动画计时设置

图 5.24　直接连接符 7
动画效果设置

图 5.25　直接连接符 7
动画计时设置

（22）选中"TextBox 8"，单击"动画"选项卡的"动画"组，选择"更多进入效果"中的"淡出"命令，该动画的效果/计时选项设置如图 5.26、图 5.27 所示。

（23）选中"TextBox 9"，单击"动画"选项卡的"动画"组，选择"更多进入效果"中的"淡出"命令，该动画的效果/计时选项设置如图 5.28、图 5.29 所示。

图 5.26　TextBox 8 淡出
动画效果设置

图 5.27　TextBox 8 淡出
动画计时设置

图 5.28　TextBox 9 淡出
动画效果设置

（24）选中"矩形 10"，单击"动画"选项卡的"动画"组，选择"更多退出效果"中的"淡出"命令，该动画的计时选项设置如图 5.30 所示。

（25）在"动画窗格"中，选中某个动画对象，按向上或向下"重新排序"按钮，调整各动画的播放顺序，最终结果如图 5.31 所示。

图 5.29　TextBox 9 淡出　　　　图 5.30　矩形 10 淡出　　　　图 5.31　各动画播放
　　　动画计时设置　　　　　　　　动画计时设置　　　　　　　顺序调整结果

步骤 3：制作"个人信息"幻灯片

（1）单击"开始"选项卡的"幻灯片"组的"新建幻灯片"下拉按钮，选择"自定义内页母版"命令。

（2）单击"插入"选项卡的"插图"组的"形状"下拉按钮，选择"箭头汇总"中的"五边形"命令，在幻灯片中拖画出该五边形，在"设置形状格式"对话框左侧列表中选择"填充"，在右侧选择"纯色填充"，单击"颜色"下拉按钮，选择"蓝色"；设置"线条颜色"为"无线条"；设置大小为"高度：4.4 厘米，宽度：9.4 厘米"，设置位置为"水平：0 厘米，自：左上角；垂直：5.72 厘米，自：左上角"。

（3）单击"插入"选项卡的"文本"组的"文本框"下拉按钮，选择"横排文本框"命令，在幻灯片中拖画出文本框；设置大小为"高度：2.8 厘米，宽度：5.2 厘米"，设置位置为"水平：1.7 厘米，自：左上角；垂直：6.32 厘米，自：左上角"；设置字体为"黑体"，字号为"60"，字体颜色为"白色，背景 1"，字体样式为"加粗"；段落格式中对齐方式为"分散对齐"，段前间距"24 磅"。

（4）单击"插入"选项卡的"文本"组的"文本框"下拉按钮，选择"横排文本框"命令，在幻灯片中拖画出文本框；设置大小为"高度：3.05 厘米，宽度：6.2 厘米"，设置位置为"水平：13.5 厘米，自：左上角；垂直：0.53 厘米，自：左上角"；设置字体为"黑体"，字体颜色设置为"红色、绿色、蓝色值均为 221"，字体样式为"加粗"；段落格式中对齐方式为"分散对齐"，段前间距"39.6 磅"；输入"关于我"，选中"关于"，设置字号为"40"，选中"我"，设置字号为"66"。

（5）单击"插入"选项卡的"文本"组的"文本框"下拉按钮，选择"横排文本框"命令，在幻灯片中拖画出文本框；设置大小为"高度：3.05 厘米，宽度：6.2 厘米"，设置位置为"水平：13.44 厘米，自：左上角；垂直：0.46 厘米，自：左上角"；设置字体为"黑体"，字体样式为"加粗"；段落格式中对齐方式为"分散对齐"，段前间距"39.6 磅"；输入"关于我"，选中"关于"，设置字号为"40"，字体颜色为"黑色，文字 1"，选中"我"，设置字号为"66"，字体颜色为"红色"。

（6）插入"02-图片素材"文件夹下的"个人信息.png"图片，设置大小为"高度：14.58 厘米，宽度：12.22 厘米"；设置位置为"水平：4.47 厘米，垂直：11.3 厘米"；设置进入动画效果为"飞入"，效果选项均为默认设置。

步骤 4：制作"目录"幻灯片

（1）单击"开始"选项卡的"幻灯片"组的"新建幻灯片"下拉按钮，选择"自定义内页母版"命令。

（2）单击"插入"选项卡的"插图"组的"形状"下拉按钮，选择"矩形"命令，在幻灯片中拖画出矩形，在"设置形状格式"对话框左侧列表中选择"填充"，在右侧选择"纯色填充"，单击"颜色"下拉按钮，选择"蓝色"；设置"线条颜色"为"实线"、"黑色"，线型"宽度：0.75 磅"；设置大小为"高度：3.13 厘米，宽度：25.4 厘米"，设置位置为"水平：0 厘米，自：左上角；垂直：0 厘米，自：左上角"。

（3）单击"插入"选项卡的"文本"组的"文本框"下拉按钮，选择"横排文本框"命令，在幻灯片中拖画出文本框；设置文本框的大小为"高度：1.78 厘米，宽度：16.6 厘米"，位置为"水平：4.3厘米，自：左上角；垂直：0.94 厘米，自：左上角"；设置字体为"黑体"，字号为 36，字体颜色为"白色，背景 1"；段落设置中对齐方式为"分散对齐"，段前间距"21.6 磅"；输入文字"职业生涯规划设计书目录"。

（4）单击"插入"选项卡的"绘图"组，选择"SmartArt"命令，在"选择 SmartArt 图形"对话框左侧列表中选择"列表"，在中部找到"垂直曲形列表"并单击它，单击"确定"按钮。

（5）重复两次单击"设计"选项卡的"添加形状"按钮。

（6）单击 SmartArt 图形中最上面的圆形，选中它；单击"格式"选项卡的"形状样式"组，选择"中等效果→橙色，强调颜色 6"命令（位于第 6 行第 7 列）；仿照此方法，依次（从上至下顺序）将其他 4 个圆形的样式分别设为"中等效果→水绿色，强调颜色 5"、"中等效果→紫色，强调颜色 4"、"中等效果–橄榄色，强调颜色 3"、"中等效果→红色，强调颜色 2"；同理，依次（从上至下顺序）将5 个矩形框的样式分别设为"中等效果→橄榄色，强调颜色 3"、"中等效果→橙色，强调颜色 6"、"中等效果→蓝色，强调颜色 1"、"中等效果→紫色，强调颜色 4"、"中等效果→水绿色，强调颜色 5"。

（7）设置 SmartArt 图形的大小为"高度：13 厘米，宽度：22.2 厘米"，位置为"水平：1.5 厘米，垂直：4.32 厘米"；单击 SmartArt 图形左边框中部的"显示/隐藏文本窗格"控件，在弹出的"在此处键入文字"窗格中自上而下依次输入文字素材文件中"三、职业生涯规划设计书目录"下的内容。

（8）单击"动画"选项卡的"动画"组，选择"更多进入效果"中的"轮子"命令；单击"动画"选项卡的"动画"组的"效果选项"下拉按钮，选择"8 轮辐图案"命令；单击"动画"选项卡的"动画"组的"开始"下拉按钮，选择"与上一动画同时"命令。

步骤 5：制作"前言"幻灯片

（1）单击"开始"选项卡的"幻灯片"组的"新建幻灯片"下拉按钮，选择"自定义内页母版"命令。

（2）插入"02-图片素材"文件夹下的"剪纸手.png"图片；设置图片大小为"高度：6.52 厘米，宽度：14.92 厘米"；设置图片位置为"水平：-0.42 厘米，垂直：0 厘米"。

（3）插入横排文本框；设置其大小为"高度：1.78 厘米，宽度：4 厘米"；设置其位置为"水平：2.5 厘米，垂直：1.92 厘米"；字体为"黑体"，字号为"36"，字体颜色为"白色"；段落格式中对齐方式为"分散对齐"，段前间距"21.6 磅"；输入"前言"。

（4）插入横排文本框；设置其大小为"宽度：21.8 厘米"；设置其位置为"水平：2.1 厘米，垂直：6 厘米"；字体为"黑体"，字号为"28"，字体颜色为"黑色"；复制文字素材文件中"四、前言"标题下的"岁月匆匆……适合自己的职业规划道路。"。返回 PowerPoint，单击"开始"选项卡的"剪贴板"组的"粘贴"下拉按钮，选择"选择性粘贴"下的"无格式文本"命令；段落格式中对齐方式为

"两端对齐"，首行缩进 2 厘米。

（5）选中"岁"字，设置字体颜色为"红色"，字号为"44"。

（6）选中文本框；单击"格式"选项卡的"艺术字样式"组的"文本效果"下拉按钮，选择"发光"下的"发光变体"中的"橄榄色，5pt 发光，强调文字颜色 3"命令（位于第 1 行第 3 列）。

（7）设置文本框动画为"进入-擦除"，方向为"自顶部"，计时开始为"上一动画之后"，计时期间为"快速（1 秒）"。

步骤 6：制作"自我分析"幻灯片

（1）单击"开始"选项卡的"幻灯片"组的"新建幻灯片"下拉按钮，选择"复制所选幻灯片"命令；选中"TextBox 2"，将其中"前言"二字替换为"自我分析"；修改其大小为"高度：1.78 厘米，宽度：6.2 厘米"。

（2）复制文字素材文件中"五、自我分析"标题下的"要做好职业生涯的规划……适合自己前进的职业生涯之路。"。返回 PowerPoint，选中"TextBox 3"；单击"开始"选项卡的"剪贴板"组的"粘贴"下拉按钮，选择"选择性粘贴"下的"无格式文本"命令；设置该文本框的字号为"28"，字体颜色为"黑色"；选中"要"字，将其字号设为"44"，颜色设为"红色"；修改其大小为"高度：6.48 厘米，宽度：20.2 厘米"，位置为"水平：2.5 厘米，垂直：6.64 厘米"。

（3）单击"开始"选项卡的"幻灯片"组的"新建幻灯片"下拉按钮，选择"自定义内页母版"命令；插入"箭头"形状；设置形状的线条颜色为"实线、黑色"，线型为"4.5 磅"，箭头设置的后端类型为"箭头"；设置其大小为"高度：0 厘米，宽度：26.9 厘米"；位置为"水平：0 厘米，垂直：11.53 厘米"；设置动画为"进入-飞入"，方向"自左侧"，计时开始为"上一动画之后"，计时延迟为"0.5 秒"，计时期间为"非常快（0.5 秒）"。

（4）插入"椭圆"形状（注意：这里要按住"Shift"键来拖画，要画成圆形，下面步骤中与此相同）；设置其填充为"纯色填充"，颜色为"白色"，线条颜色为"实线、黑色"，线型宽度为 1.5 磅，大小为"高度：0.4 厘米，宽度：0.4 厘米"，位置为"水平：3.7 厘米，垂直：11.32 厘米"；设置动画为"进入-基本缩放"（用默认设置即可）；添加动画（注意：添加动画与设置动画是不一样的操作）"退出-飞出"，方向为"到左侧"，其他取默认设置。

（5）插入"直线"形状；设置其线条颜色为"实线、蓝色"，线型宽度为 1.5 磅，短划线类型为"长划线"，大小为"高度：1.4 厘米，宽度：0 厘米"，位置为"水平：3.9 厘米，垂直：11.73 厘米"；设置动画为"进入-擦除"，方向为"自顶部"，计时开始为"上一动画之后"；添加动画"退出-飞出"，方向为"到左侧"，计时开始为"与上一动画同时"，计时期间为"0.4 秒"。

（6）插入"矩形"形状；设置填充为"纯色填充"，颜色值为"红色 205、绿色 234、蓝色 255"，线条颜色为"实线、蓝色"，线型宽度为"1.5 磅"、短画线类型为"长画线"；大小为"高度：5.6 厘米，宽度：23 厘米"，位置为"水平：1.1 厘米，垂直：12.73 厘米"。

（7）插入横排文本框；设置填充为"纯色填充"，颜色值为"红色 205、绿色 234、蓝色 255"；大小为"宽度：19.44 厘米"，位置为"水平：4.07 厘米，垂直：13.09 厘米"；设置字体为"微软雅黑"，字号为"16"，字体颜色为"黑色"；段落格式中对齐方式为"左对齐"，首行缩进"1.27 厘米"，段前间距为"0.24 磅"，行距为"多倍行距、设置值 1.25"。

（8）复制文字素材文件中"五、自我分析"标题下的"我拥有双重性格特征……我很喜欢现在所学的专业。"。返回 PowerPoint，选中"TextBox 5"，单击"开始"选项卡的"剪贴板"组的"粘贴"下拉按钮，选择"选择性粘贴"下的"无格式文本"命令。

（9）插入竖排文本框；设置填充为"纯色填充"、颜色值为"红色 205、绿色 234、蓝色 255"；大小为"高度：4.31 厘米，宽度：1.58 厘米"，位置为"水平：2.09 厘米，垂直：13.33 厘米"；设置字体为"黑体"，字号为"24"，字体颜色为"红色"；段落格式中对齐方式为"左对齐"，首段前间距为"14.4磅"；输入"自我分析"4 个字。

（10）选中"矩形 4"、"TextBox 5"和"TextBox 6"（按住"Ctrl"键或"Shift"键依次单击各被选对象，或在"选择和可见性"窗格中选择）；单击"开始"选项卡的"绘图"组的"排列"下拉按钮，选择"组合"命令，或在选中区域右击，在弹出的快捷菜单中指向"组合"，再单击"组合"命令；将组合后生成的"组合 7"设置动画"进入-基本缩放"，计时开始为"与上一动画同时"，计时延迟为"0.2秒"；给"组合 7"添加动画"退出-飞出"，方向为"到左侧"，计时开始为"与上一动画同时"，计时期间为"快速（1 秒）"。

（11）复制并粘贴"椭圆 2"，将其重命名为"椭圆 8"；修改其位置设置为"水平：7.1 厘米，垂直：11.34 厘米"；修改其"退出-飞出"动画设置，计时开始为"与上一动画同时"。

（12）复制并粘贴"直接连接符 3"，将其重命名为"直接连接符 9"；修改其位置设置为"水平：7.3 厘米，垂直：9.93 厘米"；修改其"进入-擦除"动画设置：方向为"自底部"。

（13）复制并粘贴"组合 7"，将其重命名为"组合 12"，将其中的"矩形 4"重命名为"矩形 10"，"TextBox 6"重命名为"TextBox 11"，删除"TextBox 5"；选中"组合 12"；修改其大小为"高度：9厘米，宽度：23.01 厘米"，位置为"水平：1.1 厘米，垂直：0.72 厘米"；将"TextBox 11"中的文字改为"360 度测评"。

（14）插入一个"3×8 表格"，使用默认表格样式（中度样式 2-强调 1），设置表格第 1 行和第 1列文字中部对齐、加粗，其他单元格两端对齐，字体为"微软雅黑"，字号"14"；输入文字素材文件中"五、自我分析"标题下的表格内容；删除最后一行；设置表格尺寸"高度：8.71 厘米，宽度：19.95厘米"，第 1 列"宽度：4.76 厘米"，位置"水平：3.9 厘米，垂直：0.9 厘米"。

（15）给表格设置动画"进入-基本缩放"，计时开始为"与上一动画同时"，计时延迟为"0.2 秒"；给表格添加动画"退出-飞出"，方向为"到左侧"，计时开始为"与上一动画同时"，计时期间为"快速（1 秒）"。

（16）复制并粘贴"椭圆 2"，将其重命名为"椭圆 14"；修改其位置设置为"水平：10.1 厘米，垂直：11.32 厘米"；删除其"退出-飞出"动画，修改其"进入-基本缩放"动画设置，计时开始为"上一动画之后"。

（17）复制并粘贴"直接连接符 9"，将其重命名为"直接连接符 15"；修改其位置设置为"水平：10.3 厘米，垂直：9.93 厘米"；删除其"退出-飞出"动画。

（18）复制并粘贴"组合 7"，将其重命名为"组合 19"，将其中的"矩形 4"重命名为"矩形 16"，"TextBox 5"重命名为"TextBox 17"，"TextBox 6"重命名为"TextBox 18"；选中"组合 19"；修改其大小为"高度：8 厘米，宽度：23 厘米"，位置为"水平：1.1 厘米，垂直：1.72 厘米"；将"TextBox 18"中的文字改为"自我分析小结"；选中"TextBox 17"，设置字体为"微软雅黑"，字体样式为"加粗"，字号为"20"，字体颜色为"黑色，文字 1"，段落格式中对齐方式为"两端对齐"，首行缩进"1.27厘米"，段前间距"4.8 磅"，行距为"多倍行距，设置值为 1.35"；复制文字素材文件中"五、自我分析"标题下的"综上分析……有时会缺乏自信。"。返回 PowerPoint，使"TextBox 17"中的所有字符都处于选中状态，单击"开始"选项卡的"剪贴板"组的"粘贴"下拉按钮，选择"选择性粘贴"下的"无格式文本"命令。

（19）插入横排文本框；设置大小为"高度：2.8 厘米，宽度：12.8 厘米"；设置位置为"水平：6.1 厘米，垂直：8.3 厘米"；设置字体为"黑体"，字号为"60"，字体样式为"加粗"，字体颜色为"红色 255、绿色 51、蓝色 0"；段落格式中对齐方式为"分散对齐"，段前间距"36 磅"；输入"自我分析"4 个字。

（20）选中"TextBox 20"（即刚刚插入的文本框）；设置动画"进入-切入"，动画效果设置如图 5.32 所示；添加动画"退出-玩具风车"，计时开始为"上一动画之后"；对动画重新排序，结果如图 5.33 所示。

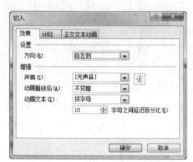

图 5.32　动画"进入-切入"设置　　　　　图 5.33　动画重新排序结果

步骤 7：制作"职业分析"幻灯片

（1）复制并粘贴第 5 张幻灯片为第 7 张幻灯片；删除"TextBox 3"（即幻灯片中较大的文本框）；将文本框"TextBox 2"中的文字修改为"职业分析"（格式不变）。

（2）插入"02-图片素材"文件夹中的"圆弧箭头.png"图片；修改名称为"图片 3"；设置图片大小为"高度：14.2 厘米，宽度：18.2 厘米"（注意：要先去掉"锁定纵横比"复选框的选中状态）；设置图片位置为"水平：3.9 厘米，垂直：2.93 厘米"；将图片置于底层；设置动画"进入-擦除"，方向为"自顶部"。

（3）插入"02-图片素材"文件夹中的"圆球-家庭.png"图片；修改名称为"图片 4"；设置图片位置为"水平：9.1 厘米，垂直：10.13 厘米"；设置动画"进入-螺旋飞入"，计时开始为"与上一动画同时"，计时延时为"0.5 秒"。

（4）插入"02-图片素材"文件夹中的"圆球-学校.png"图片；修改名称为"图片 5"；设置图片位置为"水平：16.1 厘米，垂直：8.73 厘米"；设置动画"进入-螺旋飞入"，计时开始为"与上一动画同时"，计时延时为"0.8 秒"。

（5）插入"02-图片素材"文件夹中的"圆球-专业.png"图片；修改名称为"图片 6"；设置图片位置为"水平：19.05 厘米，垂直：5.72 厘米"；设置动画"进入-螺旋飞入"，计时开始为"与上一动画同时"，计时延时为"1.1 秒"。

（6）插入"02-图片素材"文件夹中的"圆球-SWOT.png"图片；修改名称为"图片 7"；设置图片位置为"水平：17.1 厘米，垂直：3.73 厘米"；设置动画"进入-螺旋飞入"，计时开始为"与上一动画同时"，计时延时为"1.4 秒"。

（7）单击"开始"选项卡的"幻灯片"组的"新建幻灯片"下拉按钮，选择"复制所选幻灯片"命令；删除所有动画；给"图片 1"（即剪纸手图片）设置动画"退出-飞出"，方向"到左侧"，计时开始为"上一动画之后"，计时期间为"慢速（3 秒）"；给"TextBox 2"（即"职业分析"所在文本框）设置动画"退出-飞出"，方向"到左侧"，计时开始为"与上一动画同时"，计时期间为"中速（2 秒）"；

依次按顺序给"图片 3"至"图片 7"（即"圆弧形箭头"、"家庭"、"学校"、"专业"、"SWOT"5 个图片）设置动画"动作路径-对角线向右下"，计时开始均为"与上一动画同时"，计时期间均为"中速（2 秒）"；适当调整动作路径轨迹线的位置、角度和长短，预览动画，使 5 个图片完成动作后停留在幻灯片的右下部，并以基本不出幻灯片区域为佳，如图 5.34 所示。

（8）插入"矩形标注"形状，重命名为"矩形标注 8"；设置填充为"纯色填充"，颜色值为"红色 205、绿色 234、蓝色 255"，线条颜色为"实线、蓝色"，线型宽度为 2.25 磅、短画线类型为"长画线"；大小为"高度：9 厘米，宽度：14.2 厘米"，位置为"水平：2.3 厘米，垂直：1.72 厘米"；选中"矩形标注 8"，单击黄色控制点方块不放，拖动鼠标，调整标注箭头指向位置，如图 5.35 所示。

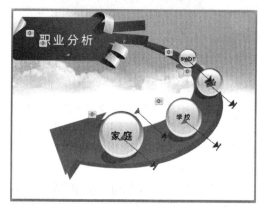
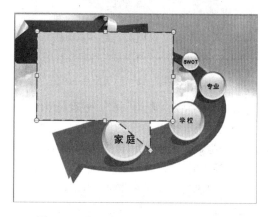

图 5.34　"对角线向右下"动作路径设置　　　　图 5.35　"矩形标注 8"箭头控点的位置

（9）插入横排文本框；设置字体为"黑体"，字号为"20"，字体颜色为"黑色，文字 1"，字体样式为"加粗"；段落格式中对齐方式为"两端对齐"，首行缩进"1.27 厘米"，段前间距"12 磅"；设置大小为"高度：7.03 厘米，宽度：13.2 厘米"；设置位置为"水平：2.9 厘米，垂直：2.69 厘米"；复制文字素材文件中"六、职业分析"标题下的"我家在农村……我觉得自己非常适合学习这个专业。"。

返回 PowerPoint，选中"TextBox 9"，单击"开始"选项卡的"剪贴板"组的"粘贴"下拉按钮，选择"选择性粘贴"下的"无格式文本"命令；将"矩形标注 8"和"TextBox 9"组合，生成"组合 10"；给"组合 10"设置动画"进入-擦除"，计时开始为"上一动画之后"；给"组合 10"添加动画"退出-淡出"，计时期间为"快速（1 秒）"。

（10）复制粘贴"组合 10"，将其重命名为"组合 13"，将"矩形标注 8"重命名为"矩形标注 11"、"TextBox 10"重命名为"TextBox 12"；修改"组合 13"的位置为"水平：2.3 厘米，垂直：1.72 厘米"；复制文字素材文件中"六、职业分析"标题下的"学校对一个人的成长和发展有至关重要的影响……我相信我的明天会更好。"。

返回 PowerPoint，使"TextBox 12"中的字符处于选中状态，单击"开始"选项卡的"剪贴板"组的"粘贴"下拉按钮，选择"选择性粘贴"下的"无格式文本"命令；调整"矩形标注 11"箭头控点的位置，如图 5.36 所示。

（11）复制粘贴"组合 13"，将其重命名为"组合 16"，将"矩形标注 11"重命名为"矩形标注 14"、"TextBox 12"重命名为"TextBox 15"；修改"组合 16"的位置为"水平：2.3 厘米，垂直：1.72 厘米"；复制文字素材文件中"六、职业分析"标题下的"人才的数量和质量……所以本专业的发展前景十分看好。"。

返回 PowerPoint，使"TextBox 15"中的字符处于选中状态，单击"开始"选项卡的"剪贴板"组的"粘贴"下拉按钮，选择"选择性粘贴"下的"无格式文本"命令；修改文本框"TextBox 15"

的字号为 18；调整"矩形标注 14"箭头控点的位置，如图 5.37 所示。

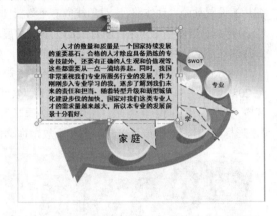

图 5.36 "矩形标注 11"箭头控点的位置   图 5.37 "矩形标注 14"箭头控点的位置

（12）复制粘贴"组合 16"，删除其中的"TextBox 15"，将"矩形标注 14"重命名为"矩形标注 17"；修改"矩形标注 17"的位置为"水平：2.3 厘米，垂直：1.72 厘米"；给"矩形标注 17"设置动画"进入-擦除"，方向为"自右侧"，计时开始为"上一动画之后"；如图 5.38 所示，调整"矩形标注 17"箭头控点的位置。

（13）复制文字素材文件中"六、职业分析"标题下的表格；返回 PowerPoint，将第 8 张幻灯片选为当前幻灯片，直接粘贴；设置表格中文字字体为"微软雅黑"，字号为"14"，第 1 列和第 1、第 3 行文字样式为加粗，设置第 1 列文字方向为"横排"；将表格调整到适当大小，具体表格尺寸为"高度 8.05 厘米，宽度 13 厘米，第 1 列宽度 2 厘米"；设置表格位置为"水平：2.9 厘米，垂直：2.14 厘米"，如图 5.39 所示；选中表格，设置动画"进入-擦除"，方向为"自右侧"，计时开始为"与上一动画同时"。

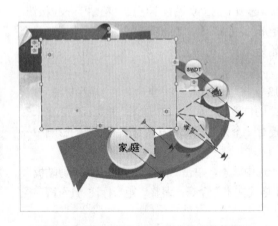

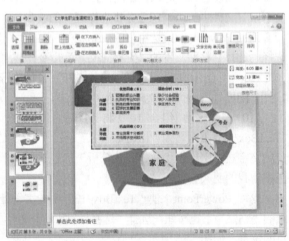

图 5.38 "矩形标注 17"箭头控点的位置   图 5.39 表格设置结果

步骤 8：制作"职业生涯规划"幻灯片

（1）复制并粘贴第 5 张幻灯片为第 9 张幻灯片，删除"TextBox 3"（即幻灯片中较大的文本框）；将文本框"TextBox 2"中的文字修改为"职业生涯规划"（格式不变）；设置"TextBox 2"的大小为"高度：1.78 厘米，宽度：8.6 厘米"；设置"TextBox 2"的位置为"水平：0.9 厘米，垂直：1.92 厘米"。

（2）复制文字素材文件中"七、职业生涯规划"标题下的表格；返回 PowerPoint，直接粘贴；单击"设计"选项卡的"艺术字样式"组，选择"渐变填充–橙色，强调文字颜色 6，内部阴影"命令（位于第 4 行第 2 列）；设置字号为"22"；设置第 1 行和第 1 列文字字体为"微软雅黑"；设置第 2 列的第 2 行到 5 行的对齐文本为"顶端对齐"；调整表格的大小和列宽，具体值见图 5.40 所示，其中上排从左到右前 3 个图依次为表格第 1、第 2、第 3 列的列宽，第 4 个图为表格尺寸；设置表格位置为"水平：2.1 厘米，垂直：7.93 厘米"；给表格设置动画"进入–擦除"，方向为"自顶部"，计时开始为"上一动画之后"。

图 5.40　表格设置结果

（3）插入横排文本框；设置字体为"黑体"，字号为"28"，字体样式为"加粗"，字体颜色为"红色 255、绿色 51、蓝色 0"；段落格式中对齐方式为"分散对齐"，段前间距为"16.8 磅"；设置大小为"高度：1.44 厘米，宽度：6.2 厘米"；设置位置为"水平：14.9 厘米，垂直：2.13 厘米"；输入文字"设定目标"4 个字；设置动画"进入–切入"，方向为"自左侧"，动画文本为"按字母"，字母之间延迟百分比为"10"，计时-开始为"与上一动画同时"，计时-期间为"快速（1 秒）"，并将其调整为第 1 个动画。

（4）新建"自定义内页母版"；插入"箭头"形状；设置形状的线条颜色为"实线、黑色"，线型为"4.5 磅"，箭头设置-后端类型为"箭头"；设置其大小为"高度：0 厘米，宽度：26.9 厘米"；设置位置为"水平：0 厘米，垂直：11.53 厘米"；设置动画为"进入–飞入"，方向"自左侧"，计时开始为"上一动画之后"，计时延迟为"0.5 秒"，计时期间为"非常快（0.5 秒）"。

（5）插入横排文本框；设置文本框字体为"黑体"，字号为 60，字体颜色为"红色 255、绿色 51、蓝色 0"，字体样式为"加粗"；设置文本框段落格式：常规-对齐方式为"分散对齐"，间距-段前为 36 磅；设置文本框大小为"高度：2.8 厘米，宽度：12.8 厘米"；设置文本框位置为"水平：6.1 厘米，垂直：8.73 厘米"；输入文字"规划实施"；选择第 6 张幻灯片为当前幻灯片，选中"TextBox 20"（即文字"自我分析"所在文本框），单击"动画"选项卡的"高级动画"组，选择"动画刷"命令；选择第 10 张幻灯片为当前幻灯片，在"TextBox 2"（即文字"规划实施"所在文本框）上单击；将"TextBox 2"的"进入–切入"动画向前移动为第 1 个动画。

（6）插入"椭圆"形状（实为圆形）；设置椭圆大小为"高度：0.4 厘米，宽度：0.4 厘米"；设置椭圆位置为"水平：3.7 厘米，垂直：11.2 厘米"；选择第 6 张幻灯片为当前幻灯片，选中"椭圆 2"，单击"动画"选项卡的"高级动画"组，选择"动画刷"命令；选择第 10 张幻灯片为当前幻灯片，在"椭圆 3"上单击。

（7）插入横排文本框；设置文本框字体为"Arial"，字号为"18"，字体颜色为"黑色，文字 1"；设置文本框段落格式：常规-对齐方式为"左对齐"，间距-段前为"18 磅"；设置文本框大小为"高度：1.02

厘米，宽度：4厘米"；设置文本框位置为"水平：2.1厘米，垂直：10.53厘米"；输入文字"2014—2017"；给文本框设置动画"进入-擦除"，方向为"自底部"，计时-开始为"与上一动画同时"；向前移动该动画一步；给文本框添加动画"退出-飞出"，方向为"到左侧"，计时-开始为"与上一动画同时"。

（8）插入"直线"形状；设置直线大小为"高度：1.4厘米，宽度：0厘米"；设置直线位置为"水平：3.9厘米，垂直：11.73厘米"；选择第6张幻灯片为当前幻灯片，选中"直接连接符3"，单击"动画"选项卡的"高级动画"组，选择"动画刷"命令；选择第10张幻灯片为当前幻灯片，在"椭圆3"上单击；将"直接连接符5"的"进入-擦除"动画向前移动两步。

（9）复制"椭圆3"，单击"开始"选项卡的"剪贴板"组的"粘贴"下拉按钮，选择"选择性粘贴"下的"Microsoft Office 图形对象"命令，重命名为"椭圆6"；再用该粘贴方式，粘贴生成另外两个椭圆，分别重命名为"椭圆7"和"椭圆8"；依次设置"椭圆6、椭圆7、椭圆8"的位置-水平为"7.1、12.5、17.3"厘米，位置-垂直均为"11.32"厘米。

（10）复制"TextBox 4"，重复3次单击"开始"选项卡的"剪贴板"组的"粘贴"下拉按钮，选择"选择性粘贴"下的"Microsoft Office 图形对象"命令，依次重命名为"Text Box 9"、"TextBox 10"、"TextBox 11"；选中这3个文本框，设置字体为"Arial"；在各文本框中依次输入"2017—2019"、"2019—2022"、"2022—2024"；依次修改这3个文本框的位置-水平为"5.5、10.9、15.7"厘米，位置-垂直为"11.53、11.53、10.53"厘米。

（11）复制"直接连接符5"，重复3次单击"开始"选项卡的"剪贴板"组的"粘贴"下拉按钮，选择"选择性粘贴"下的"Microsoft Office 图形对象"命令，依次重命名为"直接连接符12"、"直接连接符13"、"直接连接符14"；依次修改这3根直线的位置-水平为"7.3、12.7、17.5"厘米，位置-垂直为"9.93、9.93、11.73"厘米。

（12）将第6张幻灯片选为当前幻灯片；复制"组合7"；返回第10张幻灯片，单击"开始"选项卡的"剪贴板"组的"粘贴"下拉按钮，选择"选择性粘贴"下的"Microsoft Office 图形对象"命令；修改组合名称为"组合18"，矩形为"矩形15"，"TextBox 5"为"TextBox 16"，"TextBox 6"为"TextBox 17"；修改"组合18"的位置-水平为"1.1厘米"，位置-垂直为"12.73厘米"；修改"TextBox 16"的段落格式为常规-对齐方式"左对齐"，首行缩进"1.27厘米"，间距-段前"0.5磅"，间距-行距"多倍行距、设置值1.2"；修改"TextBox 17"中的文字为"近期规划"；复制文字素材文件中"七、职业生涯规划"标题下的"① 在校期间努力学习专业知识……才能在当今社会站的更稳。"。返回PowerPoint，使"TextBox 16"中的字符处于选中状态，单击"开始"选项卡的"剪贴板"组的"粘贴"下拉按钮，选择"选择性粘贴"下的"无格式文本"命令。

（13）复制"组合18"，单击"开始"选项卡的"剪贴板"组的"粘贴"下拉按钮，选择"选择性粘贴"下的"Microsoft Office 图形对象"命令；重命名刚生成的组合为"组合22"，其中的"矩形15"为"矩形19"，"TextBox 16"为"TextBox 20"，"TextBox 17"为"TextBox 21"；修改"组合22"的位置-水平为"1.1厘米"，位置-垂直为"1.2厘米"；修改"矩形19"的大小为"高度：9厘米，宽度：23.01厘米"；修改"TextBox 20"的字号为"18"；修改"TextBox 21"中的文字为"中期规划"；复制文字素材文件中"七、职业生涯规划"标题下的"① 进入本科院校继续深造……以尽快适应社会"。返回PowerPoint，使"TextBox 20"中的字符处于选中状态，单击"开始"选项卡的"剪贴板"组的"粘贴"下拉按钮，选择"选择性粘贴"下的"无格式文本"命令。

（14）复制"组合22"，单击"开始"选项卡的"剪贴板"组的"粘贴"下拉按钮，选择"选择性粘贴"下的"Microsoft Office 图形对象"命令；重命名刚生成的组合为"组合26"，其中的矩形为"矩形23"，"TextBox 20"为"TextBox 24"，"TextBox 21"为"TextBox 25"；修改"组合26"的位置-水平为"1.1厘米"，位置-垂直为"1.2厘米"；修改"TextBox 24"的字号为"20"；修改"TextBox

25"中的文字为"远期规划";复制文字素材文件中"七、职业生涯规划"标题下的"找一份适合自己并喜欢的工作……组织管理能力等"。返回 PowerPoint,使"TextBox 24"中的字符处于选中状态,单击"开始"选项卡的"剪贴板"组的"粘贴"下拉按钮,选择"选择性粘贴"下的"无格式文本"命令。

（15）复制"组合 18",单击"开始"选项卡的"剪贴板"组的"粘贴"下拉按钮,选择"选择性粘贴"下的"Microsoft Office 图形对象"命令;重命名新生成的组合名称为"组合 30",其中的矩形为"矩形 27","TextBox 16"为"TextBox 28","TextBox 17"为"TextBox 29";修改"组合 30"的位置-水平为"1.1 厘米",位置-垂直为"12.73 厘米";修改"TextBox 28"的段落格式为:间距-行距为"单倍行距";修改"TextBox 29"中的文字为"终期规划";复制文字素材文件中"七、职业生涯规划"标题下的"经过几年的努力……注意资金的积累和有效利用"。返回 PowerPoint,使"TextBox 28"中的字符处于选中状态,单击"开始"选项卡的"剪贴板"组的"粘贴"下拉按钮,选择"选择性粘贴"下的"无格式文本"命令。

（16）给"组合 18"设置动画"进入-基本缩放",计时-开始为"与上一动画同时",计时-延迟"0.2 秒";动画向前移动 3 步。

（17）给"椭圆 6"设置动画"进入-基本缩放";动画向前移动 3 步。

（18）给"TextBox 9"设置动画"进入-擦除",方向为"自顶部",计时-开始为"与上一动画同时";动画向前移动 3 步。

（19）给"直接连接符 12"设置动画"进入-擦除",方向为"自底部",计时-开始为"上一动画之后";动画向前移动 3 步。

（20）给"组合 22"设置动画"进入-擦除",方向为"自底部",计时-开始为"上一动画之后";动画向前移动 3 步。

（21）给"组合 18"添加动画"退出-飞出",方向为"到左侧",计时-开始为"上一动画之后",计时-期间为"快速（1 秒）"。

（22）给"组合 22"添加动画"退出-飞出",方向为"到左侧",计时-开始为"上一动画之后",计时-期间为"快速（1 秒）"。

（23）给"TextBox 9"添加动画"退出-飞出",方向为"到左侧",计时-开始为"与上一动画同时"。

（24）给"椭圆 6"添加动画"退出-飞出",方向为"到左侧",计时-开始为"与上一动画同时"。

（25）给"直接连接符 12"添加动画"退出-飞出",方向为"到左侧",计时-开始为"与上一动画同时",计时-期间为"0.4 秒"。

（26）给"椭圆 7"设置动画"进入-基本缩放",计时-开始为"上一动画之后"。

（27）给"TextBox 10"设置动画"进入-擦除",方向为"自顶部",计时-开始为"与上一动画同时"。

（28）给"直接连接符 13"设置动画"进入-擦除",方向为"自底部",计时-开始为"上一动画之后"。

（29）给"组合 26"设置动画"进入-基本缩放",计时-开始为"与上一动画同时",计时-延迟为"0.2 秒"。

（30）给"椭圆 8"设置动画"进入-基本缩放"。

（31）给"TextBox 11"设置动画"进入-擦除",方向为"自底部",计时-开始为"与上一动画同时"。

（32）给"直接连接符 14"设置动画"进入-擦除",方向为"自顶部",计时-开始为"上一动画之后"。

图 5.41　最终动画设置

（33）给"组合 30"设置动画"进入-擦除"，方向为"自顶部"，计时-开始为"上一动画之后"。

上述过程比较烦琐，尤其动画设置部分，最终动画设置结果如图 5.41 所示。

（34）复制第 5 张幻灯片，在第 10 张幻灯片后粘贴两次（在"幻灯片/大纲浏览"视图和"幻灯片浏览"视图中都可以方便地做到），生成第 11、第 12 张幻灯片。

（35）选择第 11 张幻灯片为当前幻灯片；复制文字素材文件中"七、职业生涯规划"标题下的"由于社会环境……以利顺利实施规划和健康发展"。返回 PowerPoint，选中"TextBox 3"中的所有字符，单击"开始"选项卡的"剪贴板"组的"粘贴"下拉按钮，选择"选择性粘贴"下的"无格式文本"命令；选中"TextBox 3"，修改其字号为"28"。

（36）修改"TextBox 2"中的文字为"评估与调整"；修改"TextBox 2"的大小为"高度：1.78 厘米，宽度：7 厘米"。

步骤 9：制作"结束语"幻灯片

（1）选择第 12 张幻灯片为当前幻灯片。

（2）将"TextBox 2"中的文字修改为"结束语"。

（3）复制文字素材文件中"八、结束语"标题下的"一个完整的职业生涯规划……创造出一片属于自己的天空！"。返回 PowerPoint，选中"TextBox 3"中所有字符，单击"开始"选项卡的"剪贴板"组的"粘贴"下拉按钮，选择"选择性粘贴"下的"无格式文本"命令；再次选中"TextBox 3"，修改其字号为"28"；单击"格式"选项卡的"艺术字样式"组，选择"渐变填充-橙色，强调文字颜色 6，内部阴影"（位于第 4 行第 2 列）。

步骤 10：制作"致谢"幻灯片

（1）单击"开始"选项卡的"幻灯片"组的"新建幻灯片"下拉按钮，选择"自定义内页母版"命令。

（2）插入"02-图片素材"文件夹下的"剪纸手.png"图片。

（3）修改图片的大小为"高度：8.97 厘米，宽度：26.09 厘米"（注意：取消锁定纵横比）；修改图片的位置为"水平：-0.89 厘米，垂直：4.93 厘米"。

（4）插入横排文本框；设置文本框字体为"Arial"，字号为"66"，字体样式为"加粗"，字体颜色为"白色"；段落格式中常规-对齐方式为"左对齐"，行距-段前为"39.6 磅"；位置-水平为"2.1 厘米"，位置-垂直为"7.27 厘米"；设置文本框大小为"高度：3.05 厘米，宽度：15.4 厘米"；向文本框输入文字"Thank You！"。

至此，提高版的"大学生职业生涯规划"演示文稿已经制作完成，与基础版的放映效果对比，显然提高版更简洁、生动、活泼，更富创意和新意。同时，其制作难度和工作量也大大提高了。然而熟能生巧，希望通过更多的练习，大家的水平能够很快得到提高。

5.3　PowerPoint 操作题

5.3.1　操作题 1

1. 题目要求

打开"实训任务"文件夹下的演示文稿 yswg1.pptx，如图 5.42 所示。按照下列要求完成对此文稿的修饰并保存。

（1）使用"视点"主题模板修饰全文；幻灯片切换效果全部设置为"切出"。

（2）将第 2 张幻灯片版式设置为"垂直排列标题与文本"，把这张幻灯片移为第 3 张幻灯片；将第 2 张幻灯片的文本部分动画效果设置为"进入/飞入"、"自底部"。

最终结果如图 5.43 所示。

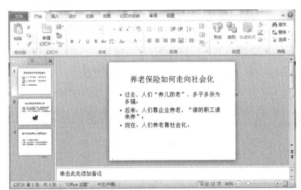

图 5.42　原始文件　　　　　　　　　　　　　图 5.43　最终结果

2. 解题步骤

步骤 1：单击"设计"选项卡"主题"组的"主题"样式列表右侧的"其他"按钮，弹出"所有主题"样式集，单击"视点"主题按钮即将此主题样式应用到全部幻灯片上。

步骤 2：单击"切换"选项卡"切换到此幻灯片"组中的"切换"样式列表右侧的"其他"按钮，弹出"所有切换"样式集，单击"切出"样式。再单击"计时"分组中的"全部应用"按钮，即将此样式应用到全部幻灯片上。

步骤 3：选中第 2 张幻灯片，单击"开始"选项卡"幻灯片"组的"版式"按钮，在弹出的列表中选择"垂直排列标题与文本"即将此版式应用到当前幻灯片上。

步骤 4：在窗口左侧的"幻灯片"选项卡中选中第 2 张幻灯片缩略图，拖动到第 3 张幻灯片的后面成为第 3 张幻灯片。

步骤 5：使第 2 张幻灯片成为当前幻灯片，选定要设置动画的文本框后，单击"动画"选项卡"动画"组的"动画"样式列表右侧的"其他"按钮，弹出"所有动画"样式集，单击"进入—飞入"样式。再单击"效果选项"，在弹出的列表中选择"自底部"。

步骤 6：保存文件 yswg1.pptx。

5.3.2　操作题 2

1. 题目要求

打开"实训任务"文件夹下的演示文稿 yswg2.pptx，如图 5.44 所示。按照下列要求完成对此文稿的修饰并保存。

（1）在第 1 张幻灯片前插入一张新幻灯片，版式为"标题幻灯片"，输入标题为"台风格美影响福建省"，其字体为"黑体"，字号为"57 磅"，加粗，颜色为"红色"（请用自定义标签的红色 245、绿色 0、蓝色 0），副标题输入"及早做好防御准备"，其字体为"楷体"，字号为"39 磅"，倾斜。在第 2 张幻灯片的剪贴画区域插入剪贴画"树"，剪贴画动画设置为"进入/飞入"、"自左侧"。第 3 张幻灯片的背景渐变填充为"薄雾浓云"、"矩形"。

（2）使用"跋涉"主题模板修饰全文，全部幻灯片切换效果为"推进、自左侧"。

最终结果如图 5.45 所示。

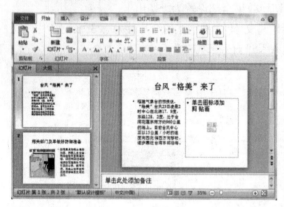

图 5.44　原始文件

图 5.45　最终结果

2．解题步骤

步骤 1：单击"开始"选项卡"幻灯片"组的"新建幻灯片"命令，生成最新的一张幻灯片，并在弹出的"Office 主题"列表中单击"标题幻灯片"。

步骤 2：在窗口左侧的"幻灯片"选项卡中，选中新建幻灯片的缩略图，按住它不放将其拖动到第 1 张幻灯片的前面。

步骤 3：在新建幻灯片的标题部分输入文本"台风格美影响福建省"，选定文本后，单击"开始"选项卡"字体"组的右下角按钮，弹出"字体"对话框，在"中文字体"中选择"黑体"（西文字体保持默认选择），在"字体样式"中选择"加粗"，在"大小"中输入"57"。

步骤 4：在"字体颜色"中选择"其他颜色"命令，在弹出的"颜色"对话框"自定义"选项卡的红色中输入"245"，在绿色中输入"0"，在蓝色中输入"0"，单击"确定"按钮返回到"字体"对话框，再单击"确定"按钮关闭此对话框。

步骤 5：在副标题部分输入文本"及早做好防御准备"，选定文本后，打开"字体"对话框，在"中文字体"中选择"楷体"（西文字体保持默认选择），在"字体样式"中选择"倾斜"，在"大小"中输入"39"，单击"确定"按钮关闭对话框。

步骤 6：选定第 2 张幻灯片的内容框中"剪贴画"按钮，弹出"剪贴画"任务窗格，在"搜索文字"中输入文字"树"，单击"搜索"按钮，在任务窗格空白处可显示搜索出的图片，单击此图片即可插入。

步骤 7：选定要设置动画的图片后，单击"动画"选项卡"动画"组列表框最右侧"其他"下拉按钮，打开"动画"样式面板，选择"进入—飞入"，在"效果选项"中选择"自左侧"。

步骤 8：选择第 3 张幻灯片，单击"设计"选项卡"背景"组的"背景样式"下拉按钮中"设置背景格式"命令，在弹出的"设置背景格式"对话框中选择"填充"选项卡，勾选"渐变填充"，在"预设颜色"中选择"薄雾浓云"，在"类型"中选择"矩形"。单击"关闭"按钮将所选背景应用于当前幻灯片。

步骤 9：单击"设计"选项卡"主题"组中列表框右侧"其他"按钮，打开"主题模板"样式集面板，选择对应的主题模板名即可。

步骤 10：单击"切换"选项卡"切换到此幻灯片"组的列表框最右侧的"其他"下拉按钮，打开"切换"样式面板，在其中选择"推进"，在效果选项中选择"自左侧"，并单击"全部应用"按钮。

5.3.3　PowerPoint 操作题

1. 题目要求

打开"实训任务"文件夹下的演示文稿 yswg3.pptx，如图 5.46 所示。按照下列要求完成对此文稿的修饰并保存。

（1）将第 1 张幻灯片的版式改为"两栏内容"，并在右侧剪贴画区域插入剪贴画"足球"，图片的动画设置为"进入/飞入"、"自底部"。第 1 张幻灯片前插入一张新幻灯片，幻灯片版式为"空白"，并插入样式为"填充-无，轮廓-强调文字颜色 2"的艺术字"鸟巢"（位置为水平：3 厘米，度量依据：左上角，垂直：2 厘米，度量依据：左上角），并将背景渐变填充为"碧海青天"。第 4 张幻灯片的版式改为"内容与标题"，将文本的字体设置为"黑体"，字号设置为"25 磅"、加粗、加下画线。将第 3 张幻灯片的图片移动到第 4 张幻灯片右侧的剪贴画区域，文本动画设置为"进入/浮入"、"下浮"，图片的动画设置为"进入/飞入"、"自右侧"。

（2）删除第 3 张幻灯片。放映方式为"观众自行浏览（窗口）"。

最终结果如图 5.47 所示。

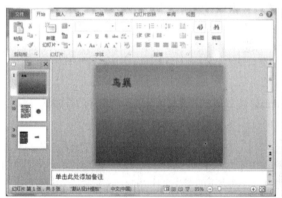

图 5.46　原始文件　　　　　　　　　　　图 5.47　最终结果

2. 解题步骤

步骤 1：切换到普通视图下，选中第 1 张幻灯片，单击"开始"选项卡"幻灯片"组的"版式"按钮，在展开的列表中选择"两栏内容"。

步骤 2：选定右侧区域，单击"插入"选项卡"图像"组的"剪贴画"命令，在弹出的"剪贴画"任务窗格的"搜索文字"中输入文字"足球"，单击"搜索"按钮，在任务窗格空白处可显示搜索出的图片，单击此图片即可插入。

步骤 3：选定此图片，单击"动画"选项卡"动画"组的列表框最右侧"其他"下拉按钮，打开"动画"样式面板，选择"进入-飞入"，在"效果选项"中选择"自底部"。

步骤 4：单击"开始"选项卡"幻灯片"组的"新建幻灯片"命令，在弹出的"Office 主题"列表中选择版式为"空白"。在窗口左侧的"幻灯片"选项卡中，选中新建幻灯片缩略图，按住它不放将其拖动到第 1 张幻灯片的前面。

步骤 5：选择第 1 张幻灯片，单击"插入"选项卡"文本"组的"艺术字"命令，在弹出的艺术字列表中选择"填充-无，轮廓-强调文字颜色 2"，在新建的艺术字占位符中输入"鸟巢"。右击插入的艺术字占位符，在弹出的快捷菜单中选择"大小和位置"命令，弹出"设置形状格式"对话框，在"位置"选项卡的"在幻灯片上的位置"栏下设置水平位置和垂直位置，单击"关闭"按钮。

步骤 6：单击"设计"选项卡"背景"组"背景样式"下拉按钮，选择"设置背景格式"命令，在弹出"设置背景格式"对话框"填充"选项卡中，勾选"渐变填充"，并在"预设颜色"下拉列表中选择"碧海青天"，单击"关闭"按钮完成设置。

步骤 7：选中第 4 张幻灯片，单击"开始"选项卡"幻灯片"组的"版式"按钮，在展开的列表中选择"内容与标题"。选择幻灯片中的文本，单击"开始"选项卡"字体"组的右下角按钮，打开"字体"对话框，在弹出的"字体"对话框"中文字体"中选择"黑体"（西文字体保持默认选择），在"字体样式"中选择"加粗"，在"大小"中输入"25"，在"效果"中选择"下画线"。

步骤 8：选择第 3 张幻灯片中的图片，按"Ctrl+X"键将其剪切，进入到第 4 张幻灯片中，选定幻灯片右栏的占位符，按"Ctrl+V"键将复制的图片进行粘贴。选中图片，单击"动画"选项卡"动画"组列表框最右侧"其他"下拉按钮，打开"动画"样式面板，选择"进入-飞入"，在"效果选项"中选择"自右侧"。选择左侧文本，单击"动画"选项卡"动画"组的列表框最右侧"其他"下拉按钮，打开"动画"样式面板，选择"进入-浮入"，在"效果选项"中选择"下浮"。

步骤 9：在窗口左侧的"幻灯片"选项卡中，选中第 3 张幻灯片缩略图，按"Delete"键将其删除。

步骤 10：单击"幻灯片放映"选项卡"设置"组的"设置幻灯片放映"命令，在弹出的"设置放映方式"对话框的"放映类型"中选择"观众自行浏览（窗口）"。

习　题

综合实训

1. 打开"实训任务"文件夹下的演示文稿 yswg4.pptx，按下列要求完成对此演示文稿的修饰并保存。

（1）为整个演示文稿应用"时装设计"主题，设置放映方式为"观众自行浏览"。

（2）将第 3 张幻灯片版式改为"两栏内容"，将"习题 1"文件夹下的图片文件 ppt1.jpg 插入到右侧内容区域，左侧内容区域文本设置为"黑体"、"17 磅"字。标题区输入"直航台湾的第一艘大陆客轮"。在第 2 张幻灯片前插入版式为"内容与标题"的新幻灯片，将"习题 1"文件夹下的图片文件"ppt2.jpg"插入到左侧内容区域，将第 3 张幻灯片的第 1 段文本移到第 2 张幻灯片的文本区域，文本设置为"13 磅"字。将第 3 张幻灯片的版式改为"垂直排列标题与文本"。将第 4 张幻灯片中的图片动画效果设置为"进入/回旋"，持续时间为"1.2 秒"，并移动第 4 张幻灯片，使之成为第 2 张幻灯片。在第 1 张幻灯片中插入样式为"填充-茶色，文本 2，轮廓-背景 2"的艺术字"直航台湾的第一艘大陆客轮"，文字效果为"转换-腰鼓"，艺术字位置（水平：2 厘米，自：左上角，垂直：7.24 厘米，自：左上角）。

2. 打开"实训任务"文件夹下的演示文稿 yswg5.pptx，按下列要求完成对此演示文稿的修饰并保存。

（1）为整个演示文稿应用"市镇"主题，放映方式为"观众自行浏览"。

（2）在第 1 张幻灯片之前插入版式为"两栏内容"的新幻灯片，标题键入"山区巡视，确保用电安全可靠"，将第 2 张幻灯片的文本移入第 1 张幻灯片左侧内容区，将"习题 2"文件夹下的图片文件"ppt1.jpg"插入到第 1 张幻灯片右侧内容区，文本动画设置为"进入/擦除"，效果选项为"自左侧"，图片动画设置为"进入/飞入"，效果选项为"自右侧"。将第 2 张幻灯片版式改为"比较"，将第 3 张幻灯片的第 2 段文本移入第 2 张幻灯片左侧内容区，将"习题 2"文件夹下的图片文件"ppt2.jpg"插入到第 2 张幻灯片右侧内容区。将第 3 张幻灯片的文本全部删除，并将版式改为"图片与标题"，标题为"巡线班员工清晨 6 时带着干粮进山巡视"，将"习题 2"文件夹下的图片文件"ppt3.jpg"插入到第 3 张幻灯片的内容区。第 4 张幻灯片在位置（水平：1.3 厘米，自：左上角，垂直：8.24 厘米，自：左上角）插入样式为"渐变填充-红色，强调文字颜色 1"的艺术字"山区巡视，确保用电安全可靠"，艺术字宽度为"23 厘米"，高度为"5 厘米"，文字效果为"转换-跟随路径-上弯弧"，使第 4 张幻灯片成为第 1 张幻灯片。移动第 4 张幻灯片使之成为第三张幻灯片。

3. 打开"实训任务"文件夹下的演示文稿 yswg6.pptx，按下列要求完成对此演示文稿的修饰并保存。

（1）为整个演示文稿应用"波形"主题，将全部幻灯片的切换方案设置成"轨道"，效果选项为"自底部"。

（2）在第 1 张幻灯片之后插入版式为"标题幻灯片"的新幻灯片，主标题键入"故宫博物馆"，字号设置为"53 磅"、"红色"（RGB 模式：红色 255，绿色 1，蓝色 2）。副标题键入"世界上现存规模最大、最完整的古代皇家建筑群"，背景设置为"胡桃"纹理，并隐藏背景图像。在第 1 张幻灯片之前插入版式为"两栏内容"的新幻灯片，将"习题 3"文件夹下的图片文件"ppt1.png"插入到第 1 张幻灯片右侧内容区，图片动画设置为"进入/轮子"，效果选项为"四轮辐图案"，将第 2 张幻灯片的首段文本移入第 1 张幻灯片左侧区。第 2 张幻灯片板式改为"两栏内容"，原文本全部移入左侧内容区，并设置为"19 磅"字，将"习题 3"文件夹下的图片文件"ppt2.png"插入到第 2 张幻灯片右侧内容区。使第 3 张幻灯片成为第 1 张幻灯片。

4. 打开"任务训练"文件夹下的演示文稿 yswg7.pptx，按下列要求完成对此演示文稿的修饰并保存。

（1）在第 3 张幻灯片前插入版式为"两栏内容"的新幻灯片，将"习题 4"文件夹下的图片文件"ppt1.jpeg"插入到第 3 张幻灯片右侧内容区，将第 2 张幻灯片第 2 段文本移到第 3 张幻灯片左侧内容区，图片动画设置为"进入/飞入"，效果选项为"自右下部"，文本动画设置为"进入/飞入"，效果选项为"自左下部"，动画顺序为先文本后图片。第 4 张幻灯片的版式改为"标题幻灯片"，主标题为"中国互联网络热点调查报告"，副标题为"中国互联网络信息中心（CNNIC）"，前移第 4 张幻灯片，使之成为第 1 张幻灯片。

（2）删除第 3 张幻灯片的全部内容，将该版式设置为"标题和内容"，标题为"用户对宽带服务的建议"，内容区插入 7 行 2 列表格，第 1、第 2 列内容分别为"建议"和"百分比"。按第 2 张幻灯片提供的建议顺序填写表格其余的单元格，表格样式改为"主题样式 1-强调 2"，并插入备注"用户对宽带服务的建议百分比"。将第 4 张幻灯片移到第 3 张幻灯片前，删除第 2 张幻灯片。

学习情境六 信息的获取与交流

计算机网络是由计算机技术和通信技术发展而来的，现在已经成为人们工作和生活中不可或缺的工具，可以通过网络实现网页的浏览、信息的查询、文件的上传和下载，收发电子邮件、信息传递等。

通过以下 6 个任务，来学习如何创建网络和如何在 Internet 上浏览信息和获取信息。

任务 1：对等网络连接。

任务 2：无线路由器共享接入 Internet。

任务 3：利用 IE 浏览器访问指定网站。

任务 4：利用搜索引擎上网查找资料。

任务 5：使用免费电子邮箱收发电子邮件。

任务 6：网络资源的下载。

6.1 任务 1: 对等网络连接

6.1.1 任务描述

王老师家里有两台计算机，有时需要互传文件，希望借助网卡和网线连接两台计算机，不使用任何设备，实现两台计算机上的文件复制。

6.1.2 任务目的

■ 学会 TCP/IP 协议的设置。

■ 学会测试网络之间的连通性。

6.1.3 材料清单

（1）PC 两台。

（2）网卡两块。

（3）双绞线两条。

（4）交换机或集线器一台。

搭建如图 6.1 所示的网络环境。

图 6.1 对等网络拓扑

6.1.4 操作步骤

步骤 1：安装硬件。

打开机箱，将网卡插入主板对应的插槽，PCI 网卡插入主板的 PCI 插槽，然后固定网卡。如果主板内置网卡，就可跳过这一步。

步骤 2：安装驱动程序。

现在的大部分网卡和 Windows7 都支持"即插即用"功能，所以，如果在系统的硬件列表中有该网卡的驱动程序，系统会在开机启动时自动检测到该硬件并加载其驱动程序。

步骤 3：查看网卡安装信息。

网卡安装成功后，可以通过"设备管理器"查看网卡的相关信息。

（1）显示安装的网卡。执行"开始→控制面板→系统"命令，打开"系统"窗口，如图 6.2 所示。单击"设备管理器"按钮，打开"设备管理器"窗口，如图 6.3 所示。展开"网络适配器"选项，显示该网卡的型号。

图 6.2 "系统"窗口   图 6.3 "设备管理器"窗口

（2）查看网卡的信息。双击"网络适配器"选项下该型号网卡，打开"网卡属性"对话框，可以查看该网卡的详细信息，也可以修改网卡的属性设置、资源分配、驱动程序等，如图 6.4 所示。

步骤 4：连接两台计算机。

备好两条制作好的直通线，并使用测试仪测试双绞线的连通性良好，将两台计算机连接到集线器上。

步骤 5：TCP/IP 配置协议。

以 Windows 7 操作系统为例，设置两台计算机的 IP 地址，配置 IP 地址的过程如下。

（1）执行"开始→控制面板→网络和共享中心"命令，打开"网络和共享中心"窗口，如图 6.5 所示。

 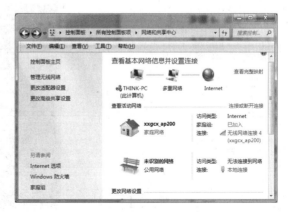

图 6.4 "网卡属性"对话框   图 6.5 "网络和共享中心"窗口

（2）单击"更改适配器设置"选项，打开"网络连接"窗口，如图6.6所示。

（3）右击"本地连接"图标，在弹出的快捷菜单中选择"属性"命令，打开"本地连接 属性"对话框，如图6.7所示。

图6.6 "网络连接"窗口　　　　　　　图6.7 "本地连接 属性"对话框

（4）选择"本地连接 属性"对话框中"Internet 协议版本4（TCP/IP v4）"选项，单击"属性"按钮（也可双击"本地连接 属性"窗口中"Internet 协议版本4（TCP/IP v4）"选项），打开"Internet 协议版本4（TCP/IP v4）属性"对话框，如图6.8所示。

（5）分别为两台PC设置IP地址。如PC1设置IP地址为192.168.1.100，子网掩码为255.255.255.0，默认网关为192.168.1.1；PC2设置IP地址为192.168.1.101，子网掩码为255.255.255.0，默认网关为192.168.1.1。

（6）单击"确定"按钮，返回"本地连接 属性"对话框。单击"确定"按钮。

说明： 必须保证处于同一网络中的计算机遵守同样的通信规则，如TCP/IP协议，并且两台PC拥有同样的网络标识。

步骤6：查看网卡配置信息。

网卡安装、配置完成后，在Windows 7的右下角将显示联网图标，说明计算机已联网成功。

单击"开始"按钮，在"搜索程序和文件"文本框中输入"cmd"，切换到命令行状态，运行"ipconfig/all"命令，查看网卡配置信息，如图6.9所示。

图6.8 "Internet 协议版本4属性"对话框　　　　图6.9 "ipconfig/all"命令输出信息

步骤 7：项目测试。

（1）使用"ipconfig"命令查看本地连接属性。

（2）网络检测。"ping"命令是用于检测网络连通性的命令。

① 使用"ping"命令测试 127.0.0.1 地址来反映本地主机的连通状态，观察测试结果。

② 在 PC1 上 ping"192.168.1.101"，在 PC2 上 ping"192.168.1.100"，分别观察测试结果，从而反映远程主机的连通状态。

说明：如果两台 PC 的网络配置正确，但"ping"测试网络不通，请检查两台 PC 的防火墙是否开启，如果开启，请将其关闭。再用"ping"命令测试其连通性。

6.2　任务 2：无线路由器共享接入 Internet

6.2.1　任务描述

王老师家里的 3 台笔记本电脑通过无线 AP 连接起来，组成无线局域网，现想把家里的计算机通过 ADSL 接入 Internet，邻居李老师家里也有一台笔记本电脑也想通过无线连到王老师家里共享接入 Internet。

6.2.2　任务目的

■ 通过无线路由构建无线局域网，使得主机之间能够实现资源共享。

■ 掌握具有无线网卡的设备如何通过无线路由进行互连。

6.2.3　设备清单

（1）无线路由器 1 台。

（2）具有无线网卡计算机 3 台。

（3）双绞线两条。

用 3 台计算机和 1 台无线路由器来模拟本任务，组成如图 6.10 所示的网络环境，其中 PC1 用来配置无线路由器。

6.2.4　操作步骤

步骤 1：连接设备。

用一条双绞线把无线路由器外网口和外网相连接，用另一条双绞线连接张某 PC 机和路由器任一内网口，无线路由器外观如图 6.11 所示。

步骤 2：无线路由器基本配置。

（1）在配置路由器前，首先要对调试路由器的笔记本电脑进行设置。

在连接路由器的 PC 机中，打开"Internet 协议版本 4（TCP/IPv4）属性"对话框，如图 6.12 所示。因 TP-LINK 无线路由器的管理地址默认为 http://192.168.1.1，设置 PC 的"IP 地址"为"192.168.1.10"，"子网掩码"为"255.255.255.0"。

打开 IE 浏览器，在地址栏中输入用户手册中提供的管理地址，TP-LINK 无线路由器的管理地址默认为 http://192.168.1.1，输入用户名及密码后即可登录路由器配置界面，如图 6.13 所示。一般路由器出厂时均有默认用户名 admin 和密码 admin，具体可参看无线路由器的用户手册。

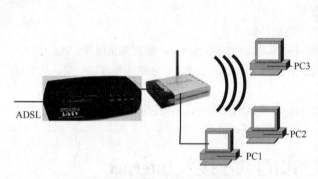

电源　内网口　外网口　复位

发射天线

图 6.10　局域网共享接入 Internet

图 6.11　无线路由器外观

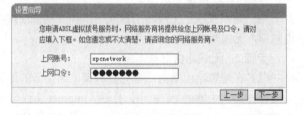

图 6.12　"Internet 协议版本 4（TCP/IPv4）属性"对话框

图 6.13　路由器配置界面

（2）进入基本配置界面后，即可按照向导提示对路由器进行初始配置。根据需要可以选择接入外网的类型，本向导提供 3 种最常见的上网方式供选择，如图 6.14 所示。若为其他上网方式，请点击左侧"网络参数"中"WAN 口设置"进行设置。如果不清楚使用何种上网方式，请选择"让路由器自动选择上网方式"。如果是 ADSL 用户可选择 ADSL 虚拟拨号，如是局域网用户，可选择以太网宽带中的一种。

① ADSL 虚拟拨号设置。选择 PPPoE（ADSL 虚拟拨号）后，即可根据向导进入下一步配置，如图 6.15 所示，输入运营商提供的帐号和口令即可。

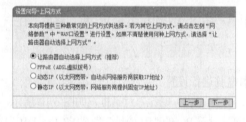

图 6.14　3 种上网方式

图 6.15　ADSL 配置

② 以太网宽带设置。以太网宽带有动态 IP 和静态 IP 两种方式。

（a）选中"动态 IP（以太网宽带，自动从网络服务商获取 IP 地址）"单选按钮，单击"下一步"按钮，打开"无线设置"对话框，如图 6.16 所示。

在"无线安全选项"栏，选中"WPA-PSK/WPA2-PSK"单选按钮，在"PSK 密码"文本框设置密码"xxgcx888"，单击"下一步"按钮完成设置。

（b）选中"静态 IP（以太网宽带，网络服务商提供固定 IP 地址）"单选按钮，单击"下一步"按钮，打开"静态 IP"设置对话框，如图 6.17 所示。

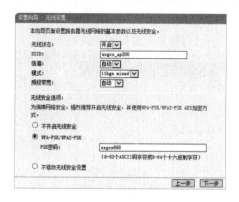 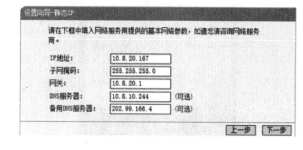

图 6.16 "无线设置"对话框　　　　　图 6.17 "静态 IP"设置对话框

本例中，网络服务商提供固定 IP 地址为 IP 地址为 10.8.20.167，子网掩码 255.255.255.0，网关 10.8.20.1，DNS 服务器 10.8.10.244，备用 DNS 服务器 202.99.166.4。

按照网络服务商提供的固定 IP 地址配置，如图 6.17 所示，单击"下一步"按钮完成设置。

步骤 3：客户机配置。

（1）在客户机上无线网卡的"无线网络连接"的"Internet 协议版本 4（TCP/IPv4）属性"对话框中，选中"自动获得 IP 地址"单选按钮，如图 6.18 所示。

（2）在客户机上打开"网络和共享中心"窗口，单击左侧的"管理无线网络"选项，打开"管理无线网络"窗口。看到在本区域的无线网络，如图 6.19 所示。

 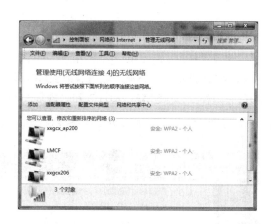

图 6.18 "Internet 协议版本（ICP/IPv4）属性"对话框　　　图 6.19 "管理无线网络"窗口

（3）单击 Windows 窗口状态栏右侧"打开网络和共享中心"图标，打开"网络和共享中心"窗口，如图 6.20 所示。

（4）双击"xxgcx_ap200"，打开"连接到网络"对话框，如图 6.21 所示。在"安全密钥"文本框输入前面设置的 PSK 密码"xxgcx888"。单击"确定"按钮。

（5）此时客户机可以连接到 Internet 了。

图 6.20　"打开网络和共享中心"窗口 　　　　图 6.21　"连接到网络"对话框

步骤 4：无线路由器无线配置。

路由器基本信息配置结束后，还可以进行无线配置。

（1）在无线路由器登录界面，单击左侧"QSS 安全设置"选项，在右侧显示"QSS 安全设置"窗口，如图 6.22 所示。本例已开启 QSS 功能，单击"关闭 QSS"按钮，可以关闭 QSS 功能。显示无线路由器的 PIN 码。PIN 码就是路由器的编码，8 位数字，本例为 49012873，PIN 码只有路由器上有。所以，笔记本电脑很难蹭网，但手机上网不需要 PIN 码。

（2）单击"网络参数"选项，下有"WAN 口设置"、"LAN 口设置"和"MAC 地址克隆"3 个选项。

"WAN 口设置"：设置网络服务商提供的 IP 固定地址。

"LAN 口设置"：是无线路由器的管理地址。

"MAC 地址克隆"实际上克隆你的网卡地址，意思是让路由器中所有计算机终端的网卡地址都一样，这其实是为了防止电信封路由的一种有效方法。当克隆了 MAC 地址以后，局域网中的所有计算机的 MAC 地址都会一样，电信查询到这条线路就只有一台计算机在上网，就不会封锁。选择方式一般就有两种："克隆 MAC 地址"和"恢复 MAC 地址"。"MAC 地址克隆"窗口如图 6.23 所示。

图 6.22　"QSS 安全设置"窗口 　　　　　　图 6.23　"MAC 地址克隆"窗口

（3）单击"无线设置"选项，下有"基本设置"、"无线安全设置"、"无线 MAC 地址过滤"、"无线高级设置"、"主机状态" 5 个选项。

"基本设置"：设置路由器无线网络的基本参数。

"无线安全设置"：设置路由器无线网络的安全认证选项。为保障网络安全，强烈推荐开启安全设置，并使用 WPA-PSK/WPA2-PSK AES 加密方法。

"无线 MAC 地址过滤"：设置 MAC 地址过滤来控制计算机对本无线网络的访问。

"无线高级设置"：设置传输功率和 Beacon 时槽。

"主机状态"：显示连接到本无线网络的所有主机的基本信息。

（4）单击"DHCP"服务器选项，下有"DHCP 服务"、"客户端列表"和"静态地址分配" 3 个选项。

"DHCP 服务"：本路由器内建的 DHCP 服务器能自动配置局域网中各计算机的 TCP/IP 协议，如图 6.24 所示。它可以自动为接入设备分配 IP 地址。

"客户端列表"：显示接入本路由器的客户端。

"静态地址分配"：设置 DHCP 服务器的静态地址分配功能。

（5）单击"安全功能"选项，下有"安全设置"、"高级安全选项"、"局域网 Web 管理"、"远端 Web 管理"等选项。

"安全设置"：对各个基本安全功能的开启与关闭进行设置，包括"状态监测防火墙"、"虚拟专用网络"、"应用层网关"。

"高级安全选项"：设置高级安全防范配置，首先配置启用"DoS 攻击防范"功能。

"局域网 Web 管理"：设置局域网中可以执行 Web 管理的计算机的 MAC 地址。

"远端 Web 管理"：设置路由器的 Web 管理端口和广域网中可以执行远端 Web 管理的计算机的 IP 地址。

（6）单击"家长控制"选项，弹出"家长控制设置"窗口，如图 6.25 所示。作为家长，您可以通过本页面进行设置，控制小孩的上网行为，使得小孩的 PC 只能在指定时间访问指定的网站。

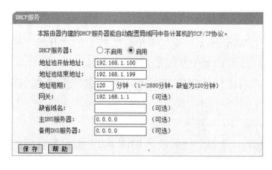

图 6.24 "DHCP 服务"窗口

图 6.25 "家长控制设置"窗口

（7）单击"上网控制"选项，路由器可以限制内网主机的上网行为，如图 6.26 所示。在本页面，可以打开或者关闭此功能，并且设定默认的规则。更为有效的是，可以设置灵活的组合规则，通过选择合适的"主机列表"、"访问目标"、"日程计划"，构成完整而又强大的上网控制规则。

（8）为防止局域网内的 ARP 攻击，也可以设置 IP 地址与 MAC 地址绑定，只需在"IP 与 MAC 绑定"中添加需要绑定的 MAC 地址和 IP 地址并选择"绑定"即可。

（9）配置完毕后，可以通过单击"运行状态"选项，查看路由器当前的配置信息。路由器当前所有配置信息均显示其中。

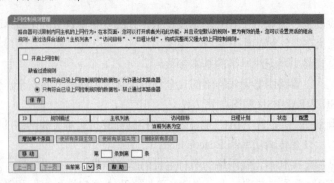

图 6.26 "上网控制规则管理"窗口

6.3 任务3：利用 IE 浏览器访问指定网站

6.3.1 任务描述

小王同学需要到互联网上去查找一些资料，但不知如何在互联网上进行信息浏览。

6.3.2 任务目的

- 学会 IE 浏览器的基本使用方法。
- 学会保存网页上的信息。
- 学会 IE 浏览器主页的设置。
- 学会设置受信任站点。
- 学会禁用或限制脚本。

6.3.3 操作步骤

步骤1：IE9 的启动与关闭。

实际上 IE 就是 Windows 系统的一个应用程序。单击 Windows 系统左下角任务栏上的"开始"菜单，然后单击"所有程序"中"Internet Explorer"命令，即可启动 IE9 浏览器。

打开 IE 浏览器后，单击 IE 窗口右上角的关闭按钮或右击任务栏的 IE 图标，弹出菜单选择"关闭窗口"按钮等方式都可以关闭 IE 浏览器。

步骤2：IE9 的窗口组成。

当启动 IE 后，首先会发现该浏览器经过简化的设计，界面十分简洁，如图 6.27 所示为百度的页面。

（1）前进、后退按钮：可以在浏览器中前进或后退，能使用户方便地返回访问过的页面。

（2）地址栏：在 IE9 中将地址栏和搜索栏合二为一，也就是说不仅可以输入要访问的网站地址，也可以直接在地址栏输入关键词实现搜索，并且单击地址栏右侧的下拉按钮，可以看到收藏夹、历史记录，非常省时省力。 提供对页面的刷新或停止功能。

（3）选项卡：显示了页面的名字，在图 6.27 中的标题是"百度一下，你就知道"。选项卡自动出现在地址栏右侧，也可以把它们移动到地址栏下面。

（4）IE 窗口最右侧有三个功能键按钮 ，它们分别是主页、收藏夹和工具。

主页：每次打开 IE 会打开一个选项卡，选项卡默认显示主页。主页的地址可以在 Internet 选项中设置，并且可以设置多个主页，这样打开 IE 就会打开多个选项卡显示多个主页的内容。

收藏夹：IE9 将收藏夹、源和历史记录集成在一起，单击收藏夹就可以展开小窗口。

工具：单击"工具"会显示"打印"、"文件"、"Internet 选项"等功能按钮。

图 6.27 IE 窗口

（5）IE 窗口右上角是 Windows 窗口常用的 3 个窗口控制按钮，依次为"最小化"、"最大化/还原"、"关闭"。

说明： 如果有多个选项卡存在时，单击"关闭"按钮会提示"关闭所有选项卡"还是"关闭当前的选项卡"。

在 IE9 中取消了状态栏、菜单栏等。在 IE9 中只需在浏览器窗口上方空白区域右击，即可弹出一个快捷菜单，如图 6.28 所示。可在上面勾选需要在 IE 上显示的工具栏。

步骤 3：页面浏览。

（1）输入 Web 地址。将插入点移到地址栏内就可以输入 Web 地址了。IE 为地址输入提供了很多方便，如用户不用输入类似"http://"、"ftp://"这样的协议开始部分，IE 会自动补上。另外，用户第一次输入某个地址时，IE 会记忆这个地址，再次输入这个地址时，只需输入开始的几个字符，IE 就会检查保存过的地址并把开始几个字符与用户输入的字符符合的地址罗列出来供用户选择。用户可以用鼠标上下移动选择其一，然后单击即可转到相应地址。

此外，单击地址列表右侧的下拉按钮，会出现曾经浏览过的地址记录，单击其中一个地址，相当于输入了这个地址并回车。

输入 Web 地址后，按回车键或"前进"按钮，浏览器就会按照地址栏中的地址转到相应的网站或页面。这个过程视网络速度情况需要等待不同的时间。

（2）浏览页面。进入页面后即可浏览了。某个 Web 站点的第一页称为主页或首页，主页上通常都设有类似目录一样的网站索引，表述网站设有哪些主要栏目、近期要闻或改动等。

网页上有很多链接，它们或显示不同的颜色，或有下画线，或是图片，最明显的标志是当鼠标光标移到其上时，光标会变成一只小手。单击一个链接就可以从一个页面转到另一个页面，再单击新页面中的链接又能转到其他页面。依次类推，便可沿着链接前进，就像从一个浪尖转到另一个浪尖一样，所以，人们把浏览比作"冲浪"。

右击一个超链接，弹出快捷菜单，如图 6.29 所示，从中可以选择"打开"、"在新选项卡中打开"、"在新窗口中打开"等。

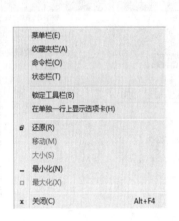

图 6.28　"工具"菜单　　　　　　图 6.29　"超链接"快捷菜单

在浏览时，可能需要返回前面曾经浏览过的页面，此时，可以使用前面提到的"后退"、"前进"按钮来浏览最近访问过的页面。

步骤 4：Web 页面的保存和阅读。

在浏览过程中，常常会遇到一些精彩或有价值的页面需要保存下来，待以后慢慢阅读，或拷贝到其他地方。

（1）保存 Web 页面。

① 打开要保存的 Web 页面，按"Alt"键或设置显示菜单栏，单击"文件→另存为"命令，或按快捷键"Ctrl+S"，打开"保存网页"对话框，如图 6.30 所示。

② 选择要保存文件的盘符和文件夹。在"文件名"文本框输入文件名。

③ 在"保存类型"下拉列表框选择保存的文件类型。有"网页、全部"、"Web 档案，单个文件"、"网页、仅 HTML"、"文本文件"4 类。

④ 单击"保存"按钮保存。

（2）打开已保存的 Web 页。对已经保存的 Web 页，可以不用连接到 Internet 打开阅读。

① 在 IE9 窗口，单击"文件打开"命令，显示"打开"对话框。

② 在"打开"文本框中输入所保存的 Web 页的盘符和文件夹名，也可以单击"浏览"按钮，打开"打开 Web 页"对话框，如图 6.31 所示，选择盘符和文件夹，选择 Web 页文件即可。

③ 单击"打开"按钮即可打开指定的 Web 页。

（3）保存部分 Web 页。有时候需要的并不是页面上的所有信息，这时可以灵活运用"Ctrl+C（复制）"和"Ctrl+V（粘贴）"快捷键将 Web 页面上部分感兴趣的内容复制粘贴到某一空白文件上。

① 选中想要保存的页面文字。

② 按快捷键"Ctrl+C"将选定的内容复制到剪贴板。

③ 打开一个空白的 Word 文档或记事本，按快捷键"Ctrl+V"将剪贴板中的内容粘贴到文档中。

④ 给定文件名，指定保存位置，保存文档。

| 图 6.30 "保存网页"对话框 | 图 6.31 "打开 Web 页"对话框 |

（4）保存图片、音频等文件。在图片上或音频文件（它们都是超链接）上右击，在弹出的快捷菜单中选择"图片另存为"命令，打开"保存图片"对话框，选择要保存的路径，输入图片的名称，单击"保存"按钮即可。

如果文件比较大，在 IE9 底部会出现一个传输状态窗口，包括下载百分比、估计剩余时间、暂停、取消等控制功能。

单击"查看下载"可以打开 IE 的"查看下载"窗口，列出了通过 IE 下载的文件列表，以及它们的状态和保存位置等信息，方便用户查看和跟踪下载的文件。

步骤 5：更改主页。

为了节约时间，可以将最频繁查看的网站设置成 IE 启动后最先显示的页面，即"主页"。

① 打开 IE9 应用程序，单击"工具→Internet 选项"命令，打开"Internet 选项"对话框，单击"常规"标签，如图 6.32 所示。

② 在"主页"栏中，单击"使用当前页"按钮，此时，地址框中就会填入当前 IE 浏览的 Web 页的地址。另外，还可以在地址栏中自己输入想设置为主页的页面地址。如果希望 IE 启动的时候不显示任何一个网站的页面，单击"使用空白页"按钮。

③ 如果想设置多个主页，可在地址框中另起一行，输入地址。

④ 单击"确定"或"应用"按钮，使设置生效。

步骤 6："历史记录"的使用。

IE 会自动将浏览过的网页地址按日期先后保留在历史记录中，以备查用。灵活利用历史记录也可以提高浏览效率。历史记录保留期限（天数）的长短可以设置，如果磁盘空间充裕，保留天数可以多些，否则可以少一些。用户也可以随时删除历史记录。

（1）"历史记录"的浏览。

① 在 IE 窗口上单击，IE 窗口左侧会打开一个"查看收藏夹、源和历史记录"的窗口。

② 选择"历史记录"选项卡。历史记录的排列方式包括：按日期查看、按站点查看、按访问次数查看、按今天的访问顺序查看，以及搜索历史记录。

③ 默认情况下按"按日期查看"，单击指定日期，进入下一级文件夹。

④ 单击希望选择的网页文件夹图标。

⑤ 单击访问过的网页文件夹，就可以打开此网页进行浏览。

（2）"历史记录"的设置与删除。

① 单击右侧的"工具"按钮，打开"Internet 选项"对话框，如图 6.32 所示。

② 选择"常规"选项卡，单击"浏览历史记录"栏中的"设置"按钮，打开"Internet 临时文件和历史记录设置"对话框，如图 6.33 所示。在"网页保存在历史记录中的天数"数字框中设置保存天数，默认 20 天。

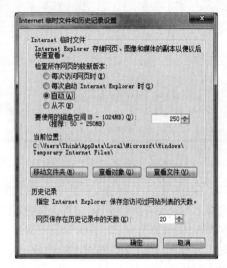

图 6.32 "Internet 选项"对话框　　　　图 6.33 "Internet 临时文件和历史记录设置"对话框

③ 删除所有的历史记录，单击打开"Internet 选项"对话框中"常规"选项卡的"浏览历史记录"栏中"删除"按钮，打开"删除浏览历史记录"对话框，如图 6.34 所示。

④ 单击"删除"按钮，关闭"Internet 选项"对话框。

步骤 7："收藏夹"的使用。

在网上浏览信息时，人们总希望将喜爱的网页地址保存起来以备使用。IE 提供的收藏夹提供保存 Web 页面地址的功能。收入收藏夹的网页地址可由浏览者给定一个简明的、便于记忆的名字，当鼠标指针指向此名字时，会同时显示对应的 Web 地址，单击该名字就可以转到相应的 Web 页，省去了在地址栏键入地址的操作。收藏夹的机理很像资源管理器，管理、操作都很方便。

（1）将 Web 页地址添加到收藏夹。往收藏夹里添加 Web 页地址的方法很多，常用的方法如下。

① 打开要收藏的网页，如邢台职业技术学院 http://www.xpc.edu.cn。

② 单击 IE 浏览器右侧的"查看收藏夹、原和历史记录"按钮，打开"查看收藏夹、源和历史记录"窗口，选择"收藏夹"选项卡，如图 6.35 所示。

③ 单击"添加到收藏夹"下拉按钮，打开"添加收藏"对话框，如图 6.36 所示。

④ 单击"创建位置"下拉列表框，可以展开或收起下面的文件夹，单击某个文件夹，选择要保存的位置。

⑤ 在"名称"文本框中默认有系统给定的名称。如果要改名字，可以将插入点移到"名称"文本框，输入给定的名称。

⑥ 单击"添加"按钮，则在收藏夹中就添加了一个网页地址。

收藏夹下可以包含若干个子文件夹，将收藏的页面地址分门别类地组织到各文件夹，以便于使用。

① 在"添加收藏"对话框，单击"新建文件夹"按钮，打开"创建文件夹"对话框，如图 6.37 所示。

图 6.34　"删除浏览历史记录"对话框

图 6.35　"收藏夹"窗口

图 6.36　"添加收藏"对话框

图 6.37　"创建文件夹"对话框

② 在"文件夹名"文本框输入新文件夹名，单击"创建"按钮，返回"添加收藏"对话框。此时在收藏夹下就添加了一个新建的文件夹。

说明：在"创建位置"中显示的文件夹为新创建文件夹的父文件夹。

③ 单击"添加"按钮，就将当前打开的 Web 页地址添加到新建的文件夹中。

拖动网页图标到收藏夹或其中某个子文件夹是一种快捷的收藏方法。

① 打开要收藏的网页，打开"查看收藏夹、源和历史记录"窗口。

② 单击"固定收藏中心"图标，收藏夹会固定到 IE 窗口左边，并且不会自动消失。

③ 拖动地址栏中网页地址前面的图标到收藏夹中或某一个文件夹中，如图 6.38 所示。鼠标指针所过之处会依次出现一条黑线，它表示鼠标的位置，此时放开左键，网页地址就会存于黑线所指处。当黑线落在某个文件夹上时，稍后该文件夹自动展开，如果此时放开左键，则网页地址就存放在该文件夹下了。

（2）使用收藏夹中的地址。收藏夹地址是为了方便使用。单击 IE 上的"查看收藏夹、源和历史记录"按钮，打开"查看收藏夹、源和历史记录"对话框，选中"收藏夹"选项卡。

在"收藏夹"窗口中，选择所需的 Web 页名称（或先打开文件夹，然后再选择其中的 Web 页名称）并单击，就可以转向相应的 Web 页。

（3）整理收藏夹。当收藏夹中的网页地址越来越多，为了便于查找和使用，就需要利用整理收藏夹的功能进行整理，使收藏夹中的网页地址存放更有条理。

在"收藏夹"窗口的文件夹或 Web 页上单击鼠标右键就可以选择复制、剪切、重命名、删除、新建文件夹等操作，如图 6.39 所示。还可以使用拖曳的方式移动文件夹或 Web 页的位置，从而改变收藏夹的组织结构。

图 6.38 拖动网页图标到收藏夹   图 6.39 整理收藏夹

步骤 8：设置指定区域的安全级别。

（1）打开"Internet 选项"对话框，单击"安全"选项卡，如图 6.40 所示。

（2）在 4 个不同区域中，单击要设置的区域：Internet、本地 Intranet、受信任的站点、受限制的站点。

（3）在"该区域的安全级别"栏里，调节滑块所在位置，IE 安全机制将安全级别划分为"高"、"中-高"、"中"，分别对应着不同的网络功能："高"级是最安全的浏览方式，但功能最少，可能造成某些需要验证的站点不能登录，适用于浏览可能包含威胁的网站；"中-高"级是较安全浏览方式，能在下载潜在的不安全内容之前给出提示，不下载未签名的 ActiveX，屏蔽了 ActiveX 控件下载功能，适用于浏览大多数站点；"中"级在下载潜在的不安全内容之前给出提示，不下载未签名的 ActiveX。

另外，用户也可以自定义安全设置，单击"自定义级别"按钮进行设置。打开"安全设置-Internet 区域"对话框，如图 6.41 所示。

图 6.40 "Internet 属性－安全"对话框   图 6.41 "安全设置－Internet 区域"对话框

步骤 9：添加受信任/受限制的站点

设置"受信任站点"和"受限制站点"：对比较可靠的网站，可将其设置到"受信任站点"，这样浏览该网页时，系统会放开且运行其所有功能（不进行安全限制）；对有威胁的网站，可将其设置到"受威胁站点"，这样浏览网页时，系统将以最高安全级别运行，会禁用该网站的某些脚本和控件，以防止对用户系统造成危害。

（1）添加"受信任的站点"。例如要将 https://www.icbc.com.cn，添加到"添加受信任/受限制的站点"。

① 在图 6.40 中单击"受信任的站点"区域，单击"站点"按钮，弹出"受信任的站点"窗口，如图 6.42 所示。

② 在"将该网站添加到区域"栏输入"https://www.icbc.com.cn"，单击"添加"按钮，受信任的站点添加到"网站"列表中，单击"关闭"按钮。

图 6.42　添加"受信任的站点"

（2）添加"受限制的站点"。在图 6.40 中单击"受限制的站点"区域，其余操作和添加"受信任的站点"类似。

（3）恢复系统默认安全级别。一般情况下，系统默认的安全级别设置适合大多数的用户。当用户设置了一些安全选项后，如需要恢复到 IE 浏览器初始的默认状态，首先选择要恢复默认值的区域，选中"启用保护模式"按钮，单击"默认级别"按钮，然后重启 IE，恢复的默认值起作用。

步骤 10：禁用/限制脚本

网页经常使用 Java、JavaApplet、ActiveX 编写脚本。脚本既能使网页效果更好，也有可能会运行一些病毒程序威胁到用户计算机的安全，如有可能获取用户隐私（如用户标志、IP 地址、口令等），甚至能在用户的计算机上安装某些程序，或进行其他带有危险性的操作。

根据需要选择"ActiveX 控件和插件"下"禁用"、"启用"或"提示"等单选按钮。

6.4　任务 4：利用搜索引擎上网查找资料

6.4.1　任务描述

小王同学上网后，面对浩如烟海的信息资源，往往会有一种无从下手的感觉，为了从大量的信息中取得我们所需要的信息，就需要使用检索工具通过不同的检索方法得到所需要的信息。

6.4.2 任务目的

- 学会搜索引擎的使用方法，通过搜索引擎搜索指定的信息。
- 学会将搜索的信息保存到本地计算机。
- 学会搜索引擎的使用技巧。

6.4.3 相关知识

目前国内用户使用的搜索引擎有两类：英文搜索引擎和中文搜索引擎。常用的英文搜索引擎包括 Google、Yahoo!、MSN、Infoseek 等，常用的中文搜索引擎主要有百度、中搜、搜狐、搜狗、网易、中文雅虎等。下面以百度为例，介绍搜索引擎的使用。

百度搜索引擎（Nasdaq 简称：BaiDU）是全球最大的中文搜索引擎，2000 年 1 月由李彦宏、徐勇两人创立于北京中关村，致力于向人们提供"简单、可依赖"的信息获取方式。"百度"二字源于中国宋朝词人辛弃疾的《青玉案·元夕》词句"众里寻他千百度"，象征着百度对中文信息检索技术的执著追求。

百度搜索引擎由 4 部分组成：蜘蛛程序、监控程序、索引数据库、检索程序。

门户网站只需将用户查询内容和一些相关参数传递到百度搜索引擎服务器上，后台程序就会自动工作并将最终结果返回给网站。

百度搜索引擎使用了高性能的"网络蜘蛛"程序自动地在互联网中搜索信息，可定制、高扩展性的调度算法使得搜索器能在极短的时间内收集到最大数量的互联网信息。百度搜索引擎拥有目前世界上最大的中文信息库，总量达到 6000 万页以上，并且还在以每天几十万页的速度快速增长。

6.4.4 操作步骤

步骤 1：启动中文百度。

在 IE 浏览器地址栏中输入 http://www.baidu.com，按"Enter"键便可打开百度搜索引擎主页，如图 6.42 所示。

图 6.42 百度搜索引擎主页

百度目前提供网页搜索、MP3 搜索、图片搜索、新闻搜索、百度贴吧、百度知道、搜索风云榜、硬盘搜索、百度百科等主要产品和服务，同时也提供多项满足用户更加细分需求的搜索服务，如地图搜索、地区搜索、国学搜索、黄页搜索、文档搜索、邮编搜索、政府网站搜索、教育网站搜索、邮件新闻订阅、WAP 贴吧、手机搜索（与 Nokia 合作）等服务。同时，百度还在个人服务领域提供了包括百度影视、百度传情、手机娱乐等服务。

步骤 2：搜索设置。

单击"百度搜索引擎主页"右上角的"搜索设置"命令，打开"百度搜索设置"窗口，如图 6.43 所示。

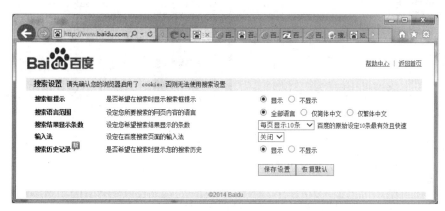

图 6.43 "百度搜索设置"窗口

（1）搜索框提示，即是否希望在搜索时显示搜索框提示，有显示、不显示两个选项。

（2）设置搜索语言范围，即设定您所要搜索的网页内容的语言，包括全部语言、仅简体中文、仅繁体中文 3 个单选框选项。

（3）设置搜索结果显示条数，即设定您希望搜索结果显示的条数，右方的下拉框中有每页显示 10 条、每页显示 20 条、每页显示 50 条、每页显示 100 条的选项。百度的原始设定 10 条最有效且快速。

（4）设置输入法，即设定在百度搜索页面的输入法，包括手写、拼音、关闭 3 个选项。

（5）设置好后点击"保存设置"按钮保存所有设置。

步骤 3：网页搜索。

百度搜索简单方便。只需要在搜索框内输入需要查询的内容，按回车键，或者单击搜索框右侧的"百度一下"按钮，就可以得到最符合查询需求的网页内容，如搜索"北京奥运会开幕式"。

（1）"搜索类型选择"默认选择为"网页"。除此之外，还有"新闻"、"贴吧"、"知道"、"音乐"、"图片"、"视频"和"地图"等标签。

（2）只需在关键字输入框内输入需要查询的内容，如输入"北京奥运会"，搜索引擎会在下拉菜单中显示与输入信息相关的内容和搜索结果数目显示，如图 6.44 所示。

A：搜索结果标题。单击标题，可以直接打开该结果网页。

B：搜索结果摘要。通过摘要，可以判断这个结果是否满足需要。

C：百度快照。"快照"是该网页在百度的备份，如果原网页打不开或者打开速度慢，可以查看快照浏览页面内容。

D：相关搜索。"相关搜索"是其他和你有相似需求的用户的搜索方式，按搜索热门度排序。如果你的搜索结果效果不佳，可以参考这些相关搜索。

（3）选定搜索信息后，如"北京奥运会开幕式"，按回车键或单击"百度一下"按钮，搜索与"北京奥运会开幕式"相关的所有网页，如图 6.45 所示。

（4）单击某条信息进入相应的网页。

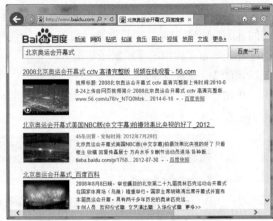

图 6.44　百度搜索引擎主页　　　　　　　　　　　图 6.45　搜索结果

步骤 4：百度新闻。

百度新闻是目前世界上最大的中文新闻搜索平台，每天发布多条新闻，新闻源包括 500 多个权威网站，热点新闻由新闻源网站和媒体每天"民主投票"选出，不含任何人工编辑成分，真实反映每时每刻的新闻热点；百度新闻保留自建立以来所有日期的新闻，更助您掌握整个新闻事件的发展脉络。

百度新闻包括以下多个新闻搜索服务。

（1）新闻浏览，多个分类的焦点新闻、最新新闻、图片新闻浏览，机器每 5 分钟自动选取更新。

（2）新闻搜索，1000 多个新闻来源，输入相关词汇，可以选择新闻全文、新闻标题，按时间排序和按新闻内容相关性排序的新闻搜索结果。

（3）个性化新闻，百度个性化新闻可以根据你的兴趣和习惯设置新闻内容的个性化平台。可以设置自己关心的相关主题关键词新闻（如篮球、刘德华、旅游等），还可以选择关心的地区新闻。

步骤 5：百度图片。

百度图片搜索引擎是世界上最大的中文图片搜索引擎，百度从 8 亿中文网页中提取各类图片，建立了世界第一的中文图片库，如搜索"北京奥运会吉祥物"。

（1）在百度搜索引擎主页面，单击"图片"链接。

（2）在"图片搜索"框中输入要搜索的关键字（例如：北京奥运会吉祥物），再按回车键或单击"百度一下"按钮，即可搜索出相关的全部图片。

（3）百度图片搜索支持图片尺寸选择。单击右上角"全部尺寸"下拉按钮，弹出"图片尺寸"列表框，如图 6.46 所示。有特大尺寸、大尺寸、中尺寸、小尺寸、电脑壁纸、手机壁纸和自定义等选项，根据图片的用途，选择不同像素的图片。选择某一"尺寸"后，百度图片会重新搜索符合要求的图片。

（4）单击需要的图片，会重新打开一个窗口，显示该图片。右击图片，如图 6.47 所示，在打开的快捷菜单中选择"图片另存为"命令。打开"保存图片"对话框，如图 6.48 所示，分别选择图片保存路径、输入图片名称、选择图片类型后，单击"保存"按钮完成图片的保存。

（5）如果想看到更多的图片，可以单击页面底部的"加载更多图片"按钮来查看更多搜索结果（或者直接单击图片，此时会出现向上或向下的箭头，单击即可向上或向下翻动）。

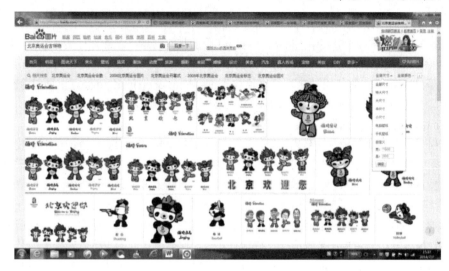

图 6.46 百度图片

图 6.47 "图片"另存

图 6.48 "保存图片"对话框

步骤 6：其他常用搜索。

百度音乐、百度地图、百度百科、百度词典等，限于篇幅，在这里不再一一详细介绍。

步骤 7：高级搜索语法。

（1）搜索范围限定在网页标题－intitle。网页标题通常是对网页内容提纲挈领式的归纳，把查询内容范围限定在网页标题中，有时能获得良好的效果。把查询内容中特别关键的部分，用"intitle:"领起来。例如，出国留学 intitle:美国。

注意，"intitle:"和后面的关键词之间不要有空格。

（2）搜索范围限定在特定站点中－site。如果知道某个站点中有自己需要找的东西，就可以把搜索范围限定在这个站点中，提高查询效率。在查询内容的后面，加上"site:站点域名"。例如，百度影音 site:www.skycn.com。

注意，"site:"后面跟的站点域名，不要带"http://"。site:和站点名之间，不要带空格。

（3）搜索范围限定在 url 链接中－inurl。网页 url 中的某些信息，常常含有某种有价值的含义。如果对搜索结果的 url 做某种限定，可以获得良好的效果。用"inurl:"，后跟需要在 url 中出现的关键词。例如，找关于 Photoshop 的使用技巧，可以这样查询：Photoshop inurl:jiqiao。上面这个查询串中的"Photoshop"，是可以出现在网页的任何位置，而"jiqiao"则必须出现在网页 url 中。

注意，inurl:语法和后面所跟的关键词，不要有空格。

（4）双引号""和书名号《》精确匹配。查询词加上双引号""则表示查询词不能被拆分，在搜索结果中必须完整出现，可以对查询词精确匹配。如果不加双引号""经过百度分析后可能会拆分。

例如，搜索邢台职业技术学院，如果不加双引号，搜索结果被拆分，效果不是很好，但加上双引号后，"邢台职业技术学院"，获得的结果就全是符合要求的了。

查询词加上书名号《》有两层特殊功能，一是书名号会出现在搜索结果中；二是被书名号括起来的内容，不会被拆分。书名号在某些情况下特别有效，比如查询词为手机，如果不加书名号在很多情况下出来的是通信工具手机，而加上书名号后，《手机》，获得的结果就都是关于电影方面的了。

（5）不含特定查询词－-。查询词用减号-语法可以帮您在搜索结果中排除包含特定关键词的所有网页。例如电影 –qvod，查询词"电影"在搜索结果中，"qvod"被排除在搜索结果中。

（6）包含特定查询词－+。查询词用加号+语法可以帮您在搜索结果中必须包含特定关键词的所有网页。例如电影 +qvod，查询词"电影"在搜索结果中，搜索结果中必须包含"qvod"。

注意，前一个关键词和减号之间必须有空格，否则减号会被当成连字符处理，而失去减号语法功能。减号和后一个关键词之间，有无空格均可。

（7）专业文档搜索。很多有价值的资料，在互联网上并非是普通的网页，而是以 Word、PowerPoint、PDF 等格式存在。百度支持对 Office 文档（包括 Word、Excel、Powerpoint）、Adobe PDF 文档、RTF 文档进行了全文搜索。要搜索这类文档，很简单，在普通的查询词后面，加一个"filetype:"文档类型限定。

"filetype:"后可以接以下文件格式：DOC、XLS、PPT、PDF、RTF、ALL。其中，ALL 表示搜索所有这些文件类型。例如，查找张五常关于交易费用方面的经济学论文，"交易费用 张五常 filetype:doc"，单击结果标题，直接下载该文档，也可以单击标题后的"HTML 版"。

步骤 8：百度高级搜索页面。

通过访问"http://www.baidu.com/gaoji/advanced.html"网址，打开百度高级搜索页面，如图 6.49 所示。该页面将上面所有的高级语法集成，用户不需要记忆语法，只需要填写查询词和选择相关选项就能完成复杂的语法搜索。

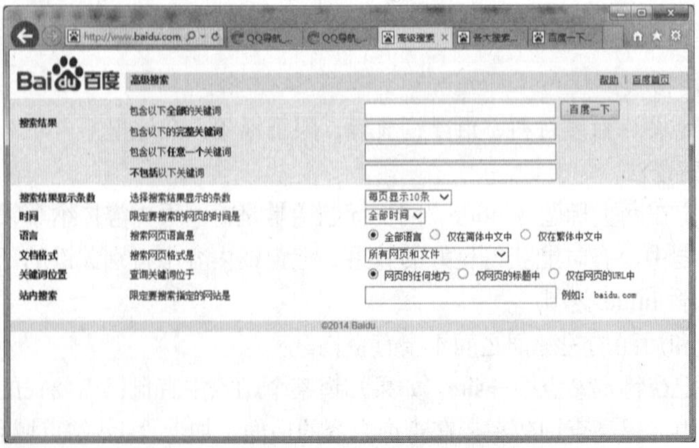

图 6.49　百度高级搜索页面

6.5 任务 5：使用免费电子邮箱收发电子邮件

6.5.1 任务描述

小王同学需要到互联网上去查找一些资料，但不知道在互联网上如何通过 E-mail 进行信息传递。现需要申请 E-mail 信箱，并使用浏览器、OutlookExpress 进行电子邮件的发送、接收和账户的管理。

6.5.2 任务目的

- 学会申请免费的电子信箱。
- 学会进行简单的邮箱管理。
- 学会使用浏览器在线收发电子邮件。
- 学会使用 OutlookExpress 收发电子邮件。

6.5.3 使用浏览器收发电子邮件

使用浏览器方式是指用户通过浏览器访问电子信箱，并利用该服务器提供的邮件服务功能接收和发送电子邮件。采用这种方式在客户端可以不安装任何邮件处理软件，用户的所有邮件都存放在远端的服务器上，用户通过浏览器处理电子邮件。

步骤 1：注册电子信箱。

Internet 上的免费邮箱很多，如 Hotmail、126、263、163、新浪、搜狐、雅虎等。注册邮箱的步骤和方法比较简单，按照提示一步一步即可完成邮箱的申请。

打开 www.126.com 网址，如图 6.50 所示。单击"注册"按钮，打开"注册"信息窗口，如图 6.51 所示。

图 6.50　www.126.com 页面　　　　　　　图 6.51　注册页面

在"邮件地址"框中输入"xtzjwhjc2014"，系统会自动检查该用户名是否已经被占用。如果已经被占用需要重新更名。

在"密码"和"确认密码"框中输入密码，两者一致。

在"验证码"框中输入后面图形中的验证码。

选中"同意"服务条款"和"隐私权相关政策""选项，最后单击"立即注册"按钮，完成邮箱的注册，这样就拥有了一个 xtzjwhjc2014@126.com 的邮箱。

步骤2：使用电子信箱。

用户注册免费信箱之后，每次使用时首先打开 www.126.com 的首页面，输入用户名和密码，单击"登录"按钮，即可打开 126 提供的免费信箱，如图 6.52 所示。

1. 写信和发信

（1）在图 6.52 中，单击"写信"按钮，屏幕显示"写信"窗口。

（2）在"写信"窗口中输入信件内容；在"主题"文本框中输入信件题目；在"收件人"文本框中输入收信人的 E-mail 地址，如图 6.53 所示。然后单击"发送"按钮。

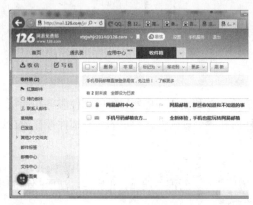

图 6.52 "126"提供的免费邮箱　　　　　图 6.53 "写信"窗口

2. 发送附件

附件通常是已保存在存储器中的电子文档，如文本、图片、音乐等，在发信时可将其作为信件的附属文件一起发送。例如，在信件中夹带一个 Word 文档，具体操作步骤如下。

（1）在图 6.53 中，单击"添加附件"按钮，打开"选择要加载的文件"对话框，如图 6.54 所示。

（2）选中要发送的附件，如选中"2014 版《计算机文化基础》课程标准"文档，选中的文件名被添加到"文件名"框，单击"打开"按钮，选中的"2014 版《计算机文化基础》课程标准"文档会出现在"添加附件"的下面，如图 6.55 所示。如果还要添加更多的附件，继续单击"添加附件"按钮，操作方法相同。所有附件添加完成后，单击"发送"按钮。

单击附件名后边的"删除"按钮，可删除添加的附件。

3. 收信和阅读

（1）在图 6.52 中，单击"收信"按钮，屏幕显示"收信"窗口。

（2）打开信件。单击"发件人"在新窗口中打开信件；单击"主题"在当前窗口中打开信件。在附件框中单击"文件名"，可直接打开附件；单击"下载"按钮，可将附件下载到本地存储器中。

步骤3：邮箱设置。

单击收发信窗口上方的"设置"，选择"邮箱设置"选项，打开"邮箱设置"窗口，如图 6.56 所示。在这里可以设置的选项包括以下内容。

（1）收件箱/文件夹邮件列表：设置每页显示邮件的数量和邮件列表显示方式。

（2）自动回复/转发：设置是否"自动回复"。

（3）发送邮件后设置：设置邮件保存的规则和是否自动保存联系人到通讯录。

图 6.54 "选择要加载的文件"对话框

图 6.55 添加附件

6.5.4 使用 Outlook 2010 收发电子邮件

除了在 Web 页上进行电子邮件的收发，还可以使用电子邮件客户端软件，更加方便，功能也更加强大。

Foxmail、OutLook 等都是常用的收发电子邮件客户端软件。虽然软件的界面各有不同，但其操作方式基本都是类似的。例如，要发电子邮件就必须填写收件人的邮件地址以及主题和邮件体。其中 Outlook Express 具有直观方便的信件浏览和收发窗口，可以管理多个邮件账户、预订和浏览新闻组、申请免费 Hotmail 账户，并具有通信簿功能，为用户记录、存储和查找 E-mail 地址提供了很大的方便。

步骤 1：账户设置。

（1）启动 Microsoft Outlook2010。执行"开始→所有程序→MicrosoftOffice→Microsoft Outlook2010"命令，即可打开"Microsoft Outlook2010 启动"窗口，单击"下一步"按钮，打开"账户配置"对话框，如图 6.57 所示。

图 6.56 "邮箱设置"窗口

图 6.57 "账户配置"对话框

（2）选择"是"单选按钮，单击"下一步"按钮，打开"添加新账户"对话框，如图 6.58 所示。在"您的姓名"文本框键入邮箱的使用者。在"电子邮件地址"文本框输入 xtzjwhjc2014@126.com，输入密码。

（3）单击"下一步"按钮，系统会自动联系邮箱服务器进行账户配置，配置成功后，如图 6.59 所示。

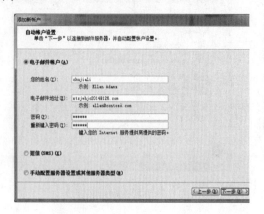

图 6.58 "添加新账户"对话框   图 6.59 配置完成窗口

（4）单击"完成"按钮。进入 Microsoft Outlook 2010 客户机程序，在账户信息下可以看到账户 xtzjwhjc2014@126.com，此时就可以使用 Microsoft Outlook 2010 进行邮件的收发了。

步骤 2：撰写与发送邮件。

（1）启动 Microsoft Outlook 2010。

（2）单击"开始"选项卡"新建"组"新建电子邮件"按钮，打开"撰写新邮件"窗口，如图 6.60 所示。窗口上半部为信头，下半部为信体。将插入点依次移到信头相应位置，并填写如下各项。

在"收件人"文本框键入输入收件人的电子邮件地址或者是地址簿中代表该邮件地址的人名，如有多个收件人，中间可用逗号或分号隔开。

在"抄送"文本框键入要将该邮件抄送到的电子邮件地址或者是地址簿中代表该邮件地址的人名，如果有多个，中间可用逗号或分号隔开。

在"主题"文本框中输入该邮件的主题，这样有助于收件人阅读和分类电子邮件。

（3）将插入点光标移到信体部分，键入邮件内容。在正文编辑窗口中输入邮件正文，就像平时写信一样。在邮件中应包含对方的称呼、写信的主要事由，最后是签名。设置邮件内容的格式，如字号、字体、颜色等字体格式，以及行间距、段落间距等段落格式。

（4）单击"发送"按钮，即可发往上述收件人。如果脱机撰写邮件，则邮件会保存在"发件箱"中，待下次连接到 Internet 时会自动发出。

步骤 3：在电子邮件中插入附件。

如果要通过电子邮件发送计算机中的其他文件，如 Word 文档、照片、视频文件等，可以把这些文件当作邮件的附件随邮件一起发送。在撰写电子邮件的时候，可以按下列操作插入指定的计算机文件。

（1）单击"邮件"选项卡"添加"组"附加文件"按钮，打开"插入文件"对话框，如图 6.61 所示。

（2）在"插入文件"对话框中，找到要插入的文件，单击该文件，然后单击"插入"按钮。

（3）在图 6.60 中，"主题"文本框增加"附件"框，并且会列出所附加的文件名。如图 6.62 所示。也可以直接把文件拖曳到发送邮件的窗口上，就会自动插入作为邮件的附件。

步骤 4：密件抄送。

有时候需要将一封邮件发给多个收件人，这时就可以在抄送栏中填入多个 E-Mail，地址之间用分号隔开。但是如果发件人不希望多个收件人看到这封邮件都发给了谁，就可以采取密件抄送的方式。

图 6.60 "撰写新邮件"窗口

图 6.61 "插入文件"对话框

例如，如果按如下所示发送邮件：

收件人：397310619@qq.com

抄送：xpcchujl@126.com；49163204@qq.com

密件抄送：137359894@qq.com；381704776@qq.com

那么，该邮件将发送给收件人、抄送和密件抄送中列出的所有人，但 xpcchujl@126.com 和 49163204@qq.com 不会知道 137359894@qq.com 和 381704776@qq.com 也收到了该邮件；密件抄送中列出的邮件收件人彼此之间也不知道。也就是 137359894@qq.com 不知道 381704776@qq.com 也收到了该邮件的副本，但他知道 xpcchujl@126.com；49163204@qq.com 收到了该邮件的副本。

（1）单击"开始"选项卡"新建"组"新建电子邮件"按钮，打开"撰写新邮件"窗口。

（2）可以在"收件人"、"抄送"文本框中输入相应的 E-mail，单击"抄送"按钮，弹出"选择姓名：联系人"窗口，显示出"密件抄送"文本框，输入相应的 E-mail，如图 6.63 所示。

图 6.62 添加附件

图 6.63 "选择姓名：联系人"对话框

也可以在图 6.63 中，在"选择姓名：联系人"对话框单击联系人，单击"密件抄送"按钮，则联系人自动添加到"密件抄送"后的文本框。再选择联系人，再单击"密件抄送"，两者之间用分号隔开。也可以用相同的方法添加收件人、抄送。

（3）单击"确定"按钮。返回"撰写新邮件"窗口，填写信体或添加附件，也可以添加多个附件。

（4）单击"发送"按钮，完成新邮件的发送。

步骤5：接收和阅读新邮件。

（1）在连接 Intenet 的情况下，启动 Microsoft Outlook 2010。

（2）下载邮件。如果要查看是否有电子邮件，则单击"发送和接收"选项卡"发送和接收所有文件夹"按钮，此时，会弹出一个邮件和接收的对话框，当下载完邮件后，就可以阅读了。阅读邮件的操作如下。

（3）在 Microsoft Outlook 2010 窗口，单击"开始"选项卡，单击左侧的"收件箱"按钮，便出现一个预览邮件窗口，如图 6.64 所示。

该窗口左部为 OutLook 栏，中部为邮件列表区，收到的所有信件都在此列出，右部是邮件预览区。

（4）在邮件列表区中选择一个邮件并单击，则该邮件的内容便显示在邮件预览区中。

（5）若要详细阅读或对邮件做各种操作，可以双击打开它。

（6）当阅读完一封邮件后，可直接单击窗口"关闭"按钮，结束此邮件的阅读。

步骤6：阅读和保存附件。

（1）如果邮件中含有附件，则在邮件图标右侧会列出附件的名称，如图 6.65 所示。需要查看附件内容时，可单击附件名称，在 Outlook 中预览。双击则在创建附件的程序中打开。

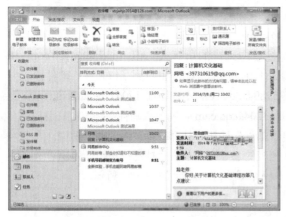 

图 6.64 预览邮件窗口　　　　　　　　图 6.65 邮件附件

（2）如果要保存附件到另外的文件夹中，可右击附件文件名，在弹出的快捷菜单中选择"另存为"命令，如图 6.66 所示。打开"保存附件"对话框，如图 6.67 所示。设置保存的路径，文件夹和保存的类型。

图 6.66 "另存为"命令　　　　　　　　图 6.67 "保存附件"对话框

（3）单击"保存"按钮。

步骤 7：回复邮件。

看完一封邮件需要回复时，在图 6.64 中，单击"答复"按钮，弹出"回信"窗口。

这里的发件人和收件人的地址已由系统自动填好，原信件的内容也都显示出来作为引用内容。撰写回信，这里允许原信内容和回信内容交叉，以便引用原信语句。回信内容写好后，单击"发送"按钮，完成回信。

步骤 8：转发邮件。

如果觉得有必要让更多的人阅读自己收到的这封信，就可以转发该邮件。

（1）对于刚刚阅读过的邮件，直接在邮件阅读窗口上单击"转发"按钮。对于收件箱中的邮件，可以先选中要转发的邮件，然后单击"转发"按钮。

（2）打开类似回复邮件的窗口，不同的是需要在"收件人"文本框输入或选择联系人。如图 6.68 所示。

（3）多个收件人之间用分号分隔。

（4）必要时，在待转发的邮件之下撰写附加信息。

（5）单击"发送"按钮，完成转发。

步骤 9：联系人的管理。

联系人是 Outlook 中十分有用的工具之一。利用它不但可以像普通通信录那样保存联系人的 E-mail、邮编、通信地址、电话等信息，而且还具有自动填写电子邮件地址、电话拨号等功能。

（1）在 Microsoft Outlook 2010 窗口，单击"开始"选项卡，单击左侧的"联系人"，打开联系人管理视图，如图 6.69 所示。

图 6.68 转发邮件

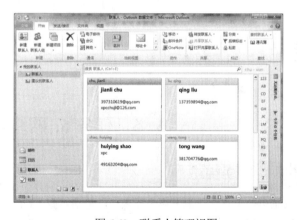

图 6.69 联系人管理视图

在这个视图中看到已有的联系人名片，显示了联系人的姓名、E-mail 等摘要信息。双击某个联系人的名片，即可打开详细信息查看或编辑，如图 6.70 所示。

选中某个联系人名片，单击"电子邮件"按钮，打开发送邮件窗口，就可以给该联系人发送邮件了。

（2）单击"新建联系人"按钮，打开联系人资料填写窗口，如图 6.70 所示。联系人资料包括：姓氏、名字、单位、电子邮件、电话号码、地址以及头像等。

（3）输入各项信息，单击"保存并关闭"按钮，联系人就被添加到通信录中。

说明：在邮件预览窗口，可以在 E-mail 地址上右击，在弹出的快捷菜单中选择"添加到 Outlook 联系人"选项，即可将该电子邮件地址添加到联系人中了。

步骤10：多用户设置。

如果你有多个电子邮箱，可以在 Outlook 中进行阅读邮件，转发邮件、新建邮件等操作。

（1）单击"文件"选项卡，在打开的 Office 后台视图中执行"信息"选项，单击"添加账户"按钮，弹出"添加新账户"向导，按照提示信息一步步完成添加设置，如添加 xpcchujl@126.com。

（2）添加完成后，打开 Outlook 2010 窗口，如图 6.71 所示。在左侧看到有两个 E-mail 账户，分别为：xtzjwhjc2017@126.com 和 xpcchujl@126.com

（3）单击"发送/接收"选项卡，单击"发送和接收所有文件夹"选项，则两个 E-mail 邮箱都可以接收邮件了。

图 6.70 "新建联系人"窗口

图 6.71 两个 E-mail 账户

6.6 任务6：网络资源的下载

6.6.1 任务描述

Internet 上有着非常丰富的资源，如免费电影、Flash 动画和免费软件等。用户可以从网络上下载资源，并保存在计算机上，以便观看和使用。如何将这些内容从网络上下载下来呢？

6.6.2 任务目的

- 学会使用浏览器下载网络资源；
- 学会使用迅雷下载网络资源。

6.6.3 使用一般下载方法

网络上的各种资源都可以使用浏览器在网上直接下载。

Internet 中可供下载的资源大部分都以链接的形式出现在网页上，只要单击这些链接，就会打开对话框提示下载文件。现在以下载 QQ 为例来学习在浏览过程中直接下载文件的过程。

（1）打开 IE 浏览器，直接输入 http://www.qq.com 或通过 Google、百度等进行搜索，登录到腾讯网站，单击上方"下载"图标，进入到腾讯软件中心网页，如图 6.72 所示。

（2）将鼠标指针移动到"下载"按钮上，这时鼠标指针将变成"手"形，表示这是一个超链接，单击，会打开"文件下载-安全警告"对话框，如图 6.73 所示。

图 6.72　腾讯软件中心窗口　　　　　　　图 6.73　"文件下载-安全警告"对话框

（3）单击"保存"按钮，打开"另存为"对话框，如图 6.74 所示，对保存位置、文件名、保存类型等进行设置。

（4）单击"保存"按钮，Windows 系统会自动弹出下载进度对话框，如图 6.75 所示，显示下载进度、估计剩余时间、传输速度等信息，开始下载文件。

图 6.74　"另存为"对话框　　　　　　　图 6.75　"下载完毕"对话框

在图 6.75 中，如果选中"下载完成后关闭此对话框"复选框，那么软件下载完成后将自动关闭该窗口；如果取消选中，下载完毕后可以单击"打开文件夹"按钮进入该文件存放的目录，或者单击"运行"按钮直接运行软件进行安装。

说明： 如果计算机安装了腾讯超级旋风下载软件，则用鼠标单击"下载"按钮时，会打开"新建下载"对话框，如图 6.76 所示，而不会打开如图 6.73 所示的"文件下载-安全警告"窗口。单击"确定"按钮，系统会使用腾讯超级旋风进行下载，下载速度会明显加快，在"腾讯超级旋风"窗口中会看到下载进度等信息，如图 6.77 所示。

图 6.76　"新建下载"对话框　　　　　　　图 6.77　"腾讯超级旋风"窗口

6.6.4　使用迅雷下载

迅雷是个下载软件，本身不支持上传资源，只提供下载和自主上传。迅雷对下载过的相关资源，都能有所记录。迅雷利用多资源超线程技术基于网格原理，能将网络上存在的服务器和计算机资源进行整合，构成迅雷网络，通过迅雷网络各种数据文件能够传递。多资源超线程技术还具有互联网下载负载均衡功能，在不降低用户体验的前提下，迅雷网络可以对服务器资源进行均衡。

注册并用迅雷 ID 登录后可享受到更快的下载速度，拥有非会员特权（例如高速通道流量的多少，宽带大小等），迅雷还拥有 P2P 下载等特殊下载模式。

但迅雷比较占内存，迅雷配置中的"磁盘缓存"设置得越大，占的内存就会越大。而且广告太多，迅雷 7 之后的版本更加严重。

步骤 1：迅雷的下载及安装。

在"百度"搜索框输入"迅雷"，找到迅雷最新官方网站，下载最新版本，下载之后运行安装程序，按照提示向导进行安装。迅雷 7.9 启动后的主界面如图 6.78 所示。

步骤 2：迅雷系统设置。

（1）设置迅雷下载目录。在图 6.78 迅雷主界面窗口中，单击"配置"图标，打开"系统设置"对话框，如图 6.79 所示。

在"常用目录"栏"使用指定的迅雷下载目录"显示系统安装后默认的迅雷下载目录，"F:/迅雷下载/"，单击"选择目录"按钮，打开"浏览文件夹"窗口，如图 6.80 所示，选择下载的目录，单击"确定"按钮。

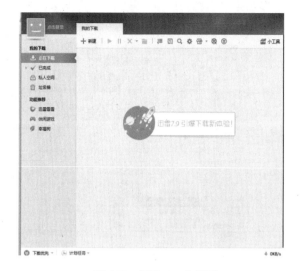

图 6.78 迅雷 7.9 主界面

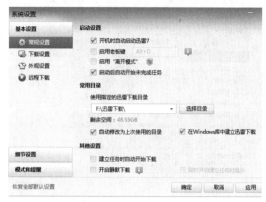

图 6.79 "系统设置"对话框

（2）启动设置。在"启动设置"栏选中"开机时自动启动迅雷 7"，则 Windows 7 系统启动后，迅雷 7 也自动启动；选中"启动后自动开始未完成任务"，则迅雷启动后自动开始下载未完成的任务。

（3）下载设置。在"系统设置"对话框选择"下载设置"选项，如图 6.81 所示。在"任务管理"栏中，在"默认下载模式为"下拉列表框可以选择"立即下载"或"手动下载"，默认为"立即下载"。

图 6.80 "浏览文件夹"窗口

图 6.81 "下载设置"对话框

在"同时下载的最大任务数"下拉列表框选择同时下载的最大任务数，设置选择从 1 到 50，默认为 5。

在"模式设置"栏可以选择"下载优先模式"、"网速保护模式"或"自定义模式"。如选择"自定义模式"，可以设置最大下载速度和最大上传速度。

（4）"任务模式属性"设置。在"系统设置"对话框选择"细节设置"选项，之后选择"任务默认属性"选项，如图 6.82 所示。在此可以设置"原始地址线程数"、"全局最大连接数"，以及磁盘缓存，一般采用系统默认模式。

（5）设置下载完成后关机。在迅雷主界面左下方找到"计划任务"按钮并单击，在弹出菜单中指向"下载完成后"右侧的右三角，弹出下拉菜单，选择"关机"选项，如图 6.83 所示。

此时在下方任务栏可以看到"下载完成后关机"提醒，单击"自定义关机"选项，打开"自定义关机"对话框，设置自定义关机的条件。单击"取消下载完成后关机"选项可以取消设置。如图 6.84 所示。

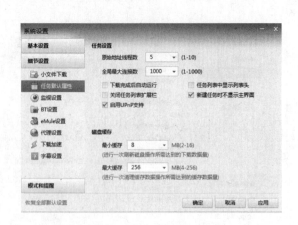

图 6.82　"任务默认属性"窗口　　　　　　　　图 6.83　"下载设置"对话框

步骤 3：使用迅雷下载软件。

（1）下载单个文件。打开"迅雷 7.9"的官方下载中心（http://dl.xunlei.com/xl7.9/intro.html），右击"立即下载"按钮，在弹出的快捷菜单中选择"使用迅雷下载"选项，如图 6.85 所示。

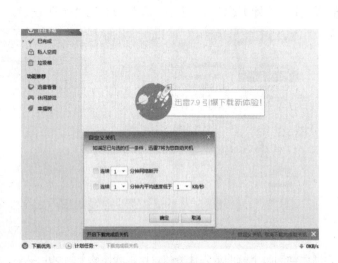

图 6.84　"自定义关机"窗口　　　　　　　　图 6.85　使用迅雷下载

弹出迅雷"新建任务"对话框，如图 6.86 所示。迅雷 7.9 的超链接自动添加到任务中，在此可以设置保存的目录（单击"选择其他目录"选择），默认保存到"迅雷下载"文件夹。

单击"立即下载"按钮，进入迅雷 7.9 主界面，在"正在下载"下，看到下载的进度，速度，下载完成后移到"已完成"文件夹，如图 6.87 所示。

（2）手动下载任务。在迅雷主界面单击"新建"按钮，打开"新建任务"对话框，如图 6.88 所示。在"下载链接"栏输入要下载的文件的地址，单击"立即下载"按钮，"新建任务"对话框变为如图 6.89 所示。新增了"文件名称"栏，以及保存目录等选项。

图 6.86　"新建任务"对话框

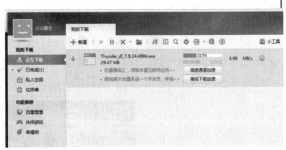

图 6.87　迅雷下载过程

图 6.88　"新建任务"对话框 1

图 6.89　"新建任务"对话框 2

（3）下载一批任务。打开网址 http://www.xunleicang.com/vod-read-id-17102.html（《长沙保卫战（2014）》），如图 6.90 所示。选择需要下载的文件，文件前带钩，表示选中，否则未选中。

单击"下载选中的文件"按钮，打开"选择下载地址"对话框，如图 6.91 所示。在这里可以选择是否下载某文件，设置下载保存的位置。

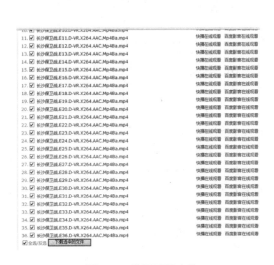

图 6.90　选择下载文件

图 6.91　"选择下载地址"对话框

如果选中"合并为任务组"单选按钮，则迅雷系统将批量任务归纳为1个任务。

单击"立即下载"按钮，这些下载任务被添加到"正在下载"文件夹下，如图6.92所示。

排在前面的文件开始下载，当达到"同时下载的最大任务数"中设置的值时，排在后面的文件显示"排队等待"，当前面的文件下载完成，后面的文件由"排队等待"变为"正在下载"。

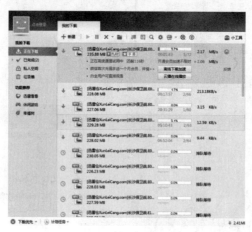

图6.92 迅雷下载文件

习 题

一、单项选择题

1. 最先出现的计算机网络是（ ）。

 A．Arpanet B．Ethernet C．Bitnet D．Internet

2. 计算机网络系统中的每台计算机都是（ ）。

 A．相互控制的 B．相互制约的 C．各自独立的 D．毫无联系的

3. 计算机网络最突出的优点是（ ）。

 A．资源共享和快速传输信息 B．高精度计算

 C．运算速度快 D．存储容量大

4. 计算机网络的主要目标是实现（ ）。

 A．资源共享和快速通信 B．文件检索

 C．共享文件 D．数据处理

5. 计算机网络最基本的功能是（ ）。

 A．信息流通 B．数据传送 C．数据共享 D．降低费用

6. 在一所大学中，每个系都有自己的局域网，则连接各系的校园网是（ ）。

 A．广域网 B．局域网

 C．地区网 D．这些局域网不能互联

7. 计算机网络有多种分类方法，按网络的拓扑结构可分为（ ）。

 A．串行、并行、树形、总线型 B．集中型、分散型、串行、并行

 C．星形、网络型、集中型、分散型 D．星形、树形、总线型、环形

8. 计算机网络有多种分类方法，按网络的覆盖范围可分为（ ）。

 A．国家网与地区网 B．集中网与分散网

C. 局域网与广域网　　　　　　　　　　　　　D. 国际互联网与国内主干网

9. 计算机网络分为局域网、城域网和广域网，下列属于局域网的是（　　）。

A. ChinaDDN 网　　　　B. Novell 网　　　　　C. Chinanet 网　　　　D. Internet

10. 下列说法中正确的是（　　）。

A. 多用户计算机系统是计算机网络

B. 两台以上计算机互联可以构成计算机网络

C. 至少五台计算机互联才能构成计算机网络

D. 在一间办公室中的计算机互联不能称为计算机网络

11. 关于计算机网络，下述说法中正确的是（　　）。

A. 计算机网络就是将分散的多台计算机用通信线路互相连接起来而形成的系统

B. 计算机网络由两部分组成，通信子网和资源子网

C. 在网络系统中可以有多台计算机，但这些计算机的类型应该一致

D. 计算机网络的唯一功能在于可实现资源共享

12. 关于计算机网络，下列说法中正确的是（　　）。

A. 网络就是计算机的集合

B. 网络可提供远程用户共享网络资源，但可靠性很差

C. 网络是通信和微电子技术相结合的产物

D. 当今世界规模最大的网络是 Internet

13. 计算机网络就是把分散布置的多台计算机及专用外部设备用通信线路互连，并配以相应的（　　）所构成的系统。

A. 应用软件　　　　B. 网络软件　　　　　　C. 专用打印机　　　　D. 专用存储设备

14. 网络中计算机之间的通信是通过（　　）实现的，它们是通信双方必须遵守的约定。

A. 网卡　　　　　　B. 通信协议　　　　　　C. 磁盘　　　　　　　D. 电话交换设备

15. 以太网的拓扑结构是（　　）。

A. 星形　　　　　　B. 总线型　　　　　　　C. 环形　　　　　　　D. 网状

16. 以太网的通信协议是（　　）。

A. TCP/IP　　　　　B. SPX/IPX　　　　　　C. CSMA/CD　　　　　D. CSMA/CA

17. 令牌环网与以太网相比最大的优点是（　　）。

A. 价格低　　　　　B. 易维护　　　　　　　C. 高可靠性　　　　　D. 实时性

18. 令牌环协议是一种（　　）。

A. 有冲突协议　　　B. 随机争用协议　　　　C. 多令牌协议　　　　D. 无冲突协议

19. 负担全网数据传输和通信处理工作的是（　　）。

A. 计算机　　　　　B. 通信子网　　　　　　C. 资源子网　　　　　D. 网卡

20. 中国教育科研计算机网络是指（　　）。

A. NCFC　　　　　　B. CERNET　　　　　　C. ISDN　　　　　　　D. INTERNET

21. 在计算机网络中，"带宽"这一术语表示（　　）。

A. 数据传输的宽度　B. 数据传输速率　　　　C. 计算机位数　　　　D. CPU 主频

22. 表征数据传输有效性的指标是（　　）。

A. 误码率　　　　　B. 频带利用率　　　　　C. 信道容量　　　　　D. 传输速率

23. 表征数据传输可靠性的指标是（　　）。

A. 误码率　　　　　B. 频带利用率　　　　　C. 信道容量　　　　　D. 传输速率

24. 决定网络使用性能的关键是（　　）。

 A. 网络拓扑结构   B. 网络应用软件

 C. 网络传输介质   D. 介质访问控制方法（网络协议）

25. MODEM 的功能是实现（　　）。

 A. 模拟信号与数字信号的转换   B. 数字信号的编码

 C. 模拟信号的放大   D. 数字信号的整形

26. 和广域网相比，局域网（　　）。

 A. 有效性好，但可靠性差   B. 有效性差，但可靠性好

 C. 有效性好，可靠性也好   D. 只有采用基带传输

27. 计算机局域网具有（　　）主要特征。

 A. 网络连接方式少   B. 协议简单

 C. 较高的数据传输速率   D. 较好的通信质量

28. 局域网传输介质一般采用（　　）。

 A. 光纤   B. 同轴电缆或双绞线

 C. 电话线   D. 普通电线

29. 任何接入局域网的计算机或服务器都必须在主机板上插一块（　　）才能互相通信。

 A. 调制解调器 B. 网络适配器   C. 显示卡   D. 声卡

30. 局域网的网络硬件主要包括服务器、工作站、网卡和（　　）。

 A. 网络拓扑结构 B. 计算机   C. 传输介质   D. 网络协议

31. 局域网的网络软件主要包括（　　）、网络数据库管理系统和网络应用软件。

 A. 服务器操作系统 B. 网络操作系统 C. 网络传输协议 D. 工作站软件

32. 网络协议是（　　）。

 A. 网络用户使用网络资源时必须遵守的规定 B. 网络计算机之间进行通信的规则

 C. 网络操作系统   D. 用于编写通信软件的程序设计语言

33. 计算机网络协议是为了保证准确通信而制定的一组（　　）。

 A. 用户操作规范 B. 硬件电气规范 C. 规则或约定 D. 程序设计语法

34. 按网络的拓扑结构分，1000Base-T 属于（　　）。

 A. 总线型网   B. 星形网   C. 环形网   D. 地面无线网

35. Internet 是一个（　　）。

 A. 大型网络系统 B. 国际性组织 C. 计算机软件 D. 网络的集合

36. IP 地址是（　　）。

 A. 接入 Internet 的计算机地址编号   B. Internet 中网络资源的地理位置

 C. Internet 中的子网地址   D. 接入 Internet 的局域网编号

37. IP 的中文含义是（　　）。

 A. 信息协议   B. 内部协议

 C. 传输控制协议   D. 网络互联协议

38. 网络主机的 IP 地址由一个（　　）的二进制数字组成。

 A. 8 位   B. 16 位   C. 32 位   D. 64 位

39. 为了能在 Internet 上正确通信，它为每个网络和每台主机都分配了唯一的地址，该地址由纯数字并用小数点隔开，它称为（　　）。

 A. WWW 服务器地址   B. TCP 地址

C. WWW 客户机地址　　　　　　　　　　D. IP 地址

40. Internet 上的每台主机都有一个独有的（　　）。

    A. E-mail　　　　　B. 协议　　　　　　C. TCP/IP　　　　　D. IP 地址

41. Internet 上用户最多、使用最广的服务是（　　）。

    A. E-mail　　　　　B. WWW　　　　　　C. FTP　　　　　　D. Telnet

42. 主机的 IP 地址和主机的域名的关系是（　　）。

    A. 两者完全是一回事　　　　　　　　　B. 必须一一对应

    C. 一个 IP 地址可对应多个域名　　　　D. 一个域名可对应多个 IP 地址

43. 依据前三位数码，判别以下哪台主机属于 B 类网络（　　）。

    A. 010……　　　　B. 111……　　　　C. 110……　　　　D. 100……

44. IP 地址按节点计算机所在网络规模的大小分为（　　）。

    A. A、B 两类　　　　　　　　　　　　B. A、B、C 三类

    C. A、B、C、D 四类　　　　　　　　D. A、B、C、D、E 五类

45. 下列各项中，非法的 Internet 的 IP 地址是（　　）。

    A. 202.96.12.14　　B. 202.196.72.140　　C. 112.256.23.8　　D. 201.124.38.79

46. 个人计算机申请了帐号并采用 PPP 拨号方式接入 Internet 后，该机（　　）。

    A. 拥有 Internet 服务商主机的 IP 地址　　B. 拥有独立的 IP 地址

    C. 拥有固定的 IP 地址　　　　　　　　D. 没有自己的 IP 地址

47. 拥有计算机并以拨号方式接入网络的用户需要使用（　　）。

    A. CD-ROM　　　　B. 鼠标　　　　　C. 电话机　　　　D. MODEM

48. Internet 上许多不同的复杂网络和许多不同类型的计算机互相通信的基础是（　　）。

    A. ATM　　　　　B. TCP/IP　　　　C. NOVELL　　　　D. X.25

49. Internet 实现了分布在世界各地的各类网络的互联，其最基础和核心的协议是（　　）。

    A. HTTP　　　　　B. TCP/IP　　　　C. FTP　　　　　D. HTML

50. TCP/IP 的基本传输单位是（　　）。

    A. 帧　　　　　　B. 数据报　　　　C. 字节　　　　　D. 文件

51. 关于 TCP/IP 协议，下列说法中不正确的是（　　）。

    A. TCP/IP 协议是 Internet 采用的协议

    B. TCP 协议用于保证信息传输的正确性，而 IP 协议用于转发数据包

    C. 所谓 TCP/IP 协议就是由 TCP/IP 这两种协议组成

    D. 使 Internet 上软、硬件系统差别很大的计算机之间可以通信

52. 与 Internet 相连的计算机，不管是大型的还是最小型的，都称为 Internet 的（　　）。

    A. 服务器　　　　　B. 工作站　　　　C. 客户机　　　　D. 主机

53. 英文缩写 ISP 指的是（　　）。

    A. 电子邮局　　　　　　　　　　　　B. 电信局

    C. Internet 服务商　　　　　　　　　D. 供他人浏览的网页

54. 域名是（　　）。

    A. IP 地址的 ASCII 码表示形式

    B. 按接入 Internet 的局域网的地理位置所规定的名称

    C. 按接入 Internet 的局域网的大小所规定的名称

    D. 按分层的方法为 Internet 中的计算机所取的直观名字

55. 正确的域名结构顺序由（　　）构成。

    A. 计算机主机名、机构名、网络名、最高层域名

    B. 最高层域名、网络名、计算机主机名、机构名

    C. 计算机主机名、最高层域名

    D. 域名、网络名、计算机主机名

56. 以下各项哪个是主机域名的正确写法（　　）。

    A. Public.Tju.net.cn   B. 10011110.11100011.01100100.00001100

    C. 202.210.198.2   D. Who@xyz.Uvw.com

57. 主机域名 Public.TPT.TJ.CN 由四个子域组成，其中哪个表示计算机名（　　）。

    A. CN   B. TJ   C. TPT   D. Public

58. 根据域名代码规定，表示教育机构网站的域名代码是（　　）。

    A. net   B. com   C. edu   D. org

59. 有一域名为 bit.edu.cn，根据域名代码的规定，此域名表示（　　）。

    A. 政府机关   B. 商业组织   C. 军事部门   D. 教育机构

60. Web 中的信息资源的基本构成是（　　）。

    A. 文本信息   B. Web 页   C. Web 站点   D. 超链接

61. 用户在浏览 Web 网页时，可以通过（　　）进行跳转。

    A. 文本   B. 多媒体   C. 导航文字或图标   D. 鼠标

62. 在 Internet 上浏览时，浏览器和 WWW 服务器之间传输网页使用的协议是（　　）。

    A. HTTP   B. IP   C. FTP   D. SMTP

63. 访问清华大学的 WWW 站点，需在 IE9.0 地址栏中输入（　　）。

    A. FTP://FTP.TSINGHUA.EDU.CN   B. HTTP://WWW.TSINGHUA.EDU.CN

    C. HTTP://BBS.TSINGHUA.EDU.CN   D. GOPHER://GOPHER.TSINGHUA.EDU.CN

64. E-mail 是指（　　）。

    A. 利用计算机网络及时向特定对象传送文字、声音、图像的一种通信方式

    B. 电报、电话、电传等通信方式

    C. 无线和有线的总称

    D. 报文的发送

65. 假设邮件服务器的地址是 email.hb163.com，则用户正确的电子邮件地址的格式是（　　）。

    A. 用户名#email.hb163.com；   B. 用户名$email.hb163.com；

    C. 用户名@email.hb163.com；   D. 用户名 email.hb163.com；

66. 下列关于电子邮件的叙述中，正确的是（　　）。

    A. 如果收件人的计算机没有打开时，发件人发来的电子邮件将丢失

    B. 如果收件人的计算机没有打开时，发件人发来的电子邮件将退回

    C. 如果收件人的计算机没有打开时，应在收件人的计算机打开时再重发

    D. 发件人发来的电子邮件保存在收件人的电子邮件中，收件人可随时接收

67. 利用 FTP 功能在网上（　　）。

    A. 只能传输文本文件   B. 只能传输二进制格式的文件

    C. 可以传输 ASCII 码和二进制格式的文件   D. 传输直接从键盘上输入的数据，不是文件

68. FTP 是 Internet 中（　　）。

    A. 用于传送文件的一种服务   B. 发送电子邮件的软件

　　　　C．浏览网页的工具　　　　　　　　　　　D．一种聊天工具

69．可以接受远程登录的计算机（　　　）。

　　　　A．可以是任何主机　　　　　　　　　　　B．必须是分时计算机系统

　　　　C．必须是大型计算机　　　　　　　　　　D．必须运行 Windows XP 操作系统

70．将一台用户主机以仿真终端方式登录到一个远程的分时计算机系统称为（　　　）。

　　　　A．浏览　　　　　　　B．FTP　　　　　　　C．链接　　　　　　　D．远程登录

71．Internet 和用户提供服务的主要结构模式是（　　　）模式，在这种模式下，一个应用程序要么是客户，要么是服务器。

　　　　A．分层结构　　　　　B．子网结构　　　　　C．模块结构　　　　　D．客户/服务器

72．能够利用无线移动网络的是（　　　）。

　　　　A．内置无线网卡的笔记本电脑　　　　　　B．部分具有上网功能的手机

　　　　C．部分具有上网功能的平板电脑　　　　　D．以上全部

73．下列关于计算机病毒叙述中，错误的是（　　　）。

　　　　A．反病毒软件可以查、杀任何种类的病毒

　　　　B．计算机病毒是人为制造的、企图破坏计算机功能或计算机数据的一段小程序

　　　　C．反病毒软件必须随着新病毒的出现而升级，提高查、杀病毒的功能

　　　　D．计算机病毒具有传染性

73．下列叙述中，正确的是（　　　）。

　　　　A．所有计算机病毒只在可执行文件中传染

　　　　B．计算机病毒可通过读写移动存储器或 Internet 网络进行传播

　　　　C．只要把带病毒 U 盘设置成只读状态，那么此盘上的病毒就不会因读盘而传染给另一台计算机

　　　　D．计算机病毒是由于光盘表面不清洁而造成的。

75．计算机病毒除通过读/写或复制移动存储器上带病毒的文件传染外，另一条主要的传染途径是（　　　）。

　　　　A．网络　　　　　　　　　　　　　　　　B．电源电缆

　　　　C．键盘　　　　　　　　　　　　　　　　D．输入有逻辑错误的程序

76．计算机病毒是指（　　　）。

　　　　A．编制有错误的计算机程序　　　　　　　B．设计不完善的计算机程序

　　　　C．已被破坏的计算机程序　　　　　　　　D．以危害系统为目的的特殊计算机程序

77．下列关于计算机病毒的叙述中，错误的是（　　　）。

　　　　A．计算机病毒具有潜伏性

　　　　B．计算机病毒具有传染性

　　　　C．感染过计算机病毒的计算机具有对该病毒的免疫性

　　　　D．计算机病毒是一个特殊的寄生程序

78．对计算机病毒的防治也应以"预防为主"。下列各项措施中，错误的预防措施是（　　　）。

　　　　A．将重要数据文件及时备份到移动存储设备上

　　　　B．用杀病毒软件定期检查计算机

　　　　C．不要随便打开/阅读身份不明的发件人发来的电子邮件

　　　　D．在硬盘中再备份一份

二、操作题：Internet 的应用

1．浏览网页

（1）启动 IE 浏览器，浏览以下任一主页。

http://www.he.cninfo.net   http://www.baoding.cn.net

http://ts-www.he.cninfo.net   http://qh-www.he.cninfo.net

http://lf-www.he.cninfo.net   http://hs-www.he.cninfo.net

http://cz-www.he.cninfo.net   http://zj-www.he.cninfo.net

http://cd-www.he.cninfo.net   http://xt-www.he.cninfo.net

（2）将某一主页中的图像进行保存，以该信息港的名字"××信息港"作为文件名，保存为".jpg"格式的文件。

（3）选择该主页中一条信息的超链接点，将其打开，把此 Web 页以"浏览页"为文件名另存到 U 盘上。

（4）选择该主页中的一张图片，以"图片"为文件名另存到 U 盘上。

2．搜索网站

（1）打开下列任意一主页。

http://home.sina.com.cn   http://www.chinaedu.edu.cn

http://www.wander.com.cn   http://www.chinavigator.com.cn

http://www.cetin.net.cn   http://www.readchina.com

http://cn.yahoo.com   http://www.sohu.com

（2）搜索河北省的大学网站，打开其中的任意一主页。

（3）将任意一个网站的主页中的图像存入 U 盘。以"网站"作为文件名，保存为".jpg"格式的文件。

3．下载软件

（1）从以上所列的任意一个网站中，连接能够下载软件的超链接点。

（2）选择任意一个软件进行下载。

（3）当显示"文件下载"对话框后，取消下载。

（4）关闭 IE 浏览器。

4．撰写、发送电子邮件

（1）收件人：临时指定。

（2）抄送：抄送给自己。

（3）标题：等级考试。

（4）正文格式：字体为"楷体"、字号为"12"；首行缩进两个字符。

（5）正文内容：个人简历，包括姓名、出生年月、籍贯、所学专业、学号等。

（6）图片：插入存放在硬盘中的"图片"文件。

（7）附件：插入存放在硬盘中的"网站"文件。

（8）发送此邮件。

（9）接收抄送给自己的邮件。

（10）将接收到的邮件另存到硬盘，文件名自定义。

5．利用电子邮箱的"附件"、"云附件"、"网盘"、"网易相册"等功能存储文件。

学习情境七　综合应用

在 Microsoft Office 2010 中各个应用软件之间都存在互动的关系，在各个应用程序之间可以相互传递信息，共享数据资源，还可以为应用程序创建其他程序的对象，如在 Excel 中嵌入 Word 表格、在 Word 中插入 Excel 表格，以及 Word 和 PowerPoint 之间的转换。下面通过 3 个任务将前面所学的知识综合运用，力求做到融会贯通，学以致用。

任务 1：利用邮件合并制作学生名单。

任务 2：利用邮件合并制作信封。

任务 3：创建毕业论文答辩演讲稿。

7.1　任务 1：利用邮件合并制作学生名单

7.1.1　任务描述

新建 Word 文档，制作如图 7.1 所示的学生成绩通知单，其中标题字体为"宋体"，字号为"3 号"，加粗，字段名字体为"宋体"，字号为"4 号"，加粗，对齐方式为"居中对齐"；表格的对齐方式为"居中对齐"，行高为"1.34 厘米"，列宽为"4.2 厘米"，纸张为横向，一页纸上两个成绩通知单。

某职业技术学院期末考试成绩通知单

班级：	网络 112	学号：97101001	姓名：张晓林	性别：男
英语	高数	计算机	java程序设计	总分
76	78	91	65	245
是否获得奖学金		继续努力		

某职业技术学院期末考试成绩通知单

班级：	网络 112	学号：97101002	姓名：王强	性别：男
英语	高数	计算机	java程序设计	总分
67	98	87	54	252
是否获得奖学金		继续努力！！		

图 7.1　学生成绩通知单

在实际工作中，学校经常会遇到批量制作成绩单、准考证、录取通知书的情况；而企业也经常遇到工资条、给众多客户发送会议信函、新年贺卡的情况。这些工作都具有工作量大、重复率高的特点，既容易出错，又枯燥乏味，利用 Word 的"邮件合并"功能就可以快速地解决问题。

"邮件合并"这个名称最初是在批量处理"邮件文档"时提出的。具体地说就是在邮件文档（主文档）的固定内容中，合并与发送信息相关的一组通信资料（数据源如 Excel 表、Access 数据表等），从而批量生成需要的邮件文档，大大提高工作的效率，"邮件合并"因此而得名。

7.1.2 任务目的

- 复习 Word 2010 的使用。
- 复习 Excel 2010 的使用。
- 复习 PowerPoint 2010 的使用。
- 掌握 Word 2010 邮件合并的使用方法。

7.1.3 操作步骤

步骤 1：建立主文档——设计成绩单。

"主文档"就是前面提到的固定不变的主体内容，如图 7.2 所示的成绩通知单格式、信封中的落款、信函中对每个收信人都不变的内容等。使用邮件合并之前先建立主文档，一方面可以考查预计中的工作是否适合使用邮件合并，另一方面是主文档的建立为数据源的建立或选择提供了标准和思路。

打开 Word 2010，新建空白文档，输入标题、字段名称、插入表格，要求字段名（班级、学号、姓名、性别，英语、高数、计算机、java 程序设计、总分）和数据源（Excel 工作表中的字段名相同）。表格的行、列数如图 7.2 所示。按要求设置文档中字体格式，具体设置过程不再细述。设计好的成绩通知单（模板）文档就是主文档，该文档在操作过程中处于打开状态，不能关闭。

某职业技术学院期末考试成绩通知单

班级：		学号：		姓名：		性别：	

英语	高数	计算机	java程序设计	总分
是否获得奖学金				

图 7.2　成绩通知单格式

步骤 2：打开数据源。

（1）在 Excel 2010 中制作学生成绩单工作表并保存，如图 7.3 所示。该工作表作为"邮件合并"的后台数据库。

	A	B	C	D	E	F	G	H	I
1	学号	姓名	性别	班级	英语	高数	计算机	java程序设计	总分
2	97101001	张晓林	男	网络112	76	78	91	65	245
3	97101002	王强	男	网络112	67	98	87	54	252
4	97101003	高文博	男	网络112	75	64	88	78	227
5	97101006	刘丽冰	女	网络112	56	67	78	70	201
6	97101007	李雅芳	女	网络112	76	78	92	87	246
7	97101008	张立华	女	网络113	91	86	74	85	251
8	97101009	曹雨生	男	网络113	78	80	90	83	248
9	97101010	李芳	女	网络113	91	82	89	87	262
10	97101011	徐志华	男	网络113	81	98	91	90	270
11	97101012	李晓力	男	网络113	69	90	78	50	237
12	97101013	罗明	男	网络113	90	78	67	78	235
13	97101014	段平	男	网络113	79	91	75	83	245
14									

图 7.3　学生成绩单数据源

（2）在 Word 2010 文档窗口打开主文档，切换到"邮件"菜单分组。在"开始邮件合并"分组中单击"选择收件人"按钮右下角的三角按钮，在打开的下拉菜单中选择"使用现有列表…"命令，如图 7.4 所示。

（3）打开"现有列表"对话框。在"现有列表"对话框中选择"数据源"，也就是"Excel 2010 中的学生成绩单工作表"，如 sheet1$ 工作表，如图 7.5 所示。单击"确定"按钮。此时数据源被打开，"邮件合并"工具栏上的大部分按钮被激活。

图 7.4 "选择收件人"对话框

图 7.5 "选择数据源"对话框

步骤 3:在"成绩单"中插入数据域。

在已经打开的"成绩单"(模板)中插入数据源的合并域。

(1)将光标的插入点放在"成绩单"(模板)的"班级:"后面,单击"邮件合并"工具栏上的"插入合并域"按钮,打开"插入合并域"下拉列表,如图 7.6 所示。单击"班级"字段名,则菜单中的"班级"字段插入到"成绩通知单"(模板)的"班级:"后面,"成绩通知单"(模板)的"班级:"后面就插入"班级"域。

(2)重复上一步操作,用同样的方法在成绩通知单的"学号、姓名、性别,英语、高数、计算机、java 程序设计、总分"字段的对应位置插入相应的域。

(3)将光标的插入点放在成绩单的最后一行"是否获得奖学金"后面的单元格内,单击"邮件→规则→如果…那么…否则(I)…"命令,如图 7.7 所示。

图 7.6 "插入合并域"下拉列表

图 7.7 "规则"下拉菜单

(4)打开"插入 Word 域.IF"对话框,在成绩通知单中输入如图 7.8 所示的内容信息,单击"确定"按钮。所有域插入完成后,成绩通知单的设置结果如图 7.9 所示。

图 7.8 "插入 Word 域.IF"对话框

某职业技术学院期末考试成绩通知单

班级: 《班级》	学号: 《学号》		姓名: 《姓名》	性别: 《性别》
英语	高数	计算机	java 程序设计	总分
《英语》	《高数》	《计算机》	《java 程序设计》	《总分》
是否获得奖学金			继续努力!!!	

图 7.9 插入合并域后结果

步骤 4:数据链接。

在"成绩通知单"中插入数据域后,成绩通知单和后台的数据域已经连在一起了。

查看结果：单击"邮件→预览结果"按钮，则成绩通知单的各个数据域中显示出了第一条记录单数据。单击"规则"下拉菜单中的"上一条记录"、"下一条记录"命令，可以查看其他记录数据。现在只能预览到一页的成绩通知单，而且一页中只有一个成绩单，纸张有点浪费。

步骤5：一个页面中放置多个成绩通知单。

（1）将设计好的成绩通知单（连同标题）复制一份粘贴到第一个成绩单的后面，两个成绩单之间加空行，并调整页边距，使两个成绩单能放在同一个页面中。但两个成绩通知单的数据是相同的，如何在第二个成绩通知单中显示第二条记录？

（2）将鼠标光标插入到第二个成绩通知单的首行处（必须在第二个成绩单所有数据前），单击"规则"下拉菜单中的"下一条记录"命令，则在第二个成绩通知单前加入了"《下一记录》"信息，如图7.10所示。单击"预览结果"按钮，只能看到一个页面的成绩通知单。

某职业技术学院期末考试成绩通知单

班级：《班级》		学号：《学号》	姓名：《姓名》		性别：《性别》
英语	高数	计算机	java程序设计		总分
《英语》	《高数》	《计算机》	《java程序设计》		《总分》
是否获得奖学金			继续努力！！！		

《下一记录》

某职业技术学院期末考试成绩通知单

班级：《班级》		学号：《学号》	姓名：《姓名》		性别：《性别》
英语	高数	计算机	java程序设计		总分
《英语》	《高数》	《计算机》	《java程序设计》		《总分》
是否获得奖学金			继续努力！！！		

图7.10　一个页面中两个成绩通知单

图7.11　合并到新文档对话框

步骤6：产生全班"成绩通知单"。

（1）单击"邮件→完成并合并"按钮，选择"编辑单个文档"命令，则打开"合并到新文档"对话框，选择"全部"，如图7.11所示，单击"确定"按钮，则可产生全班"成绩通知单"的新文档。

（2）将全班"成绩通知单"的新文档保存、改文件名，为后期发送邮件做准备。

7.2　任务2：利用邮件合并制作信封

7.2.1　任务描述

利用邮件合并批量制作如图7.12所示的信封。信封上收信人的邮政编码、收信人姓名、收信人地址、发件人地址的字体格式：宋体、小四号、加粗。信封样式是"国内信封-DL（220x110）"，信封上不出现寄信人的姓名，仅出现寄信人的地址及邮编。

图 7.12 利用合并邮件制作的信封

7.2.2 操作步骤

步骤 1：建立主文档——设计信封模板。

（1）新建空白 Word 文档，单击"邮件"菜单分组中的"中文信封"按钮，打开"信封制作向导"中的"开始"对话框。

（2）单击"下一步"按钮，打开"信封制作向导"中的第二步"信封样式"对话框。"选择信封样式为国内信封-DL（220x110）"，勾选信封样式下的所有复选框。

（3）单击"下一步"按钮，打开"信封制作向导"中的第三步"信封数量"对话框，在"选择生成信封的方式和数量"对话框中选择"键入收信人信息生成单个信封"单选项。

（4）单击"下一步"按钮，打开"信封制作向导"中的第四步"收信人"对话框，在"输入收信人信息"对话框中直接单击"下一步"按钮。

（5）打开"信封制作向导"中的第五步"寄信人信息"对话框，在"输入寄信人信息"对话框中，"姓名"文本框不填（空白），"单位"文本框填写发信人的单位，"地址"文本框填写发信人的地址，"邮编"文本框填写发信人的邮政编码，如图 7.13 所示。

图 7.13 "信封制作向导"之"寄信人信息"对话框

（6）单击"下一步"按钮，打开"完成"对话框。单击"完成"按钮，则生成信封模板。

（7）编辑模板：在生成的信封模板的第一条横线上靠左输入"收信人姓名："，第二条横线上靠左输入"收信人地址："。

步骤 2：打开数据源。

单击"邮件→选择收件人→使用现有列表…"命令，打开"选取数据源"对话框，选择收信人所在的 Excel 工作表并确定（本例的数据源如图 7.14 所示），则"邮件"菜单下的其他命令组按钮被激活。

	A	B	C	D	E	F
1	学号	姓名	性别	班级	家庭住址	邮政编码
2	200802030201	石辉立	女	网络081	河北省临城县	271000
3	200802030202	王建曼	女	网络081	河北省柏乡县	271001
4	200802030203	司艳杰	女	网络081	河北省林西县	271002
5	200802030204	曾冬雪	女	网络081	河北省邢台市	271003
6	200802030205	郗媛媛	女	网络081	河南省郑州市	271004
7	200802030206	张秋月	女	网络081	山西省太原市	271005
8	200802030207	阎敏	女	网络081	湖北省武汉市	271006
9	200802030208	刘春燕	女	网络081	湖南省长沙市	271007

图 7.14　数据源 Excel 工作表

步骤 3：数据链接。

单击信封左上角邮政编码处，打开"邮件→插入合并域"下拉菜单，选择"邮政编码"字段名，则在左上角邮政编码处插入"邮政编码"数据域；在信封上的"收信人姓名："后单击，选择"姓名"字段名，则在"收信人姓名："后插入"姓名"数据域；在信封上的"收信人地址："后单击，选择"家庭住址"字段名，则在"收信人姓名："后插入"家庭住址"数据域，如图 7.15 所示。

图 7.15　插入数据域后的信封模板

步骤 4：生成批量信封。

（1）单击"邮件→完成并合并"按钮，选择"编辑单个文档"命令，则打开"合并到新文档"对话框，选择"全部"，单击"确定"按钮，则可产生 Excel 中所有姓名的"信封"新文档，如图 7.12 所示。

（2）将所有姓名的"信封"的新文档保存、改文件名，为后期发送邮件做准备。

7.3　任务 3：创建毕业论文答辩演讲稿

7.3.1　任务描述

某即将毕业的同学需要根据毕业论文制作毕业论文答辩演讲稿，要求利用 Word 大纲制作毕业论文答辩演讲稿。演讲稿的模板、版式、动画自己设计，但必须能直观地表达主题、重点突出、有说服力。

7.3.2 操作步骤

步骤 1：生成 Word 大纲。

在 Word 2010 中打开毕业论文，单击"视图"菜单下的"大纲视图"按钮，查看大纲视图中的大纲是否满足论文的要求，如不满足，则进行设置并保存。

步骤 2：根据 Word 大纲制作 PPT 演示文稿。

启动 PowerPoint 2010，单击"开始"菜单组中的"新建幻灯片"按钮，选择"幻灯片（从大纲）"命令，如图 7.16 所示，打开"插入 Word 大纲"对话框，选择制作 PPT 的毕业论文 Word 文档。单击"确定"按钮。则根据 Word 大纲制作的 PPT 演示文稿创建完毕。

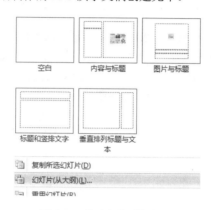

图 7.16 从大纲新建幻灯片

步骤 3：PPT 演示文稿编辑。

根据要求，对演示文稿中的内容进行裁剪和编辑，完成后保存该演示文稿。

习　　题

综合实训

1. 利用"邮件合并"功能，将数据文件"职工信息.xlsx"合并到图 7.17 所示的"职工工资条"主文档中，生成所有职工的工资条，具体要求如下。

姓名	岗位工资	薪级工资	绩效工资	应发合计	失业保险	医疗保险	公积金	扣款合计	实发合计	发放日期	备注	时间
张三	780	443	1600	2823	27.97	55.94	280	363.91	2459.09	2014.6.4	6月份工资	2014/6/4

图 7.17 职工工资条

（1）用 A4 纸，每张纸内放置 4 个工资条。

（2）要求在合并后的文档中包含页码。

2. 新年将至，某公司要给所有客户和合作伙伴发一封"贺年卡"，贺年卡的内容除了每个人的收信地址、单位、姓名不同外，其他内容完全相同。用"邮件合并"向导根据"合作伙伴.xlsx"数据文件中的数据给每个合作伙伴制作一个贺年卡。

要求：参考图 7.18 采用图文混排设计贺年卡的格式，大小与普通明信片相同，整体设计要求美观、大方、协调。

> 某某公司祝您：
>
> **新年快乐**
>
> **吉祥如意!!!**
>
> 《收件人地址》
>
> 《收件人单位》
>
> 《收件人姓名》

图 7.18 贺卡框架

3. 在"F:/2017jnxl/zonghe"下，打开文档 czxt.docx，利用 Word 2010 制作一份宣传海报，具体要求如下。

（1）设置页面高度"35 厘米"、宽度"27 厘米"，页边距上下各为"5 厘米"，左右各为"3 厘米"。

（2）将"F:/2017jnxl/word2010"下的图片"海报背景.jpg"设置为海报背景。

（3）根据"海报参考.pdf"文件，调整海报内容文字的字号、字体和颜色。

（4）根据页面布局需要，调整海报内容中"报告题目"、"报告人"、"报告日期"、"报告时间"、"报告地点"的段落间距。

（5）在"报告人："位置后输入姓名"王平"。

（6）在"主办：院团委"位置后另起一页，并设置第 2 页的纸张大小为 A4，纸张方向为"横向"，页边距为"普通"。

（7）在"新页面"的"日程安排"段落下面，插入本次活动的日程安排表（参考"活动日程安排.xlsx"文件），要求如果 Excel 文件中的内容发生变化，Word 文档中的日程安排信息也随之发生变化。

（8）在新页面的"报名流程"段落下面，插入本次活动的报名流程（院团委报名、确认坐席、领取资料、领取门票），并根据"海报参考.pdf"文件调整报名流程的显示方式。

（9）根据"海报参考.pdf"文件，设置"报告人介绍"段落下面的文字排版布局。

（10）更换报告人照片为"F:/2017jnxl/word2010"下的图片"wp.jpg"，将该图片调整到适当位置，不要遮挡文档中的文字内容。

参 考 文 献

[1] 教育部考试中心.《全国计算机等级考试一级教程——计算机基础及 MS Office 应用》（2013 年版）. 北京：高等教育出版社，2013.5.

[2] 教育部考试中心.《全国计算机等级考试二级教程——MS Office 高级应用》（2013 年版）. 北京：高等教育出版社，2013.5.

[3] 褚建立、路俊维.《信息技术基础技能训练教程》. 北京：化学工业出版社，2014.6.

[4] 褚建立、杨爱鑫.《信息技术基础技能训练教程》（第 4 版）. 北京：电子工业出版社，2009.6.

[5] 胡利平.《信息技术基础应用》. 北京：电子工业出版社，2009.6.

[6] 刘爱国、邵慧莹.《信息技术基础教程》（第 4 版）. 北京：电子工业出版社，2009.6.

[7] 九洲书源.《Office 2010 高效办公从入门到精通》. 北京：清华大学出版社，2012.12.

[8] 刘明生.《大学计算机基础》. 北京：清华大学出版社，2011.6.

[9] 高万萍、吴玉萍.《计算机应用基础教程（Windows 7，Office 2010）》. 北京：清华大学出版社，2013.6.